JN4444732

건축시공

최병선 · 김창언 · 이재호 · 김창훈 공저

SEOWOO PUBLICATIONS

머리말

건축시공은 한국의 경제성장과 함께 활성화되기 시작하면서 현재까지 괄목할 만한 성장을 이루고 있다. 우리나라에서 건축시공 역사는 다른 선진국가와 비교하였을 때 아직까지는 일천하지만, 짧은 기간에도 불구하고 눈부신 발전을 이루어 지금 현재에는 세계에서 가장 높은 건물도 시공하게 되었다.

건축시공교재의 목적은 건축공사표준시방서를 기준으로 인간의 여러 욕망에 대하여 가장 좋은 결과를 제시할 수 있어야 한다.

이러한 흐름에 따른 학문적 이론서로서, 오랜 실무경험과 이론을 바탕으로 다져 참신하고 정확한 책을 만들고자 노력하였다.

본서의 구성 내용은 다른 일반 이론서와는 달리 서술형식 구성이 아닌 젊은 학생들의 생리에 맞는 간결형식으로 정리하였으며, 현장사진과 상세한 그림을 바탕으로 책을 통해서 현장을 손쉽게 이해할 수 있도록 아주 자세하게 정리하였다.

이 한권의 책이 많은 건축 시공을 준비하는 분들에게 기쁨을 느낄 수 있도록 정성을 다해 집필하였다. 하지만 본의 아니게 미흡한 부분도 있으리라 사료되며, 이에 대해서는 지속적으로 보완해 나갈 것을 약속드리며, 더 좋은 지침서가 되도록 끊임없는 노력을 하도록 약속 드린다.

끝으로 출판이 되기까지 적극적인 관심을 보여주신 서우출판사 이석환사장님 이하 편집원 여러분과 깊은 감사를 드립니다.

저 자

차례

2부 건설공사관리 및 적산

3부 건축시공기술

제1부

건설경영

01. 건설업과 건설경영
02. 건설관리조직
03. 건설계약

건설업과 건설경영 1장

I. 개요

1. 건축시공(생산 · 기술)의 근대화 방안

(1) 원가절감

내용		관리
• 건축경제학 개념을 통한 철저한 원가관리기법의 도입 • VE기법의 적극적인 도입 • 새로운 경영기법의 도입 및 활용 • Life Cycle Cost 개념의 계획 및 시공	➤	원가관리

(2) 공기단축

내용		관리
• 재료의 규격화, 건식화 • 건축생산의 규격화, 단순화, 전문화 ⇒ 3S 시스템 • 기계화시공 및 신기술 시공기법의 개발 및 연구	➤	공정관리

(3) 정밀시공(품질향상)

• 과학적 품질관리기법의 도입 활용 • 시공기술의 연구 개발 및 현장 관리 철저 • 전산화 • Robot 개발 • TQC • 생력화(Labor saving) 방안	➤	품질관리

(4) 안전시공

• 안전교육 • 표준안전관리비	➤	안전관리

(5) 건축생산기술의 합리화

• 건축생산의 공업화, 양산화 • 정보화를 통한 생산합리화 • 자동화를 통한 생산합리화 • 고객만족(Customer Satisfaction) : 품질보증시스템의 요구	➤	노무관리 자재관리 전산통합관리

2. 근대화(현대화) 기반의 조성 기법

(1) E.C(Engineering Construction)화

① 정의

㉠ E.C화란 종래의 단순한 시공업과 비교하여 건설사업의 발굴 및 기획, 설계, 시공, 유지관리에 이르기까지 사업전반에 관한 것을 종합, 기획 관리하는 업무영역의 확대를 말한다.

㉡ E.C화를 행정적으로 현실화 · 구체화시킨 것이 종합건설업 제도이다.

참고 종합건설업 제도(제네콘: Genecon, General construction)

① 제네콘이란 프로젝트 발굴에서 기획 · 설계 · 시공 · 인도 및 유지관리에 이르기까지 공사의 전 과정을 일괄 추진할 수 있는 능력을 갖춘 종합건설 업체를 말한다.

② 시공에 필요한 여러 가지 기술적인 문제는 자체 기술을 개발 · 겸비하여 해결할 수 있어야 하며, 일반 시공업무는 전문 건설업체에게 책임 시공형 하도급으로 일임시킨다.

② E.C의 업무영역

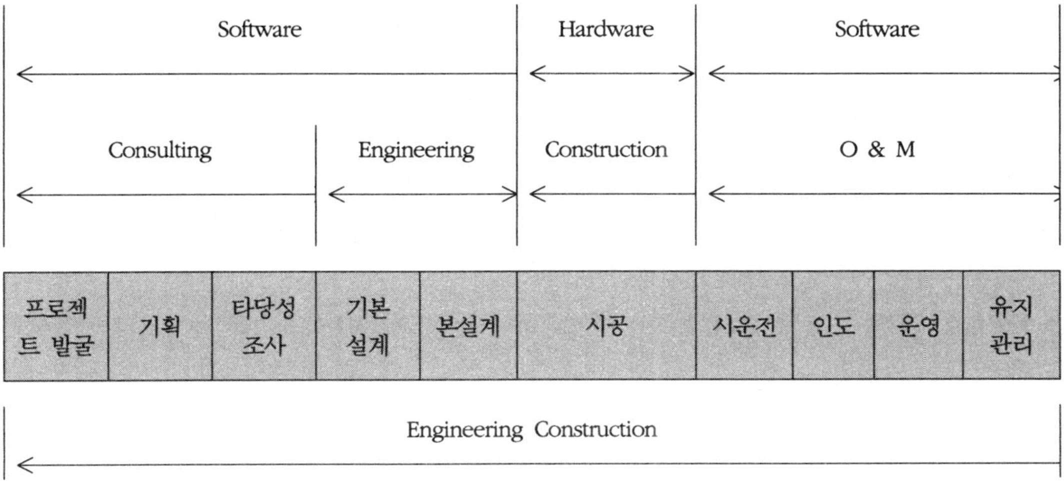

③ 필요성

㉠ 신기술 개발유도 및 공공공사의 턴키(Turn-key) 발주방식 증가
㉡ 건설공사의 고층화 · 대형화 · 복잡화 · 다양화
㉢ 기술개발 통한 원가절감 및 전문업종 개발
㉣ 해외공사의 단순 건설공사 감소
㉤ 국제 수주 경쟁력 강화
㉥ 건설업의 환경변화에 맞는 제도적 개선
㉦ 건설사업의 패키지(package)화

(2) Expert System(전문가 시스템)

① 정의

㉠ 경영진의 합리적인 의사결정을 유도하기 위해서 현 공사관련 정보와 함께 해당 분야 전문가가 가지고 있는 지식기반을 저장해 두었다가, 사용자에게 제공해 주는 정보체계를 전문가 시스템이라고 한다.

㉡ 인공지능의 응용분야 중 가장 활발한 연구가 되어지는 분야 중의 하나로, 지식기반 전문가 시스템(KBES; Knowledge Based Expert System)이라고 한다.

② **전문가 시스템의 구조**

㉠ 지식기반: 전문가 시스템의 성능을 좌우하는 가장 중요한 부분으로 경험적으로 얻어지는 사실들과 문제의 답을 도출하는 과정에서 의사결정요인으로 이용되는 규칙들을 포함한다.

㉡ 추론 엔진(inference engine): 어떤 지식이 알려져 있는 지를 결정한다.

㉢ 작업 기억장치(working memory): 사실들로 이루어지며 다루고 있는 문제의 특성에 따라 달라진다.

㉣ 규칙 조정자(rule adjuster): 여러 규칙들이 적용되는 과정들이 합리적인지를 판단한다.

(3) Order Entry System

① **개요**

㉠ Order Entry System 이란 고객이 바라는 바를 정확히 파악하여, 현장 제조조건과의 적합화로 고객 · 공급자 모두에 알맞은 효율적인 생산 · 공급을 하기 위한 시스템을 말한다.

㉡ 이 시스템은 고객의 바라는 바를 파악하여 제조 및 공급하는 것으로서, 현재 시행되고 있는 아파트 분양에서의 옵션의 다양화를 들 수 있다.

② **Order Entry System의 목적**

㉠ 고객이 바라는 제품을 필요한 수량만 필요한 시기에 효율적으로 제조 및 공급

㉡ 판매와 제조에 이르는 전체 시스템의 효율화

㉢ 모든 사람의 기호에 맞추어 타당한 가격으로 제품 생산

(4) S.E(System Engineering: 시스템 공학)

① 설계단계에서 시공에 대한 공법의 최적화를 설계하여 공사 관리의 극대화를 추구하는 시스템이다.

② 시공성 · 경제성 · 안전성 및 무공해공법 개발이 가능하다.

③ 원가절감, 생산성 및 품질 향상, 기능인력 부족에 대처가 가능하다.

(5) I.E(Industrial Engineering: 산업공학)

① 시공단계에서 생력화(노동력 절감화)를 통하여 가장 적은 노무와 노력으로 원가를 절감할 수 있는 기법이다.

② 작업조건, 작업원의 적정배치 및 인원수 조정을 함으로써 경제적인 극대화를 꾀할 수 있다.

(6) O.R(Operation Research: 복수선택)

① 생산계획과 생산수단에 대한 복수의 방법을 비교 검토하여 가장 능률적인 최적의 방법을 선정

② 대기행렬이론, 시뮬레이션, 선형계획법 등을 이용하여 경영관리문제에 과학적 방법을 제공하여 건축생산에서는 자재반입 순서, 재고관리, 현장 작업 인원과 장비, 작업방법의 최적화에 관계된다.

(7) V.E(Value Engineering: 가치공학)

① 정의

㉠ 발주자가 요구하는 성능, 품질을 보장하면서 가장 싼값으로 공사를 수행하기 위한 수단을 찾고자 하는 체계적이고 과학적인 공사방법이다.

㉡ 최저의 Life Cycle Cost(건물생애주기비용)로써 필요한 기능을 확실히 달성하기 위하여 건설 시스템의 기능분석 및 기능설계에 쏟는 조직적 노력을 말한다.

참고 건축물의 수명 주기비용(life cycle cost)

① 건축물의 초기투자에서 설계, 시공, 유지관리, 해체로 이어지는 일련의 과정을 건축물의 수명(life cycle)이라 하며, 여기에 필요한 제비용을 합한 것을 L.C.C(life cycle cost : 전생애비용)라 한다.

② L.C.C기법이란 종합적 total cost로 경제성을 평가하는 방법을 말한다.(L.C.C = 생산비 + 유지관리, 해체비용)

② 기본공식

$$\text{Value(가치)} = \frac{\text{Function(기능)}}{\text{Cost(비용)}}$$

③ VE 사고방식

㉠ 고정관념의 제거	복잡한 건설현장을 잘 관리해가기 위해서 현장 담당자에게는 종래의 고정관념에서 벗어난 진정한 의미에서의 문제의식 · 목적의식과 지속력을 갖춰서 창조력이 왕성한 생활태도의 일상화를 기해야 한다.
㉡ 사용자 중심의 사고(고객본위)	가치란 생산자나 시공자의 주관에 의해 결정되는 것이 아니고 사용자, 발주자의 판단에 의해 그 크기가 정해지는 것이다.
㉢ 기능중심의 접근	VE에서는 기능 중심의 사고방식에 의하여 우선 불필요기능을 제거하고 주관이나 비과학적인 판단에 의해 생긴 설계착상을 변경시킴으로써 현장의 비용을 낮추어가는 것이다.
㉣ 조직적 노력(집단사고)	조직적 활동에 의한 조정기능의 발휘로써 나무와 숲을 동시에 보고자 하는 활동을 강조하고, 아울러 아이디어 발상에서도 여러 분야의 구성원들이 참여함으로써 폭넓은 창조가 기대된다.

참고 Brain Storming(브레인 스토밍)

(1) 정의

브레인 스토밍이란 아이디어(idea) 토의식 개발기법으로, 어떠한 문제를 여러 사람이 모여 자유분망하게 이야기하면서 아이디어를 창출하는 기법이다.

(2) 특징

① 고정관념에 얽매이지 않고 머릿속에 떠오르는 대로 아이디어를 낸다.
② 아이디어의 좋고 나쁨을 판단하지 않는다.
③ 다른 사람의 이야기를 비판이나 판단하지 않는다.
④ 다른 사람의 이야기를 개조하여 자유 연상으로 더 좋은 아이디어를 만든다.
⑤ 두뇌를 유연하게 하고 자유로운 분위기로 이야기 한다.

(3) 4원칙

① 자유분방: 자유로운 분위기에서 편안한 마음으로 발언한다.
② 대량발언: 발언 내용의 질에 관계없이 많이 발언한다.
③ 수정발언: 다른 사람의 발언을 수정하거나 덧붙여 설명해도 좋다.
④ 비판금지: 다른 사람의 발언에 대해 좋고, 나쁨을 비판하지 않는다.

④ 추진절차

기본단계	세부단계	실시항목
정보수집단계	대상선정	그것은 무엇인가?
	정보수집	
기능분석단계	기능정의	기능은 무엇인가?
	기능정리	
	기능평가	
대체안 개발단계	아이디어발상	다른 것은 없는가?
	평가	어느 것을 선택할 것인가?
실시단계	제안	예상대로 실시되는가?
	실시	
기능분석단계	기능정의	기능은 무엇인가?
	기능정리	
	기능평가	
대체안 개발단계	아이디어발상	다른 것은 없는가?
	평가	어느 것을 선택할 것인가?
실시단계	제안	예상대로 실시되는가?
	실시	

3. 건설의 자동화

(1) 건설자동화의 정의

① 건설자동화는 기계화 시공과 인력시공을 비교하면 건설기계를 주체로 하여 행해지는 시공을 기계화 시공이라고 하고 자동화 시공 혹은 로봇화 시공의 개념과는 달리 해야 한다.

② 자동화 혹은 로봇화 시공이란 원격조정, 센서에 의한 데이터 수집, 공사단계별 작업수행, 수치제어 혹은 자동화 장치에 의한 탁월한 작업수행능력을 갖추고 있는 첨단기계로 건설공사를 수행하는 것을 의미한다.

③ 위험한 작업환경의 특성을 갖고 있는 건설작업환경에 대한 개선은 건설업의 특

성상 한계가 있으므로 인력 의존적 작업수단에서 기계 혹은 로봇과 같은 과학기술분야의 발전된 대체작업 수단으로서 작업환경을 극복하는 방법이 효율적이다.

④ 자동화 혹은 로봇화 시공의 적용요인은 우리나라는 인력절감, 품질향상, 생산성향상, 원가절감과 같은 경제적 측면의 적용요인을 우선순위로 하고 있는 반면, 일본은 안전성 확보, 인력절감, 품질향상, 생산성 향상과 같이 안전성과 시공성 확보 측면의 적용요인을 우선순위로 하고 있다.

(2) 자동화 시스템의 가능성

① 요소기술의 역할

㉠ 요소기술에 있어서는 자동화 메커니즘을 정립하고 구성요소, 제어기술, 각종 센서의 개발, 작업프로그램의 개발, 동작언어의 정립, 감지기능, 휴먼임펙트와 관련된 주요 기술의 확립 등이 있다.

㉡ 산업용 로봇은 대개 위치 고정형이지만 건설용 로봇은 이동형으로서의 기능이 요구된다.

㉢ 야외노출작업용으로도 개발되어야 하며 작업시 진동, 충격 등의 조건에서 작업수행이 가능하도록 개발되어야 하는 것이 건설용 로봇이다.

㉣ 수중작업, 중력에 역행하는 작업, 고온에서의 작업, 극한환경의 작업, 단순작업과 함께 무리한 작업 기능까지 수행 가능하여야 한다.

② 자동화 시스템의 지원기술 및 운영기술

㉠ 건설자동화 시스템은 복잡한 작업의 해결능력뿐만 아니라 고품질, 고정밀도의 기능이 충족되어야 한다.

㉡ 자동화 시스템 개발과정상 우선 건축설계 실태조사를 실시하고 이를 반영한 자동화 시스템을 구축하여야 한다.

㉢ 자동화 시공에서 요구되는 기술은 자동화 하드웨어 기술뿐만 아니라 운용기술, 시공과 관리 기술 등이 포함된다.

③ 요구되는 기능

㉠ 기능의 다양성	기능의 다양성이 확보되는 자동화 혹은 로봇화는 여러 작업에 동시 적용이 가능하며 공사의 시작단계에서부터 종료단계까지 동종의 자동화 시스템 혹은 로봇으로 작업하는 것을 의미한다.
㉡ 이동기능	건설용 로봇은 고정된 위치에서 동일한 작업을 반복하는 것이 아니고 소요 작업개소로 이동하여 작업을 하게 된다.
㉢ 환경적응기능	공사시스템에의 적응과 변화에 대응되는 기능이다.

(3) 건축공사의 생력화(省力化 : labor saving) 방안

① 정의

건축공사에서 생력화(성력화)는 투입자원 전체를 검토하여 작업 및 생산 과정에서 불필요한 요소를 없애며, 단순화 · 기계화로 생산성을 높여 인력감소 · 원가절감을 하는 것을 말한다.

② 생력화의 필요성

㉠ 건축공사의 고층화 · 대형화 · 다양화 추진
㉡ 3D 현상으로 기능인력 부족 및 고임금
㉢ 산업발달에 의한 기계화, 자동화, 로봇(robot) 시공이 가능
㉣ 인력감소 · 원가절감 추구
㉤ 고품질 및 안전성 요구

③ 생력화 방안

단계별	특 징
계약단계	㉠ 계약 서류의 전산화 및 설계 · 시공의 일괄발주방식 채택 ㉡ 고속궤도방식(fast track method) 이용
설계단계	㉠ 설계의 단순화, 표준화 ㉡ CAD(computer aided design)를 이용한 설계
재료구매 단계	㉠ 자재 전체를 조기에 일괄발주

	㉡ 집중구매방식 적용
시공단계	㉠ 시공부재의 단순화 · 규격화 · 표준화에 의한 공장제작 ㉡ 재료의 건식화, prefab화 ㉢ 시공방법의 기계화 및 시공의 system화
관리단계	㉠ 품질관리로 하자발생 최소화 및 사무자동화로 효율적인 관리 ㉡ 신공법 및 재료의 개발
신기술도입	㉠ 인력절감 위한 기술 개발 및 도입 ㉡ 공기단축을 위한 PERT, CPM의 신기술 적용 ㉢ 과학적인 기법(tool) 활용 : SE, IE, OR, TQC, VE 등

참고 고속궤도방식(Fast Track Method)

① 설계와 시공을 병행하는 방식으로서 기본설계도서에 의하거나 설계가 일부 진행된 후 부분적으로 공사를 진행시켜 나가면서 다음 단계의 설계도서를 작성하고 완료된 설계도서 부분의 공사를 계속 진행하는 방식

② 공기단축을 목적으로 공정에 따라 부분적으로 완성된 도면만을 가지고 각 분야(전기, 기계, 건축, 토목 등)의 전문가들로 구성하여 패스트 트랙공사를 진행하므로 라인-스탭조직(Line-Staff Organization)이 적합하다.

(4) 린건설(Lean Construction)

① 정의

㉠ 린건설은 건설 프로젝트를 하나의 생산과정으로 보고 그 과정에서 발생되는 전반적인 낭비요소 들을 도요다 생산방식(TPS: Toyota Production System)이 제시하는 여러 기법들을 건설프로젝트 현실에 맞게 응용하여 체계적인 개선을 꾀하는 것이다.

㉡ 작업단계 중 가치창출 과정인 처리작업 이외에 비가치 창출 가정들을 최소화하여 작업간 대기시간, 재고 등 낭비를 최소화하고, 생산의 효율성을 증진시키는 건설 생산방식이다.

㉢ 현장세부 작업과 설계 및 자래를 기존 밀어내기식(Push-type)생산방식을 적용하지 않고 당김식(Pull-type)생산방식으로 연계하여 JIT(Just in-Time) System 입고 및 설치를 구축하여 신뢰도 중심의 운영평가를 중시한다.

> **참고** JIT(Just in-Time) System
>
> ① 선 · 후행 공정간의 원활한 의사소통으로 재고의 과부족 현상을 제거하는 시스템이다.
> ② 후행 공정의 특정 재고가 부족하지 않도록 선행 공정 단위를 세분화한다.
> ③ 불량 공정을 자가 진단하여 조치함으로써 불량 방치로 인한 검사시간의 증대를 예방한다.
> ④ 현장 내 소운반을 최소화하거나 완전 제거하여 불필요한 재고 비용의 발생을 방지하도록 한다.

② 린건설 방식의 목표(효과)

㉠ 필요에 따라 주문하므로 재고와 낭비의 최소화

㉡ 필요한 순서로 작업이 진행되므로 관리능률 및 변이 관리능력 향상

㉢ 표준적인 공정이 반복될 때 가장 효과적

㉣ 공기단축 및 비용절감 효과

③ 린건설 생산방식

㉠ 현장이 필요로 하는 자재를 필요할 때에 필요한 만큼 생산할 것을 권장하는 Pull 방식에 의한 자재입고

㉡ 현장의 여러 선 · 후행 작업자들 간에 작업의 연속성을 중시하고 이러한 작업 속도의 유지를 통한 공기단축 가능

㉢ 선 · 후행 작업자 간 협력적인 업무관리

㉣ 현장의 작업프로세스들을 세부작업 단위에서 계획하고 이 작업들과 자재의 조달 프로세스를 직접 연계하여 관리

㉤ 자재의 Pull 방식 입고 및 선 · 후행 작업자들 간의 연속 흐름의 체계구축 그리고 이의 세부작업단위에서의 운영 및 관리를 위해서 신뢰도 중심의 평가를 중시

(5) 철골유닛주택 자동조립 시스템

① 유닛주택의 공정

㉠ 유닛주택이란 공장에서 생산되는 철골조의 육면체 주택으로서 1개동당 수십 개의 부위부품을 조립함으로써 완성되는 주택이다.

ⓒ 유닛주택은 바닥, 천장, 보, 외벽 등의 부위부품을 공장에서 제작하는 것을 시초로 하여 전자동용접 시스템으로 구조체 조립을 실시하면서 내 · 외부 패널을 붙이고 단열재를 끼운 후 키친, 계단, 욕조, 설비 코어 등을 조립한다.

② 자동화의 내용

㉠ 라인(line)생산을 위한 컨베이어 시스템 도입
㉡ 보 가공을 위한 자동절단기, 자동굴곡기 사용
㉢ 바닥, 작은 보, 기둥 등의 각 접합개소의 자동용접 로봇 도입
㉣ 바닥판 고정을 위한 자동접합 타격기 사용
㉤ 천장 프레임(frame), 바닥 프레임, 보 등과 조합하기 위한 전자동 용접기 사용

4. 건설정보관리

(1) 건설정보의 정의

① 건설정보란 건설 활동의 전 과정, 즉 프로젝트 기획, 설계, 시공, 유지관리, 해체에 발생되는 데이터와 이를 목적에 따라 가공한 인포메이션과 인텔리전스로서 건설생산활동의 플랫폼에 쓰이는 것이다.
② 건설정보시스템은 건설 활동과정의 참가자들에게 정확한 시간과 장소에 적절한 형태로 정보를 제공해 주어, 설계 · 시공 · 유지관리의 전 과정에서 최소의 비용으로 최대의 효율을 가진 건물을 짓기 위한 것이다.

(2) 건설정보의 특성

① 계획단계는 입찰과정과 공사계획 가운데 어떤 형태로든지 발생하는 모든 공사활동에 관한 정보를 다양한 설계기법 속에 집약시키는 단계이다.
② 관리단계에서는 설계단계와 현장공사에 대한 내용을 포함한다.
③ 마지막 단계인 공사조정단계에서는 모든 관계자들이 포함되는데, 이때 모든 팀들은 자신들의 공사수행업무에 대해 평가받게 된다.
④ 건설공사정보는 다양한 서류형식으로 작성되고 전달되는데, 최종적이고 가장 중

요한 자료들은 설계단계에서 시공단계까지 정보로서 전달된다.

⑤ 건설공사의 복잡한 공정을 성공적으로 관리하고 최종적으로 완성할 수 있는 하나의 열쇠는 발생정보의 형태, 정보의 질, 정보의 내용, 그리고 이들 정보를 효과적으로 전달하고 각자의 특성에 맞도록 변환시키는 것이다.

(3) CIC(Computer Integrated Construction : 건설산업 정보통합화 생산)

① 정의

㉠ 컴퓨터, 정보통신 및 자동화 생산, 조립기술 등을 토대로 건설행위를 수행하는 데 필요한 기능들과 인력들을 유기적으로 연계하여 각 건설업체의 업무를 각 사의 특성에 맞게 최적화하는 것이다.

㉡ 건설의 전 과정(계획, 설계, 건설, 운영, 유지관리, 재수선, 철거)에 걸쳐 품질 개선과 배용의 효과, 공기달성의 자동화와 통합화를 위한 정보기술의 사용이다.

② 개념도

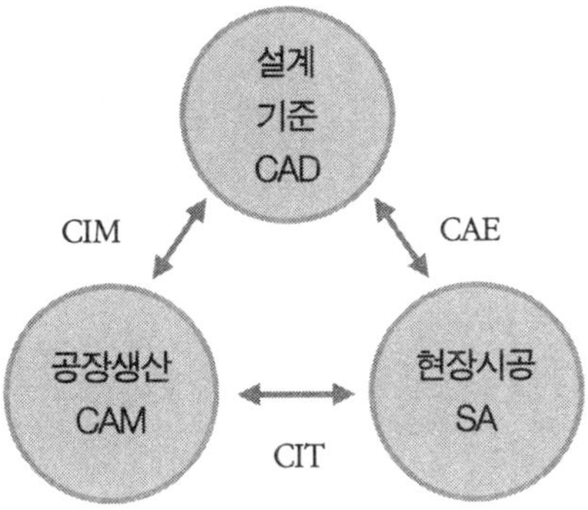

CIM : Computer Integrated Manufacture
CAE : Computer Aided Engineering
CIT : Computer Integrated Transportation
CAD : Computer Aided Design
CAM : Computer Aided Manufacture
SA : Site Automation

③ 목적

㉠ 고품질 건물의 빠른 생산	설계와 건설에 필요한 전체시간을 생산품의 품질을 저하시키거나 프로젝트 비용의 증가 없이 단축시키는 것으로 CIC의 동시 조작 기술과 통합기술은 더 짧은 시간에 고품질의 설계를 달성한다.
㉡ 생산품의 건설비 절감 및 정확한 준공	• 3D 모델(3차원 모델)의 사용은 설계실수와 오류에 의한 시공상 변경을 최소화하는 더 정확한 설계를 할 수 있도록 도와준다. • 각 분야의 엔지니어들은 컴퓨터에서 건설공정 및 비용 등을 미

	리 산정하여 봄으로써 건설의 신뢰성 및 안정성을 증진한다.
ⓒ 효율적인 시설물 유지관리	CIC로부터 얻을 수 있는 가장 큰 이익 중 하나는 시설물 유지관리에 필요한 정보를 건설과정의 각 단계에서 발생된 정보에서 습득할 수 있다는 것이다.

(4) CALS(Continuous Acquisition and Life cycle Support)

① 정의

건설업의 기획 · 설계 · 계약 · 시공 · 유지관리 등 건설 생산 활동의 전 과정을 통하여, 정보를 발주기관 · 건설관련업체들이 컴퓨터 전산망을 통하여 신속하게 교환 및 공유하여 건설 산업을 지원하는 건설 분야 통합정보시스템을 말한다.

② 개념도

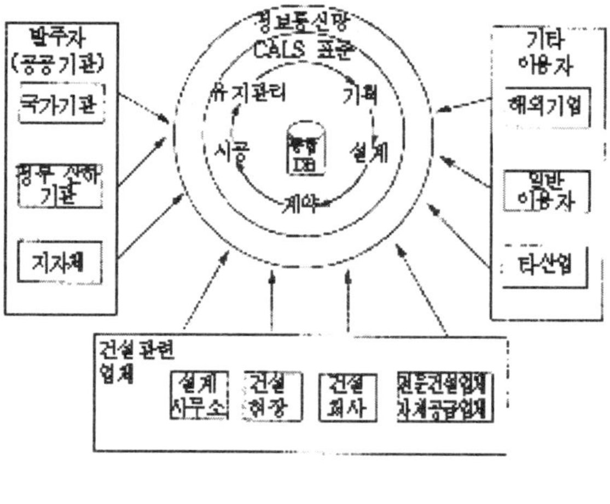

③ CALS개념 구현을 위한 기본요건

㉠ CALS는 기업 내 부문 간 및 관련기업 간에 설계 · 기술정보나 수주 · 발주 등의 거래 정보를 정해진 표준에 따라 디지털화함으로써 '종이 없는' 거래를 가능케 하는 수요자 중심의 데이터 환경을 형성하고자 한다.

㉡ CALS는 설계, 생산, 공급, 조달, 운용지원 등 제품수명주기 전반에 걸쳐 관련되는 모든 부문과 기업들이 서로 정보를 공유하고 활용함으로써 보다 과학

적 · 효율적인 업무수행이 가능해지고, 이를 통하여 획기적인 생산성 향상 또는 비용절감을 꾀하기 위한 새로운 산업정보 하부구조이다.

㉢ 종래와 같은 문자나 수치 데이터뿐만 아니라 설계도, 매뉴얼 등과 같이 화상 및 음성을 포함한 멀티미디어 정보를 교환할 수 있는 미래형 산업정보시스템이다.

참고 CALS 구현을 위한 3가지 기반요소

① 표준화
② 업무프로세스의 혁신
③ 정보기술 인프라의 구축

④ CALS의 효과

㉠ 종이 없는 업무수행체제의 구축이다.

㉡ CALS의 통합적 정보환경을 이용하여 각종 제품 및 장비의 요구사항과 구성변경사항을 적시에 수용함으로써 제품개발에 소요되는 시간은 물론 제품의 조달, 보급 및 정비를 위한 대기시간을 크게 단축시킬 수 있다.

㉢ CALS의 디지털 정보의 공유로 인해 문서자료의 유지 · 관리비용을 절감할 수 있음은 물론, 그와 관련된 업무절차를 간소화하여 상당 부분의 업무비용을 절감할 수 있다.

㉣ CALS는 시스템의 전 수명주기과정을 자동화 · 통합화함으로써 신속하고도 일관성 있는 정보를 유지하고, 특히 제품의 설계 및 제작과정에서 발생하기 쉬운 도면작성의 오류, 기술적 결함, 그리고 제품의 운영 · 유지의 부적합성을 감소시킬 수 있도록 되어 종합적인 제품의 품질향상을 꾀할 수 있다.

(5) PMIS(Project Management Information System)

① 정의

㉠ 사업 전반에 있어서 수행 조직을 관리 운영하고 경영의 계획 및 전략을 수립하도록 관련 정보를 신속 정확하게 경영자에게 전해줌으로써, 합리적인 경영을 유도하는 Project별 경영정보체계를 말한다.

㉡ 건설업에도 환경변화로 인한 효율적 정보관리에 대한 요구가 증가하고 있으며, 건설업은 경영의 많은 부분을 각 프로젝트별로 운영하므로, PMIS를 이용하면 경영전반의 MIS(정보관리 시스템) 구축이 용이하다.

참고 MIS(Management Information System : 정보관리 시스템)

(1) 정의

MIS란 필요한 정보를 수집 · 정리 및 분석 · 보관 · 활용함으로써, 주어진 목표를 달성하기 위해 Computer를 이용한 합리적인 관리 System을 말한다.

(2) MIS의 효과

① 관리업무의 효율화
② 현장, 지사, 본사간의 Data의 유효활용
③ 업무연락 비용절감 및 정보전달 신속
④ 원가관리 System의 추진

② 필요성

㉠ 현재의 공사수행 분석정보 필요
㉡ 건설사업의 발주 및 규모가 다양
㉢ 건설 산업의 환경변화
㉣ 기성청구와 관련된 정보의 분석
㉤ 투자자본 분석위한 정보 필요

(6) WBS(Work Breakdown Structure: 작업분류체계)

① 정의

공사내용을 파악하기 위해서 작업의 공종별로 세분화시킨 작업분류체계를 말하며, 작업 상호관계 조정과 인력배당, 작업내용 파악과 예산 파악을 통해 경제적인 최상의 시공관리가 목적이다.

② 분류체계(Breakdown Structure)의 종류

WBS (작업분류체계)	Work Breakdown Structure 공사내용을 작업의 공종별로 분류
OBS (조직분류체계)	Organization Breakdown Structure 공사내용을 관리조직에 따라 분류한 것
CBS (원가분류체계)	Cost Breakdown Structure 공사내용을 원가발생요소의 관점에서 분류한 공사비 내역체계의 표준화를 말한다.

II. 건설경영전략

1. 건설업에 있어 경영전략의 의미

(1) 경영전략의 개념

① 경영전략이란 주어진 제약과 환경 속에서 기업을 만족스러운 성과로 이끄는 방향을 창출하기 위한 과정을 말한다.

② 기업자원과 능력을 환경상의 기회 및 위협과 결합시켜 기업목적을 달성하는 방책을 강구하는 일이라고 할 수 있다.

③ 경영목적의 결정, 목표의 설정, 사업 활동범위의 선정, 기업 간의 경쟁을 유리하게 전개하기 위한 자원배분, 전략구성과 합치되는 조직의 추진을 포함한 경영시스템의 구축과 경영시스템의 운용이라는 사항이 모두 포함된다.

(2) 경영전략의 의미

① 기업의 활동과정에서 필요로 하는 의사결정에는 전략적 의사결정, 관리적 의사결정, 업무적 의사결정의 세 종류가 있다.

② 관리적, 업무적 의사결정은 일상의 기업 활동에서 각 관리직과 회의 등에 의해 행해지고, 전략적 의사결정은 기업환경에 구조적 변화가 생길 때 그 필요성이 더

욱 증대된다.

③ 기업환경의 구조적 변화에 대응하여 혹은 구조적 변화를 예측하여 기업과 환경에 새로운 적절한 관계를 만들어 내는 것이 경영전략의 역할이다.

2. 건설회사의 경영전략 수립절차

(1) 기업의 목적 · 목표(company mission)

① 사업의 범위: 회사가 참여하고자 하는 공사유형을 결정하는 것이다.

② 기업의 목표: 가능성, 성장성(자산 등), 기업의 모험 등을 고려한 기업의 성공을 평가하는 기준을 결정한다.

(2) 기회요소와 위협요소에 대한 건설 산업 환경 분석 내용

① 일반 경제지표

② 정부의 투자계획 및 제도

③ 건설수요 예상물량

④ 잠정적 고객

⑤ 경쟁자의 능력

⑥ 자원 공급력(인력, 자재, 하도급업자 등)

⑦ 지역별 특수조건(제도 등)

(3) 기업 내부 분석(Analysis of company's resources)

① 시공능력: 건설공사의 시공계획, 조정, 감독, 지시, 그리고 조절하는 행위에 대한 능력

② 조달능력: 건설에 투입되는 자원으로서 자재, 하도급자, 장비 그리고 다양한 서비스 등을 조달하는 능력

③ 영업능력: 회사의 능력에 대한 정보를 제공하면서 갖고 있는 발주처로부터 공사를 수주하는 것

④ 조직구조: 회사의 조직 측면의 하부구조는 회사의 시공, 조달, 마케팅 등과 같은

직접적인 작업을 제공한다.

⑤ 인적자원: 기업의 인력자원은 경쟁사회에서 가장 중요한 요소이며, 성공의 주요 역할을 한다.

⑥ 자금능력: 회사의 재무상태는 전략계획에서 중요한 요소이며, 이런 재무능력은 장 · 단기 모험사업에 대한 투자능력에 달려 있다.

⑦ 지식: 지식의 능력은 대형의 복잡하고 고도의 기술을 요하는 첨단 프로젝트 수행능력에 달려 있다.

(4) 전략개발(Development of competitive strategy)

① 환경분석 결과의 도식화(conclusion to be drawn)

② 경쟁사에 대한 외부 전략의 선택: 저가전략, 차별화전략, 집중화 · 특화전략, 성장전략

③ 선택된 외부 전략에 따른 내부 전략을 수립

(5) 대안평가(Evaluation of strategic alternatives)

① 대안전략 중 각 대안의 장점과 단점을 나열하고 회사의 경영진으로 하여금 의견을 모아 결정토록 하는 것

② 대안전략 중 각 대안들의 비용 · 효과 분석을 통해 결정하는 것

3. 건설업의 미래를 위한 준비

(1) 발주자에 의한 변화

① 단일 건설회사의 설계, 조달, 시공 등의 여러 단계를 함께 수행

② 프로젝트 초기단계의 중요성 증대

③ 협력관계의 증가

④ 공급자 및 고객과의 유대관계 강화

⑤ 표준화

(2) 설계자의 변화

① 프로젝트 관련 타조직과의 결합
② 종합화 및 설계 자동화를 위한 정보기술의 점진적 활용
③ 설계기간의 단축 및 시공단계와의 병행기간 연장
④ 새로운 기술에 대한 기대감 및 개발능력 향상

(3) 시공회사의 변화

① 관리자, 기술자, 전문가 등에 대한 관리의 필요성 증대
② 전산화, 시공계획, 감독에 필요한 정보기술의 적용 증대
③ 외부 선조립 등 조립자동화 범위 확대

(4) 기본 능력 및 효율적 업무개발에 필요한 사항

① 시장의 변화요인 및 기회요인의 지속적인 분석
② 핵심기술에 대한 집중적인 인적자원 개발
③ 혁신을 담당하는 상설조직에서 지속적인 개선
④ 모든 직원의 참여 유도
⑤ 내적 · 외적인 관계 유지

4. 건설업의 위험도 관리(Risk Management)

(1) 정의

① 위험도란 건설사업의 시행 중에 발생할 수 있는 손해 또는 손실의 가능성 즉, 재정적 손실과 인명피해와 같은 불이익을 의미한다.
② 건설공사는 항상 위험도 또는 불확실성을 내재하고 있으므로, 이에 대해 적절한 대책이 필요하다.

(2) 건설업의 리스크 내용

① 건물(시설)은 본질적으로 토지에 고착될 수밖에 없기 때문에 자연적 · 지리적 환경에서 비롯되는 물리적 리스크는 물론 건설 시점의 사회 · 경제적 여건에서 비롯되는 리스크도 고려해야 한다.

② 한건의 공사에 대한 투입자본의 규모가 대단히 크다.

③ 생산 활동이 공사 건수에 따라 단속적으로 이루어지기 때문에 수요와 공급의 균형을 고려한 계획적 생산이 불가능하다.

④ 건물(시설)은 주택을 제외하면 최종 소비재가 아니고 경제활동을 위한 중간 투입재 또는 생산재 성격을 갖는다.

⑤ 사용기술의 종류가 광범위하여 동일한 공사라도 어떤 기술을 적용하는가에 따라 공기, 비용, 품질, 인력수요 등에서 엄청난 격차가 발생된다.

(3) 건설 위험도 관리체계

위험도 인식 → 위험도 분석 및 평가 → 대응 관리 → 조직 관리

<table>
<tr><td>① 위험도 인식</td><td colspan="2">위험도의 초기 중요성을 체계적이고 지속적으로 인지 · 분류하고 평가하는 과정</td></tr>
<tr><td>② 위험도 분석 및 평가</td><td colspan="2">㉠ 위험도에 체계적인 인지에 도움을 주고 효과적인 대응 관리를 위해 필요
㉡ 재료 수집→불확실성의 모형화→잠재적 위험 영향 평가 순으로 이루어짐</td></tr>
<tr><td rowspan="4">③ 대응관리</td><td>위험도 보유
(Risk Retention)</td><td>회피되거나 전이될 수 없는 리스크를 감수하는 전략으로 보증(Bond)이 있다.</td></tr>
<tr><td>위험도 전이
(Risk Transfer)</td><td>계약의 형태를 취하는 위험도 대응방법 중에서 가장 빈번히 사용되는 것은 보험(Insurance)이다.</td></tr>
<tr><td>위험도 회피
(Risk Avoidance)</td><td>리스크에 대한 노출 자체를 회피함으로써 발생할 수 있는 잠재적 손실을 모면하는 것이다.</td></tr>
<tr><td>위험도 감소
(Risk Reduction)</td><td>가능한 모든 방법을 활용하여 리스크 발생 가능성을 저감시킴으로써 잠재적 리스크에 대한 노출 정도를 감소시키는 것이다.</td></tr>
<tr><td>④ 조직관리</td><td colspan="2">위험도 관리과정을 관리하는 것</td></tr>
</table>

2장 건설관리조직

Ⅰ. 공사관계자

1. 공사관계자의 개요

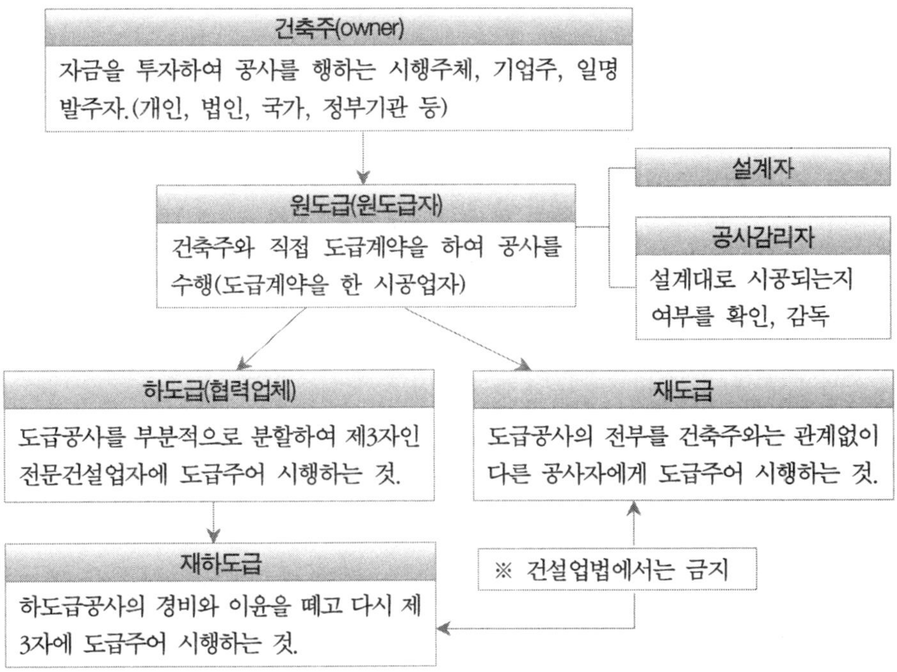

2. 공사관리자(현장대리인, 공사책임기술자)의 책임

(1) 정의

① 현장대리인(Field Representative)이란 공사의 시공에 있어서, 공사현장에 관한 일체의 사항을 처리하는 권한을 갖는 자를 말한다.

② 현장대리인은 당해 공사의 규모와 성격을 충분히 파악하여, 공사현장의 전반적인 관리책임을 다하도록 해야 한다.

(2) 공사관리자의 책임

① 계약서 이행: 도급계약서 내용대로 정확한 이행

② 설계도서에 의한 시공 : 시공도면, 시방서 검토하여 시공도면대로 실시되는지 여부 확인

③ 민원발생 예방 및 제거 : 무소음 · 무진동 공법 채택 및 민원예상 부분 사전예방

④ 부실시공 방지 : 시험 및 검사의 조직적인 관리로 부실시공 방지

3. 공사감리자의 업무

(1) 정의

① 감리자는 전문지식과 기술 및 경험을 활용하여 설계도서와 관계법규대로의 시공 여부를 점검 · 확인하며 공사 관리 및 기술 지도를 하는 기술자를 말한다.

② 감리의 종류에는 공사감리 · 상주감리 · 책임감리로 분류할 수 있다.

(2) 공사단계별 책임관리의 업무

착공전 준비 업무	① 현장설명서 및 질의응답 파악 ② 계약서 확인 ③ 설계도서 검토 ④ 현장 조사
착공시 업무	① 공정표 검토

	② 가설공사 계획 ③ 시공계획 검토 ④ 건설 공해 대책
공사 진행 중 업무	① 세부공정표와 현장진행의 일치여부 확인 ② 사용자재의 승인 및 시공 검측 ③ 안전관리 및 공정간의 작업조정 ④ 주요 서류 작성
완공시 업무	① 예비 준공 검사 실시 ② 발주처 준공 검사시 보조역할 수행 ③ 주요 서류 작성 ④ 시설물을 발주처에 인수

4. 건설노무자

(1) 고용형태

직용 노무자	원도급자에 직접 고용되어 임금을 받는 노무자로서 잡역 등 미숙련자가 많다.
정용 노무자	직종별 전문업자 혹은 하도급업자에게 상시 종속되어 있는 기능노무자로 출역일수로 임금을 받는다.
임시고용 노무자	날품노무자로서 보조 노무자이고, 임금도 싸다.

(2) 임금형태

정액 임금제	출역일수에 따라 1일 정해진 금액을 지급(일급제)
기성고 임금제	일정한 작업량의 완수에 따라 노동시간에 관계없이 임금을 지급

Ⅱ. 조직의 형태

1. 직계식 조직(라인조직 ; line organization)

(1) 정의

지휘명령 계통이 완전히 하나가 되는 가장 단순한 형태의 조직으로 건축공사현장 조직에 많이 사용(대규모 조직에는 부적합)

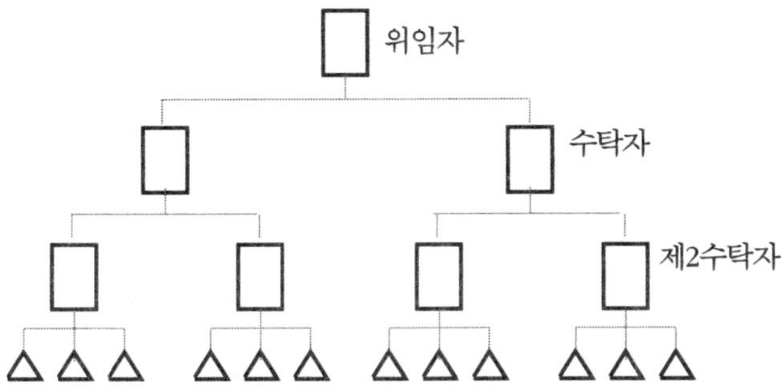

〈직계식 조직〉

(2) 장 · 단점

장 점	단 점
① 각자의 책임, 권한이 명확하다. ② 명령 전달이 신속하고 확실하다. ③ 운영상의 경비가 들지 않는다. ④ 질서, 규율을 지키기 쉽다.	① 횡적인 연락과 협조가 잘 되지 않는다. ② 라인의 책임자는 이질의 업무까지 담당하게 된다. ③ 조직 운영의 성패는 소수 또한 강력한 인간의 능력에 의존하게 된다.

2. 기능식 조직(functional organization)

(1) 정의

① 직무를 기능별로 나누어 분할하여 복수의 책임자를 만들고, 각 책임자가 작업자에게 분담 업무에 대해 지시하는 형태

② 기업이 한정된 사업분야에서 사업을 추진하고, 환경이 상당히 안정되고 업무상 고도의 전문화를 요구하는 경우에 적합한 조직

(2) 장 · 단점

구분	내용
장 점	① 사람의 기능이 전문화되므로 일의 숙련도의 높아진다. ② 전문적 견지에서 전문적인 지도를 받을 수 있다. ③ 일이 직능별로 나뉘어 수행된다.
단 점	① 지령 계통이 문란해지기 쉽다. ② 권한 다툼이나 업무조정 때문에 그 운영이 힘들다. ③ 결과에 대한 책임이 불명확해지기 쉽다.

3. 조합식 조직(라인 · 스탭조직 ; line & staff organization)

(1) 정의

① 직계식 조직에 전문적인 사업관리 지식을 갖춘 전문 관리자(staff)들의 지원을 받는 조직형태이다.

② 공기단축을 목적으로 공정에 따라 부분적으로 완성된 도면만을 가지고 각 분야(전기, 기계, 건축, 토목 등)의 전문가들로 구성하여 패스트 트랙(Fast Track) 공사를 진행하기에 적합한 조직구조이다.

(2) 장 · 단점

구분	내용
장 점	① 전문 분야의 기능별 조직의 장점을 살릴 수 있다.(CM 조직) ② 스텝의 권고 및 조언을 존중하면 독선에 빠지지 않는다. ③ 라인 본래의 주임무에 정진가능 ④ 스텝에 의해 라인을 객관적으로 평가할 수 있다.
단 점	① 스텝의 월권행위 우려 ② 스텝에 의한 조직력의 낭비, 혼돈 우려 ③ 스텝이 주된 의사 결정권을 갖거나 역으로 스텝활용이 안 되는 경우가 있다.

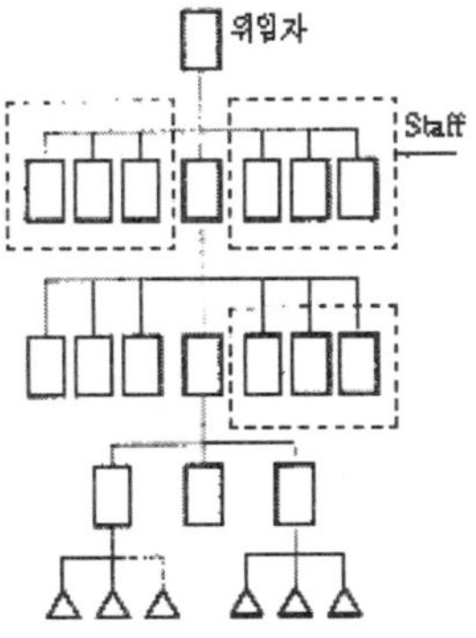

4. 기타 조직의 특성

형 태	특 성
(1) 전담반 조직 (task force 조직)	① 다양한 기능조직으로부터 파견된 작업자들이 한시적으로 팀을 구성하여 주어진 임무를 수행하고 다시 본래의 조직으로 복귀하는 조직형태 ② 긴급공사, 중요공사나 일정기간내 완료해야 하는 공사, 상호의존적 기능을 요하는 경우에 구성하는 조직
(2) 매트릭스 조직 (matrix 조직)	① 기능조직과 전담반 조직을 결합한 조직형태. 지하철, 공항, 발전소 등 대규모 복합 사업에 적합하다. ② 각 부분의 전문가를 효과적으로 배치하여 업무조정이 용이 하고, 최대효과를 얻을 수 있는 장점이 있다.
(3) 부문별 조직	① 각 부분이 하나의 자주적, 독립채산적인 경영을 한다. ② 플랜트 사업부, 주택사업부, SOC 사업부 등
(4) 전략사업부 조직 SBU(Strategic Business Unit)조직	조직의 복잡화, 권한의 지나친 분산 등에 따른 경영의 통제 불능상태 해결을 위해 조직을 몇 개 부문으로 묶어서 그 책임자에게 권한과 책임을 위임한 구조의 조직

III. 건설공사의 타당성 조사

1. 개요

(1) 정의

① 타당성 조사란 제한된 자원의 효율성을 극대화하고 사업의 적정성을 판정하기 위해 실시한다.

② 사업의 기술적 · 경제적 · 재무적 관련효과 및 조직의 운영관리 타당성과 경기 또는 다른 요인에 의한 감응도를 분석 · 평가하는 것을 의미한다.

(2) 타당성 조사의 효과

① 경제성이 없는 투자의 억제와 사업의 부실화를 사전에 예방한다.

② 여러 후보사업 중에서 투자의 우선순위에 입각한 사업을 선정한다.
③ 미비한 사업계획을 사전에 보완한다.
④ 사업에 필요한 자료를 체계적으로 분석 · 제공한다.

(3) 타당성 조사의 제한성

① 자료의 신뢰도 및 예측능력의 한계성 때문에 절대적인 정확성을 가지기 힘들다.
② 투자사업의 효과를 전부 계획하기란 불가능하다.
③ 타당성 조사는 전문적 지식과 기술이 필요하며, 조사비용이 많이 소요되므로 무모하게 여러 사업에 대해서 실시하여서는 안 된다.

2. 타당성 평가방법

(1) 수요 분석 및 예측

① 계획하는 사업의 종합적이고 장기적인 수요를 예측하기 위해 실시한다.
② 전문가의 감각에 의한 방법과 계량적인 분석에 의한 방법이 있다.

(2) 기술적 평가

① 최적시기의 선정
② 최적 장소의 선정
③ 최적 확장 규모의 고려
④ 많은 정보의 수집과 창조적 사고 필요

(3) 경제적 평가

사업의 시행에 따른 국민경제와 사회 전반에 미치는 효과를 검증하는 과정

(4) 재무적 평가

사업주체에게 발생하는 비용에 대해서 귀속되는 현금 수익만을 비교 · 분석한다.

(5) 조직 · 경영 평가

사업의 완성 후에 그것을 효과적으로 운용해 나갈 수 있는지의 여부를 사전에 평가

(6) 감응도 분석

장래의 불확실성과 위험도를 사전에 감안하여 사업에 대한 의사결정의 수단으로 이용

IV. 건설공사계획

1. 공사계획 및 공사시공순서

(1) 공정계획의 요소	(2) 공사계획	(3) 공사 시공순서
① 공사시기	① 현장원 편성	① 가설공사
② 공사규모	② 공정표 작성	② 토공사
③ 공사의 내용	③ 실행예산의 편성과 조정	③ 지정 및 기초공사
④ 노무자 수배	④ 하도급자의 선정	④ 구체공사
⑤ 재료의 수배	⑤ 가설준비물의 결정	⑤ 방수공사
⑥ 시공기기의 수배	⑥ 재료의 선정 및 노력의 결정	⑥ 지붕 및 홈통공사
⑦ 가설동력설비 등의 수배	⑦ 재해예방	⑦ 외벽마무리 공사
		⑧ 창문달기
		⑨ 내부마무리 공사

참고 실행예산

공사목적물을 계약된 공기내에 완성하기 위하여, 공사손익을 사전에 예시하고 이익계획을 명확히 하여, 합리적이고 경제적인 현장운영 및 공사수행을 도모하도록 사전에 작성되는 예산을 말한다.

2. 건축프로젝트의 식전(式典 : 예식)

기공식(起工式)	공사 착수 전에 행해지는 의식으로 착공식이라고도 한다.
정초식(定礎式)	기초공사 완료시에 행하는 의식
상량식(上梁式)	콘크리트조에서 지붕공사 완료시에 행하는 의식
낙성식(落成式)	공사가 준공되어 건물의 인도가 끝난 후 행해지는 의식

3. 공사기간(공기) 지배요소

(1) 지배요소 내용

요 소	내 용
1차적 지배요소(기술적)	건축물의 구조, 규모 및 용도
2차적 지배요소(사회적)	청부자의 능력, 자금사정, 기후
3차적 지배요소	발주자의 요구(설계변경), 설계의 적부, 감리 능력 등

(2) 건설공사 현장의 보고(報告)순서

① 일보 → ② 주보 → ③ 순보 → ④ 월보 → ⑤ 분기보

(3) 현장일지 기재사항

① 날짜 · 천후

② 재료의 검수, 반입

③ 기성부분 지도지시사항

④ 공종별 직공의 출역인원

⑤ 다음날 시행예정사항 또는 특수 발생상항

3장 건설계약

Ⅰ. 입찰 및 낙찰

1. 입찰방식의 종류

(1) 입찰방식의 종류

- 입찰방식
  - 경쟁입찰
    - 공개경쟁입찰
    - 제한경쟁입찰
      - 지역 제한 경쟁입찰
      - 군(group) 제한 경쟁입찰
      - 도급한도액 제한 경쟁입찰
      - 실적 제한 경쟁입찰
      - P.Q. 제도
    - 지명경쟁입찰
  - 특명입찰(수의계약 : individual negotiation)

(2) 입찰방식의 종류별 정의

종 류	정 의
공개(일반) 경쟁입찰	입찰 참가자를 공모(관보, 신문공고)하여 유자격자는 모두 참여시켜 입찰하는 방식
지명경쟁입찰	건축주가 해당 공사에 적격하다고 인정되는 여러 개의 도급업자를 선정하여 입찰시키는 방식
특명입찰 (수의계약)	건축주가 해당 공사에 가장 적격한 단일 도급업자를 지명하여 입찰시키는 방식

2. 입찰방식의 장 · 단점

종 류	장 점	단 점
공개경쟁 입찰	① 경쟁으로 인한 공사비 절감 ② 담합의 우려가 적음 ③ 균등한 기회	① 입찰수속 복잡 ② 과다경쟁으로 부실공사 우려 ③ 부적격업자에게 낙찰될 우려 있음
지명경쟁 입찰	① 부적격업자 제거 ② 시공상의 신뢰성	① 담합의 우려 있음 ② 공사비가 공개경쟁보다 상승
특명입찰	① 입찰수속 간단 ② 공사기밀 유지 ③ 우량시공 기대	① 공사금액 결정 불명확 ② 공사비 증대 ③ 불공평한 일이 내재

3. 입찰순서

(1) 순서나열

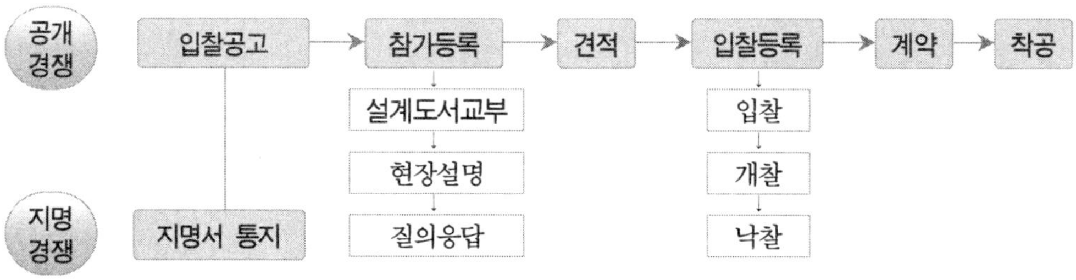

(2) 입찰공고

① 신문, 관보(官報), 잡지 등에 공고된다.

② 공고에 포함되는 내용

㉠ 공사의 명칭과 장소

㉡ 발주자와 설계자의 명칭과 주소

㉢ 개략적인 공사의 특성, 유형 및 규모

㉣ 입찰일시와 장소

㉤ 입찰도서의 입수방법과 장소

㉥ 계약도서 열람 장소의 명칭과 소재지

㉦ 입찰조건, 입찰보증 등

㉧ 낙찰의 공개 여부

㉨ 낙찰 또는 입찰 거부에 관한 발주자의 권한과 필요시 응찰자의 자격심사에 관한 사항

> **참고** 입찰도서의 서류와 도면
>
> ① 입찰초정 또는 입찰안내서 ② 입찰양식 ③ 계약서 서식 ④ 계약조건
> ⑤ 보증서류 서식(입찰보증금 서식, 이행보증금 서식, 선수금 보증 서식, 지불보증금 서식)
> ⑥ 자격심사관계 서류 ⑦ 설계도면, 시방서 ⑧ 발주자 제공 품목 ⑨ 공정계획

(3) 현장설명사항

① 대지의 위치, 고저차 등.

② 인접대지상황 및 주변안전사항

③ 지하매설물(전기, 설비, 기초)

④ 공사비지불 조건 및 공사기간

4. 입찰자 선정방식

(1) PQ제도(pre-qualification) : 입찰참가자격 사전심사제도

① 정의

건설업체의 공사수행능력을 기술적 능력, 재무능력, 조직 및 공사능력 등의 비가격 요인을 검토하여 가장 효율적으로 공사를 수행할 수 있는 업체에 입찰참가

자격을 부여하는 입찰참가자격 사전심사제도이다.

② **주요 심사내용**

㉠ 경영상태(30점)　　㉡ 기술능력(40점)
㉢ 시공경험(30점)　　㉣ 신인도(±20점)

③ **장 · 단점**

장 점	단 점
㉠ 부실공사 방지 ㉡ 기업의 경쟁력 확보 ㉢ 입찰자 감소로 입찰시 소요시간과 비용감소 ㉣ 무자격자로부터 유능업체 보호 ㉤ 견실업체 시공으로 우수시공 기대	㉮ 자유경쟁 원리에 위배 ㉯ 대기업에 유리한 제도 ㉢ 평가의 공정성 확보 문제 ㉣ 신규 참여업체에 장벽으로 간주 ㉤ PQ 통과 후 담합 우려

④ **심사절차**

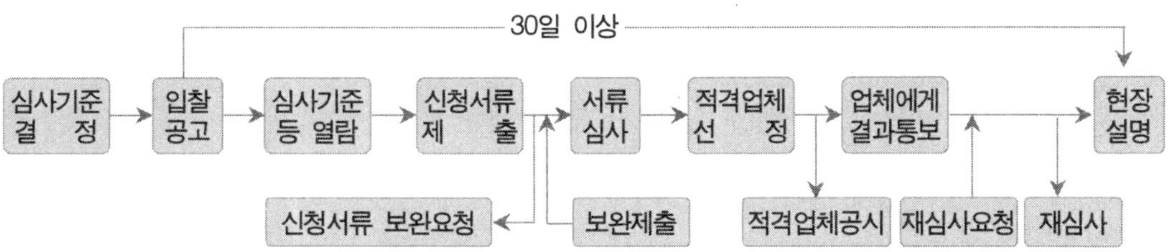

(2) 부대입찰제도

① 하도급업체의 보호육성차원에서 입찰자에게 하도급자의 계약서를 입찰서에 첨부하도록 하여 덤핑입찰을 방지하고 하도급의 계열화를 유도하는 입찰방식이다.
② 계약체결 후, 공사진행 중 건설업체에 대한 기성금이 지불될 때, 기성 신청 서류에 하도급업체에 지급해야 할 일정 비율 이상의 기성금 지불 내역서를 함께 제출해야 한다.
③ 발주처에서는 건설업체와 하도급업체 간의 이중 계약을 방지하기 위해, 건설업체

가 지급 받은 기성금에 대해 하도급업체에 지불되는 금액이 계약서에 약정된 비율의 금액인지 확인한 후, 계속적인 기성금을 지불해야 한다.

(3) 대안입찰제도

① 정부공사에서는 대형공사나 신규공사의 경우 당초 설계된 내용보다 더 공사비를 낮추면서도 기본방침의 변경 없이 동등 이상의 기능효과를 가진 방안을 시공자가 제시할 경우, 이를 검토하여 채택할 수 있는 제도가 대안입찰방식이다.
② 원안입찰과 함께 대안입찰이 허용되는 입찰방식으로 우리나라만의 독특한 방식이다.

(4) 내역입찰제

입찰시 입찰자로 하여금 별지서식에 단가 등 필요한 사항을 기입한 산출내역서를 제출하게 하는 방식

(5) 우편입찰제

① 정의

㉠ 우편입찰제도란 특수우편 · 등기우편 등을 이용하여 작성된 입찰서를 조달청의 입찰 담당자에게 입찰 집행일시 전에 도착시키는 방법으로, 주로 소액의 입찰금액시 적용하는 제도이다.
㉡ 우편입찰제도는 담합의 가능성이 없으며, 입찰자가 직접 현장설명 참가 등의 부담이 없으므로 참가업체의 경비를 줄일 수 있고, 입찰기간 내 자유로운 입찰을 보장한다.

② 적용대상공사

㉠ 30억 미만의 건축공사
㉡ 1억 미만의 토목공사

③ **특징**

㉠ 입찰자의 경비부담을 줄인다.
㉡ 자유로운 입찰이 보장되며, 담합의 가능성이 없다.
㉢ 공개경쟁입찰로 경쟁원리에 부합된다.
㉣ 덤핑입찰의 가능성이 있다.
㉤ 홍보 부족시 입찰자가 나서지 않을 수 있다.

5. 낙찰자 선정방식

(1) 최저가 낙찰제	예정가격 범위 내에서 최저가격으로 입찰한 자 선정
(2) 저가 심의제	① 예정가격 85% 이하 업체 중 공사수행 능력을 심의하여 선정 ② 공사비 내역 · 공사계획 · 경영실적 · 기술경험 등 전반에 대한 심의
(3) 부찰제(제한적 평균가 낙찰제)	예정가격과 예정가격의 85% 이상 금액의 입찰자 사이에서 평균금액을 산출하여 평균금액 직하에 가장 근접한 입찰자 선정
(4) 제한적 최저가 낙찰제 (lower limit)	부실공사를 방지할 목적으로 예정가격 대비 90% 이상 입찰자 중 가장 낮은 금액으로 입찰한 자를 선정
(5) 적격낙찰(심사)제도	입찰가격 · 기술능력 등을 종합적으로 판단하여 종합점수 85점 이상 중 최저가 입찰자에게 낙찰

(6) T.E.S(Two Envelope System ; 선기술 후가격 협상제도)

① **정의**

㉠ 공사 발주 시 기술능력 우위업체를 선정하기 위한 방법으로 기술제안서와 가격제안서를 분리하여 제출받아 평가하는 낙찰자 선정제도이다.
㉡ 입찰 참가자격 사전심사제도에 의해 자격이 합당한 업체 중에서 기술능력이 우수한 3개 업체를 선정하여, 기술능력 점수가 우수한 업체 순으로 예정가격 내에서 입찰가를 협상하여 계약하는 제도이다.

② 장 · 단점

장 점	단 점
㉠ 부실공사 방지 ㉡ 입찰 참가자격을 사전 심사함으로써 부적격업체 배제 ㉢ 신기술 개발 촉진 ㉣ 시공능력 위주로 낙찰	㉠ 심사기준의 미정립 ㉡ 참가등록 서류의 복잡 ㉢ 실적 위주의 참가제한으로 중소업체에 불리

참고 P.Q. 제도에 의한 기술능력 우수업체 3곳 선정

구분	A업체	B업체	C업체	비고
기술능력 순위	1순위	2순위	3순위	
기술능력 점수	90점	85점	80점	기술능력 점수 100점 만점
입찰가격	240억	210억	180억	예정가격 200억

낙찰자 선정

① A업체와 예정가격 이내로 협상하여 A업체가 응할 경우 A업체와 계약체결
② A업체와 예정가격 이내로 협상이 안 될 경우 B업체와 예정가격 이내로 협상
③ B업체와 예정가격 이내로 협상하여 응할 경우 B업체와 계약체결
④ B업체와 예정가격 이내로 협상이 안될 경우 예정가격 이내인 C업체와 계약 체결

II. 계약의 의의 및 계약서류

1. 계약의 의의 및 유효성

(1) 계약의 효력 발생요건

① 동의	한 편의 당사자로부터의 청약과 이에 대한 다른 한 편의 승낙이 있을 것
② 당사자	계약의 이행을 가능하게 할 수 있는 당사자가 존재할 것
③ 합법성	계약상 위법이 없을 것
④ 정당한 계약서식	계약의 내용이 법률적으로 인정되는 서식을 구비할 것

(2) 계약의 성립 및 종료

① 건설공사 도급계약에서는 도급자가 설계도면, 시방서, 계약서, 공사도급규정 등이 정하는 바에 따라 공사를 완성할 것을 약속함으로써 계약이 성립된다.

② 건설공사에서 도급계약의 종료는 완성된 건물을 발주자에게 인도하고 발주자가 이에 대한 공사비를 도급자에게 지불함으로서 건물의 소유권이 도급자로부터 발주자에게 이전될 때를 말하며 도급계약은 이로써 완료된다.

(3) 건축주와 도급자의 권리와 의무

구 분	건축주	도급자
권리	완성된 건축물을 인수	건축공사의 공사비를 청구
의무	건축공사의 공사비를 지불	건축공사를 기간 내에 완성

2. 계약 서류의 구성

- 계약서류
  - 필요서류
    - 공사도급계약서 — 도급계약약관
    - 설계도서
      - 설계도
      - 구조계산서
      - 시방서
  - 참고서류
    - 공사비 내역서
    - 현장설명서
    - 질의응답서
    - 공정표

3. 계약 서류의 내용

(1) 계약서에 포함되는 내용

① 계약의 목적

㉠ 계약 당사자 쌍방이 인수한 일의 내용

㉡ 계약대금

㉢ 지불조건

㉣ 일의 인도조건 및 완성기한

② 계약 당사자가 인수한 일이 순조롭게 수행되기 위한 절차

③ 계약 당사자 간의 위험 배분 기준

(2) 도급계약에 명시해야할 사항

① 공사내용
② 도급금액과 도급금액 중 노임에 해당하는 금액
③ 공사착수의 시기와 공사완성의 시기
④ 도급금액의 선급금이나 기성금의 지급에 관하여 약정을 할 경우에는 각각 그 지급의 시기 · 방법 및 금액
⑤ 공사의 중지, 계약의 해제나 천재지변의 경우 발생하는 손해의 부담에 관한 사항
⑥ 설계변경 · 물가변동 등에 기인한 도급금액 또는 공사내용의 변경에 관한 사항
⑦ 표준안전관리비의 지급에 관한 사항
⑧ 건설근로자 퇴직공제에 가입하여야 하는 건설공사인 경우에는 건설근로자 퇴직공제 가입에 소요되는 금액과 부담방법에 관한 사항
⑨ 당해 공사에서 발생된 폐기물의 처리방법과 재활용에 관한 사항
⑩ 공사 완성 후의 도급금액의 지급시기
⑪ 계약이행지체의 경우 위약금, 지연이자 지급 등 손해배상에 관한 사항

참고 물가변동(Escalation)

(1) 정의

입찰일 후 60일이 경과한 후 각종 품목 및 비목의 가격 상승으로 품목조정률의 5% 이상이 증감되거나 지수조정률의 5% 이상 증감된 때 계약금액조정

(2) 조정방법

① 동일한 계약에 대하여는 품목조정률과 지수조정률을 동시에 적용하지 못함
② 조정기준일(조정사유 발생일)로부터 60일 이내는 재조정이 불가능함
③ 예정가격이 100억원 이상의 공사는 특별사유가 없는 한 지수조정률로 금액조정
④ 원칙적으로 계약금액조정 신청서 접수 후 30일 이내에 조정

(3) 계약제도상의 보증금

① 정의

계약제도상의 보증금이란 계약 체결자(시공자)가 계약 불이행시 발주자(건축주)가 당할 수 있는 여러 형태의 손해를 방지하기 위한 것이다.

② 보증금의 종류

입찰보증금 (Bid Bond)	㉠ 낙찰된 시공자가 도중에 실격되는 경우 발주자의 손실을 보증하는 금액 ㉡ 보증금의 납부는 입찰금액의 5/100이상이고, 입찰보증금 면제사유에 해당하는 경우 면제 가능
계약보증금 (Contract Deposit)	㉠ 계약대로 공사를 완성하여 발주자에게 인도할 것을 시공자가 보증하기 위하여 제공하는 보증금 ㉡ 보증금의 납부는 예정가격의 10%이상이고, 현금 또는 보증서로 한다.
하자보증금 (Guarantee against defaults)	㉠ 공사 목적물의 완공 후 일정기간 동안 시공자가 공사의 하주보수의 책임을 담보하는 보증금 ㉡ 하자보수 책임기간은 1~10년간 공사의 공종별 · 구조별로 하자보수 책임기간 설정 ㉢ 하자보수 보증금은 공사금액의 2~5% 정도로 하자보증금 설정

4. 설계도서의 내용

(1) 정의

① 설계도면에 표현하기 곤란하거나 표시되지 않은 설계의도의 지시서로서 시공방법의 상세, 재료 등을 글로 명확하게 구체적으로 제시한 것을 말한다.

② 시방서는 결과물이나 시스템의 최종 결과에 대한 요구수준 및 재료 · 부품 · 설비 등이 적절하게 설치되는지를 입증하는 데 필요한 기준을 규정(성능시방)하며, 설계도서에 표기한 결과를 얻기 위해서는 어떠한 방법으로 시공해야 한다고 지시하는 것(공법시방)이 보통이다.

③ 시방서는 공종(작업)별로 wofyh, 부품, 제품 및 그 조합방법과 완성의 결과 등에 관한 시험 및 검사방법, 견본 제출 등을 지시한다.

(2) 시방서의 종류(건설기술관리법 참조)

① 표준시방서	시설물의 안전 및 공사 시행의 적정성과 품질확보 등을 위하여 시설물별로 정한 표준적인 시공기준으로 발주처나 설계 등 용역업자가 공사시방서를 작성하는 경우에 활용하기 위한 것이다.
② 전문시방서	시설물별 표준시방서를 기본으로 모든 공종을 대상으로 하여 특정한 공사의 시공 또는 공사시방서의 작성에 활용하기 위한 종합적인 시공기준을 말한다.(예: 대한주택공사 시방서)
③ 공사시방서	표준시방서와 전문시방서를 기본으로 하여 작성하며, 공사의 특수성 · 지역여건 · 공사방법 등을 고려하여 기본설계 및 실시설계 도면에 구체적으로 표시할 수 없는 내용과 공사수행을 위한 시공방법, 자재의 성능, 규격 및 공법, 시공허용오차, 품질시험 및 검사 등 품질관리, 안전관리계획 등에 관한 사항에 대하여 규정한다.

(3) 시방서의 기재사항

① 시방서의 적용범위, 성능의 규정 및 지시
② 사용 재료의 종류 및 품질, 수량검사 사항
③ 재료 및 공사 중에 필요한 성능검사 품질요구사항
④ 시공방법의 정도 및 완성에 관한 사항
⑤ 시공 기계 및 장비의 설치방법
⑥ 후속 공사와의 처리, 안전관리, 특기사항, 별도공사

(4) 시방서 작성시 주의사항

① 공사전반에 걸쳐 시공순서에 맞게 빠짐없이 기재한다.
② 중복되지 않게 간단명료하게 작성한다.
③ 재료 및 공법은 정확하게 기재한다.
④ 이중으로 해석되는 문구를 피한다.
⑤ 오자, 오기가 없어야 한다.

(5) 전산화된 시방서 시스템의 이점

① 시방서 작성자의 능률이 향상된다.

② 시방서의 인쇄 작업이 보다 쉽고 빠르게 이루어진다.
③ 표준화된 시스템의 사용으로 설계에 대한 효력과 경비를 절감할 수 있다.
④ 클레임 발생을 최소화할 수 있다.
⑤ 신재료 및 신공법의 적용률이 높아진다.

5. 공사비 지불순서

순 서	내 용
착공금	전도금, 선수금, 선급금, 착수금이라고 하며, 보통 도급금액의 70% 이내
중간불	기성불, 기성고라고 하며 월별이나 공종부분별로 지급한다. 통상 9/10까지 지급
준공불	완공불, 일시불이라고도 하며, 건물인도 후 대금 청산하고 계약 해지한다.
하자보증금	준공검사 후 하자에 대한 보증금. 1~3년까지 2/100~5/100을 예치한다.

Ⅲ. 계약의 종류 및 특징

1. 건설공사 계약방식의 분류

- 설계와 시공의 분리계약 제도(전통적 방식)
  - 직영공사
  - 도급공사
    - 공사실시방식
      - 일식도급
      - 분할도급
      - 공동도급(Joint Venture)
    - 도급금액 지불방식
      - 정액도급
      - 단가도급
      - 실비정산보수가산 도급
- 업무범위에 따른 계약방식(설계 · 시공 포괄)
  - turn key방식(일괄수주방식)
  - 건설사업관리(CM)방식(설계와 시공조직을 관리하는 전문가 집단)
  - 프로젝트관리(PM)방식
  - 파트너링(partnering)방식
  - 성능발주방식
  - BOT(Build-Operate-Transfer)방식
- 혁 신 적 파트너링(partr 계약방식
  - Cost+Time 계약
  - Lane Rental(차선임대) 계약
  - Incentive/Disincentive 계약
  - Warranty 계약

2. 전통적인(설계와 시공 분리계약) 분류

(1) 종류

- 직영공사
- 도급공사
  - 공사실시방식
    - 일식도급
    - 분할도급
    - 공동도급
      - 전문공종별
      - 직종별 · 공종별
      - 공정별
      - 공구별
  - 도급금액 지불방식
    - 정액도급
    - 단가도급
    - 실비정산보수 가산 도급
      - 실비 비율 보수가산식
      - 실비 한정비율 보수가산식
      - 실비 정액 보수가산식
      - 실비 준동율 보수가산식

(2) 직영공사

① 정의

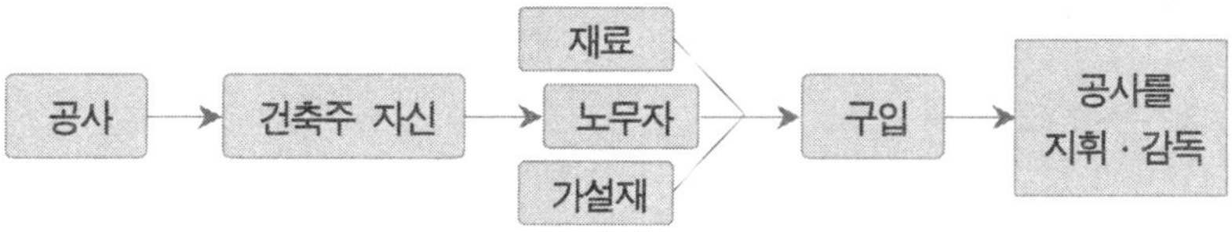

② 특징

㉠ 공사가 간단하고 시공과정이 용이할 때

㉡ 확실한 견적이 곤란할 때

㉢ 풍부하고 저렴한 노동력, 재료의 보유 또는 구입 편의가 있을 때

㉣ 시급한 공사를 필요로 하지 않을 때

③ 장 · 단점

장 점	단 점
㉠ 도급공사에 비해 확실한 공사 가능 ㉡ 계약의 구속감이 없는 임기응변 처리 가능 ㉢ 발주계약 등 수속 절감	㉠ 공사비 증대 ㉡ 재료낭비 또는 잉여, 시공시기의 비경제성 ㉢ 시공관리 능력 부족으로 공사기간 연장

(3) 일식도급(총도급)

① 정의

② 장 · 단점

장 점	단 점
㉠ 공사비 산정, 공사관리 용이함. ㉡ 계약, 감독업무가 단순하다. ㉢ 가설재 중복이 없으므로 공사비 절감	㉠ 건축주 의도나 설계도서의 의도가 충분히 이행되지 못한다. ㉡ 도급자 이윤가산으로 공사비 증대와 조잡한 공사가 우려된다.(하도급 관행)

(4) 분할도급

① 정의

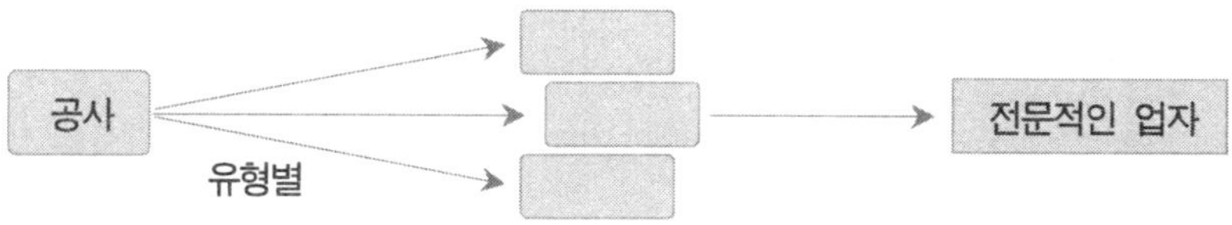

② 종류

종 류	특 징
전문공종별 분할도급	㉠ 설비공사를 주체공사에서 분리하여 도급 주는 것. ㉡ 설비업자와 자본기술이 강화되고 복잡한 공사내용이 전문화 되므로 기업주와 시공자와의 의사소통이 잘 되지만 공사전체 관리가 곤란해질 수 있다.
공정별 분할도급	㉠ 시공과정별로 도급주는 방식 ㉡ 예산 배정상 구분이 될 때 택하는 것으로 후속공사에 대하여 도급업자를 바꾸기 곤란하다.
공구별 분할도급	㉠ 대규모 공사에서 지역별로 발주하는 것. ㉡ 도급업자에게 균등한 기회를 주며, 공기단축, 시공기술향상 및 공사의 높은 성과를 기대할 수 있다.
직종별 · 공종별 분할도급	㉠ 전문직별이나 각 공종별 도급 주는 것. ㉡ 직영제도에 가까운 형태로 전문직공에게 건축주의 의도를 철저하게 시공시킬 수 있으나 현장 종합관리가 번잡하고 경비도 가산된다.

③ 장 · 단점

장 점	단 점
㉠ 전문업자가 시공하므로 우량공사 기대 ㉡ 업자간 경쟁으로 저액시공 가능 ㉢ 건축주와 의사소통이나 설계도서의 취지가 잘 반영된다.	㉠ 건축공사와의 관계에 대한 상호교섭 등이 복잡하게 된다. ㉡ 감독상 업무가 증가된다. ㉢ 비용증가

(5) 공동도급

① 정의

대규모 공사의 시공에 있어서 시공자의 기술, 자본 및 위험 등의 부담을 분산, 감소시킬 목적으로 여러 개의 건설회사가 공동출자하여 한 회사의 입장에서 공사 수급을 시행하는 도급형태

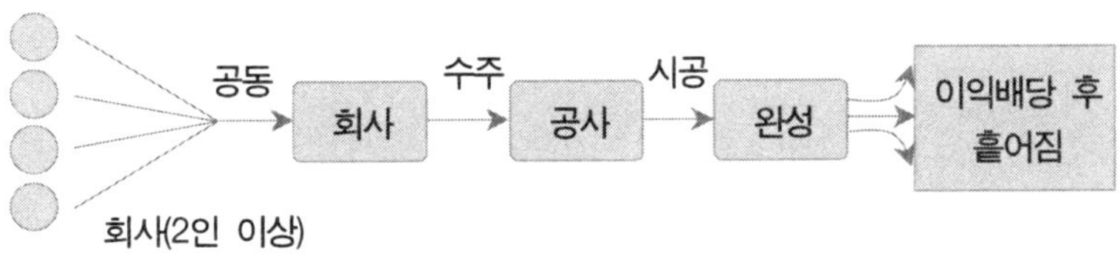

② 종류

종 류	정 의
공동이행방식	참여회사들이 일정비율의 노무, 기계, 자금을 제공하여 새로운 조직으로 시공하는 방식
분담이행방식	㉠ 각자 회사가 공사를 구분(분할) 시공하는 형태 ㉡ 연속 반복되는 단일공사에 주로 적용
주계약자형 공동도급방식	주계약자는 자신의 분담공사 이외에 전체 공사에 대해 관리, 조정하며 다른 회사의 계약이행에 대해서도 연대책임을 지면서 다른 회사의 공사금액에 대해서 자신의 실적으로 인정받는 방식

③ 장 · 단점

장 점	단 점
㉠ 융자력 증대 ㉡ 위험부담 분산 ㉢ 시공의 확실성 ㉣ 공사도급 경쟁 완화 수단 ㉤ 상호 기술의 확충	㉠ 단일회사 도급보다 경비가 증대 ㉡ 도급자 상호간의 이해 충돌 ㉢ 경영방식 차이에서 오는 능률 저하 ㉣ 사무관리, 현장관리, 혼란의 우려 ㉤ 하자책임 불분명

④ 페이퍼 조인트(paper joint)

컨소시엄(Consortium)에 있어서 명목상(서류상)으로는 여러 회사의 공동도급이지만 실제로는 한 회사가 공사 전체를 진행하며 나머지 회사는 하도급 형태로 참여하거나 단순한 이익배당에만 참여하는 서류상의 공동도급을 의미한다.

(6) 정액(총액)도급

① 정의

공사비 총액을 확정하여 계약하는 방식으로 공사발주와 동시에 공사비가 확정되고 관리업무가 간편하다.

② 장 · 단점

장 점	단 점
㉠ 경쟁입찰로 공사비 저하 ㉡ 공사 관리업무 간편 ㉢ 총액이 확정되므로 자금계획 명확	㉠ 공사변경에 따른 도급금액 증감 곤란 ㉡ 이윤관계로 공사 조잡 우려 ㉢ 설계도서가 완성되어야 하므로 대규모의 장기공사에는 부적당

(7) 단가도급

① 정의

단위공사 부분(재료, 노임, 면적, 체적)의 단가만을 계약하고 실시수량 확정에 따라 차후 정산하는 방식으로 긴급공사나 수량이 명확치 않을 때 채용

② 장 · 단점

장 점	단 점
㉠ 공사의 신속한 착공 ㉡ 설계 변경에 의한 수량 증감용이 ㉢ 긴급 공사일 경우 간단한 계약 가능	㉠ 총공사비 미예측 ㉡ 자재, 노무비를 절감하고자 하는 의욕저하 ㉢ 공사비 상승

(8) 실비정산(청산) 보수가산(Cost+Fee) 도급

① 정의

㉠ 발주자, 컨설턴트(Consultant) 또는 엔지니어 및 도급자 등 3자가 협의하여 실비(Cost)와 보수(Fee)를 결정하기 때문에, 신용사회가 정착된 구미와 같은 곳에서 또는 이론상으로 가장 이상적인 방식이라고 할 수 있다.

㉡ 설계도서는 명확하지만 공사비 총액을 산출하기 곤란할 때에 발주자가 도급자에게 시공을 위임하여 양질의 공사를 기대할 경우 흔히 채택된다.

② 종류

종 류	공사비 산출근거	지불방식
실비 비율 보수가산식	A+Af	사용된 실비와 이 실비에 미리 계약된 비율을 곱한 금액을 지불하는 방식
실비한정 비율 보수가산식	A'+A'f	실비에 제한을 두고 시공자에게 제한된 금액 내에서 공사를 완성시키는 방식
실비 정액 보수가산식	A+F	실비 여하를 막론하고, 실비와 미리 계약된 일정액의 보수만을 지불하는 방식
실비 준동률 보수가산식	A+(F−A×Variable f)	실비를 미리 여러 단계로 분할하여 공사비가 각 단계의 금액보다 증가될 때는 비율보수 또는 정액보수를 체감하는 방식

참고

A : 공사실비, A' : 한정실비, f : 비율, Af : 비율보수, F : 정액보수

③ 장 · 단점

장 점	단 점
㉠ 신용계약의 기초가 되며, 양심시공 기대 ㉡ 우수한 시공 기대, 시공자가 손해 볼 여지가 적다.	㉠ 공사기간 연장의 우려가 크다. ㉡ 공사비 절감 노력이 없어지고, 공사비 증가가 우려된다.

④ **계약시 계약자로서 유의할 점**

㉠ 업무범위를 가급적 명확히 규정하고, 불가능한 부분은 가능한 전제조건을 설정하는 것이 바람직하다.

㉡ 코스트 항목을 상세하게 계약서에 명시하고, 코스트 항목으로 열거되지 않은 비용은 보수(Fee)로 흡수한다는 취지를 정하는 것이 좋다.

㉢ 이 방식에 의한 공사에서는 발주자에 의한 전체 사업관리가 매우 엄격한 실정이다.

㉣ 계약체결 시점에서 공사범위, 내용, 규모 등의 명확성 정도에 따라 계약자는 완성 기한을 보증할 수 있는지의 여부를 결정해야 한다.

㉤ 계약체결 시점에서 업무범위, 내용, 규모 등의 명확성 정도 및 보수(Fee)의 결정방법과 그 금액을 감안한 후에 총액계약과는 전혀 다른 방식으로 위험도를 관리해야 한다.

2. 업무범위에 의한 분류

(1) 턴키(turn-key base) 도급

① **정의**

㉠ 원래의 의미는 "건축주가 열쇠만 돌리면 쓸 수 있다"는 뜻에서 유래된 것으로, 넓은 의미의 턴키계약은 도급자가 시설물의 계획, 금융조달, 부지확보, 설계, 구매조달, 시공, 기계기구 설치, 시운전, 조업지도, 유지관리 등의 모든 서비스를 제공한 후 완전한 상태로 시설물을 발주자에게 인계하는 형태이다.

㉡ 우리나라에서 통상 사용하는 턴키계약방식은 설계 · 시공 일괄회사 또는 시공회사와 A/E설계사의 연합에 의한 단일 계약주체가 시설물의 가동 시점까지 요구되는 시설의 설계와 시공에 대한 책임을 지는 방식(Design-build Contract)이다.

② **계약방식의 종류**

㉠ 설계도서 없이 성능만을 제시하고 설계도서 요구

㉡ 기본설계도서에 따라 구체적인 설계도서 요구

㉢ 상세설계도서에 따라 특정한 부분의 대안 요구

③ 장 · 단점

장 점	단 점
㉠ 설계와 시공의 의사소통 개선 ㉡ 창의적 설계, 신공법 개발 유도 ㉢ 책임시공으로 책임한계 명확 ㉣ 공기단축, 공사비 절감 노력 ㉤ 공법의 연구개발, 기술개발 촉진	㉠ 건축주 의도 반영의 어려움 ㉡ 대규모 회사 유리, 중소업체 육성 저해 ㉢ 최저가 낙찰제인 경우 공사 품질 저하 ㉣ 공사비 사전 파악의 어려움 ㉤ 우수한 설계 의도 반영이 어려움

(2) 건설사업관리(공사관리; construction management)방식

① 정의

건축주를 대신하여 설계자 및 시공자를 관리하는 조직으로 설계에서부터 각종 공사의 활용성 및 시공성을 고려하여 원가절감 및 공기단축을 꾀할 수 있는 설계와 시공의 통합시스템

참고 CM방식과 turn key 방식의 차이점 비교

구분	C.M 방식	turn key 방식
운용방식	① 발주자의 위임으로 결정 ② 통합관리 system 및 계약방식	① 사업 일체를 일괄하여 도급 ② 도급계약방식의 일종
업무내용	발주자 · 설계자 · 시공자간에 분쟁 조정 및 기술지도	발주자 사업의 전권을 위임받아 공사진행
발주자 입장	발주자의 의견을 시공자 · 설계자에게 CM 관리자가 반영	시공자의 기술력에만 의존
목적	궁극적으로 발주자의 이익증대	기업의 이윤 추구

② 주요업무

주요업무	내 용
㉠ 기술관리	설계 변경시 설계도면 반영 및 철저한 설계변경 관리
㉡ 시공관리	시공기술 및 공법 사전검토, 시공과정별 기록 및 체계유지
㉢ 공정관리	각 시공자의 공정표 검토승인 및 주요 지연공정에 대한 분석
㉣ 비용관리	각 계열사별로 공사비 집행 분석 및 설계변경에 의한 공사비 증감확인 및 지원
㉤ 품질관리	품질보증계획에 따라 계획검토 승인

③ 단계별 역할

단 계	역 할
pre-design (기획)단계	㉠ 사업의 타당성 검토 ㉡ 사업수행의 구체적 계획수립단계 ㉢ 초기견적 및 공사예산 분석
design (설계)단계	㉠ 건축물의 기획 입안 ㉡ 비용분석 및 VE기법의 도입 ㉢ 대안공법의 검토단계
pre-construction (발주)단계	㉠ 입찰 및 계약절차 지침 마련 ㉡ 전문공종별 업체 선정 및 계약체결 ㉢ 공정계획 및 자금계획 수립
construction (시공)단계	㉠ 설계도면, 시방서에 따른 공사 진행 검사 및 검토단계 ㉡ 설계변경 및 클레임(claim) 관리
post-construction (유지관리)단계	㉠ 유지관리 지침서 작성 ㉡ 사용계획 및 최종 인허가 ㉢ 하자보수 계획 수립

④ 분류

- CM의 분류
  - CM 역할수행자
    - CM 전문회사
    - 종합건설회사
    - 설계전문회사
    - Consulting 회사
  - CM 기본형태
    - CM for fee
    - CM at risk
  - CM 계약방식 (계약유형)
    - ACM(Agence CM)
    - XCM(Extended CM)
    - OCM(Owner CM)
    - GMPCM(Guaranteed Maximum Price CM)

㉠ CM의 기본형태

종 류	대리인형 CM(CM for fee)	시공자형 CM(CM at risk)
정 의	발주자와 하도급업체는 직접 계약을 체결하며, CM은 발주자의 대리인 역할을 수행하여 서비스에 대한 수수료를 받는다.	하도급업체와의 계약을 CM이 원도급자 입장에서 체결하여 공사의 품질, 공정, 원가 등을 직접 관리하고 CM 자신의 이익을 추구한다.
도 해	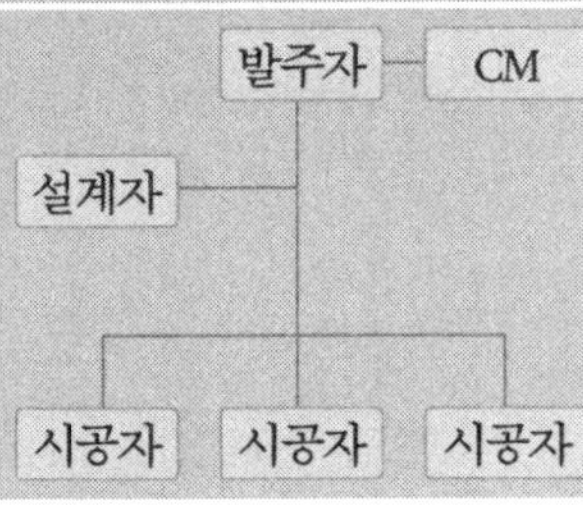	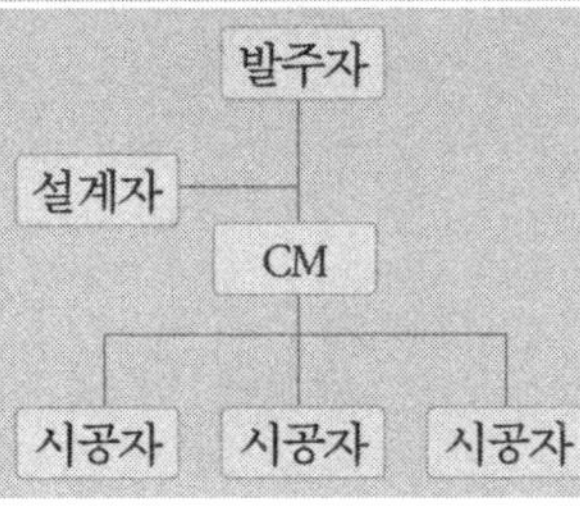

㉡ CM의 계약방식(유형)

계약유형	내 용
ACM (agency CM)	㉮ CM의 기본형태 ㉯ 발주자에게 고용되어 활동하는 용역형태
XCM (extended CM)	㉮ CM의 본래의 역할 이외에 설계자, 시공자, 도급자로써의 복합업무 수행 ㉯ 기획, 계약, 설계, 시공, 유지관리 전과정의 사업관리(PM과 유사하다.)
OCM (owner CM)	발주자 자체가 CM 업무를 수행하는 방식으로써 자체 CM 조직을 보유해야 하므로 경영상 부담 우려
GMPCM (guaranteed maximum price CM)	㉮ XCM과 유사업무를 담당하며 공사금액 초과시 발주자와 함께 CM도 책임을 진다. ㉯ 공사완료시 최종공사비가 초과되지 않도록 하는 방법

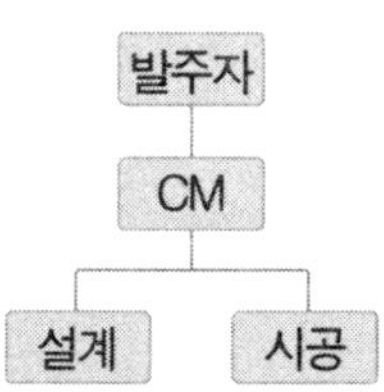

〈 ACM 〉

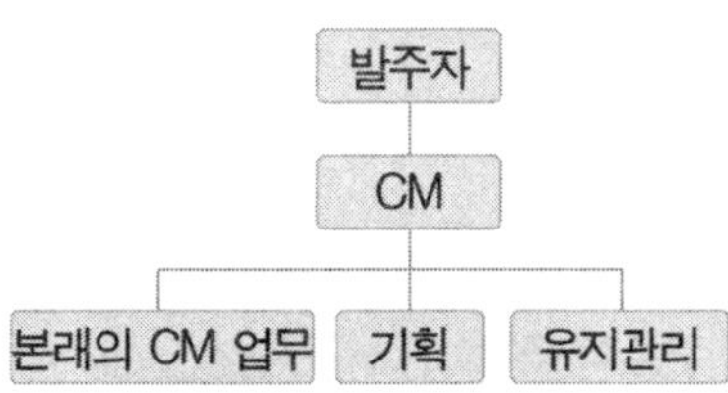

〈 XCM 〉

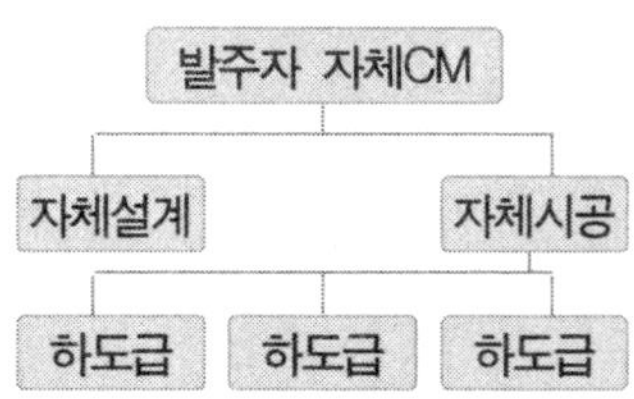

〈 OCM 〉

⑤ CM방식의 장 · 단점

장점	㉠ CM의 기술적 조언과 설계 및 시공성 검토 등으로 프로젝트의 모든 단계에 걸쳐 공법 및 기술의 활용이 다양해질 수 있다. ㉡ 공사비, 공사일정, 전반적인 공사수행, 설계변경 등을 포함한 계약의 변경 등에 대해서 CM이 독립적으로 평가할 수 있으므로 발주자가 최선의 결정을 내리는 데 큰 도움을 준다. ㉢ 공사 전반에 걸쳐 설계자와 시공자 간의 원활한 의사교환과 조정이 가능하다. ㉣ 단계적 시공을 통해 설계 · 시공의 기간을 최대한 단축시킬 수 있다.
단점	㉠ 단계적 시공이 시도될 경우 공사 초기 단계에서 발주자가 총 공사비를 예상하기 어려우므로 공사비 증가의 위험이 따를 수 있으며, 공사가 일찍 마무리된다고 해도 상승된 공사비로 그 효과가 상쇄될 수 있다. ㉡ 발주자가 가진 예산이 한정되어 있고 공사비의 증가가 예상될 경우 CM방식보다는 오히려 총액계약 등에 의한 전통적인 방식이 유리할 수 있다. ㉢ 프로젝트 성패의 상당부분이 CM의 계획, 견적, 공정관리를 포함한 전반적인 공사관리 능력에 달려 있다. ㉣ CM은 일반적으로 공사비와 공사품질에 대한 책임을 지지 않는다.

(3) 프로젝트 관리(Project Management)방식

① 정의

초대형 공사에서 주로 사용되고 있는 개념으로 건축주가 최고 경영자가 되고 CM회사에서 나온 전문 인력과 A/E(architect/ engineer) 또는 컨설턴트를 이용하여, 건축주가 통합된 프로젝트 관리를 하는 것

참고 사업관리(CM)와 공사관리(PM)의 차이점 비교

구 분	CM	PM
용어적용 개 념	건설사업에 국한되는 개념	활용주체와 무관하게 포괄적, 일반적 Project 관리 개념
비용부담	발주자 측의 추가비용 부담	추가비용 부담 없음
관리주체, 특 징	CM관리자(Manager)가 건설공사 전과정을 종합적, 총괄적 서비스	도급자가 발주자와의 계약조건 이행과 자체 이익확보를 위한 공정, 원가, 품질, 안전관리

② PM의 관리분류 및 단계

PM의 관리분류	㉠ 업무영역관리 ㉤ 인사관리	㉡ 공정관리 ㉥ 계약 및 구매관리	㉢ 품질관리 ㉦ 정보관리	㉣ 원가관리 ㉧ 위험도관리
PM의 관리단계	㉠ 제안단계 ㉤ 보증단계	㉡ 착수 초기단계	㉢ 실행단계	㉣ 인계단계

(4) 성능발주 방식

① 정의

발주자는 설계에서 시공까지 건물의 요구 성능만을 제시하고 시공자가 재료나 시공방법을 선택하여 요구 성능을 실현하는 방식

② 장 · 단점

장 점	단 점
㉠ 시공자의 창조적 시공을 최대한 기대할 수 있다. ㉡ 설계와 시공의 관계를 개선할 수 있다. ㉢ 시공자의 기술향상을 기대할 수 있다.	㉠ 성능을 확인하기 어렵다. ㉡ 성능을 정확히 표현하기 어렵다. ㉢ 공사비가 증대된다.

(5) 파트너링(partnering)방식

① 정의

㉠ 발주자가 직접 설계, 시공에 참여하고 프로젝트 관련자들이 상호 신뢰를 바탕으로 팀을 구성해서 프로젝트의 성공과 상호이익 확보를 공동목표로 하여 프로젝트 집행 및 관리하는 새로운 방식으로 미국 등지에서 활용하고 있는 새로운 공사수행방식이다.

㉡ 각 참여 주체들이 보유하고 있는 자원 및 그 활용 효과를 극대화하여 해당 프로젝트의 목표를 달성하고자 하는 것으로, 대립적인 관계를 조직적 경계에 관계없이 공유하는 문화로 바꾸고자 하는 것이다.

㉢ 이 방식은 계약 이행을 둘러싸고 필연적으로 발생하는 대립이나 분쟁 등을

회피하고자 할 목적으로 생겼고, 최근 수년 사이 여러 가지 파트너십(Partnership)이 생겨나고 있다.

② 기대효과

㉠ 능률향상과 비용절감
㉡ 공사기간의 단축
㉢ 건설분쟁(claims)의 축소
㉣ VE(Value Engineering)의 활성화
㉤ 지속적인 품질의 향상

(6) BOT(Buid-Operate-Transfer)방식

① 개요

사업주가 수입을 수반한 공공 혹은 사회간접자본(SOC)에서 필요한 자금을 조달하고 설계 · 엔지니어링, 시공의 전부를 도급받아 시설물을 완성한(Build) 후, 그 시설을 일정 기간(예컨대, 10~30년) 동안 운영(Operate)하여 발생한 수익으로부터 투자자금을 회수한 후(즉, 채무를 상환하고 지분 출자자에 대한 배당 실시 등), 운영 기간이 종료되면 발주자(소재국 정부, 공공발주기관 등)에게 양도(Transfer)하는 프로젝트 운영방식이다.

설계 · 시공 → 운영 → 소유권 이전

> **참고** 사회간접자본(SOC)
>
> 사회간접자본이란 사회간접시설인 도로 · 철도 · 항만 · 공항 등을 건설할 때 소요되는 자본을 말한다.

② BOT방식의 변형

종 류	정 의
BOO 방식 (Build-Own-Operate)	설계 · 시공 → 소유권 획득 → 운영 사업주가 개발계획을 세우고 소요 자금을 조달하여 시공 및 운영을 담당하는 등 턴키방식으로 프로젝트를 개발하는 것을 의미하며, 소유권이 정부에 귀속되지 않고 민간부분이 시설의 소유권을 갖고(own) 운영하는 형태를 뜻하며, 향후 정부에 소유권을 기부하거나 판매할 수 있다.
BTO 방식 (Build-Transfer-Operate)	설계 · 시공 → 소유권 이전 → 운영 사회간접시설을 민간부분 주도하에 설계, 시공 후 소유권을 공공부분에 먼저 이양하고, 약정기간 동안 그 시설물을 운영하여 투자금액을 회수하는 방식이다.
BLT 방식 (Build-Lease-Transfer)	완공 후 제3자에 일정 기간 임대한 후 양도하는 기법이다.
DBFO 방식 (Design-Build-Finance-Operate)	영국 정부가 1994년에 신설한 프로젝트 개발기법으로서 주로 민관합작사업을 대상으로 하고 있으며, 개발 위험의 상당부분을 민간부분이 부담하도록 유도하고 있다.

(7) 개산(概算)계약(Force Account Contract)

① 총액 또는 단가 등 계약금액에 대한 구체적인 사전 합의 없이 공사의 수행이 지시된 경우의 계약형태로서 신기술, 신공법 또는 개발된 시제품의 설비를 포함하는 공사 등에서 사전에 계약금액을 결정하기 어려울 때 적용된다.

② 공사대금의 지불은 계약의 성격상 실비정산방식을 택하는 것이 보통이다.

③ 개발 시제품의 제조계약, 시험 · 조사 · 연구용역계약, 정부투자기관 또는 정부출연기관과의 법령의 규정에 의한 위탁 또는 대행계약에서 미리 가격을 정할 수 없는 경우에 이 유형을 취할 수 있다.

4. 혁신적인 계약방식

(1) 개요

① 선진국의 공공건설공사에서 전체 공사기간의 단축을 목적으로 혁신적인 계약방

식을 활발하게 적용하고 있다.

② 혁신적인 계약방식들은 공기를 단축한 것에 상응한 금전적 보상을 도급자(계약자)에게 해준다는 원칙을 바탕으로 한 것이다.

(2) Cost+Time 방식

① 개요

㉠ 흔히 A+B방법이라고 불리며, 입찰자가 공사금액(Cost, A)과 공사기간(B)을 제안하면, 공사기간을 금액으로 환산한 값에 공사금액을 더하여 그 합계가 최저인 자에게 낙찰하게 하는 방식이다.

㉡ 일부 차선을 폐쇄하고 덧씌우기를 하는 고속도로공사의 경우, 발주자는 공기 지연이나 단축에 따른 비용 계산을 위한 단위시간당 가치로 일일 도로사용자 비용(Daily Road User Cost)을 결정해서 그 내용을 입찰안내서에 명기하면, 일일 도로사용자 비용이 공기를 금액(비용)으로 환산하기 위한 계수가 되는 것이다.

㉢ 모든 입찰자의 A+(B×일일 도로사용자 비용 값)를 계산하여 그 값을 바탕으로 낙찰자를 결정하는 것이다.

② 특징

㉠ 공사가 지연될 경우 사용자에게 미치는 영향이 매우 큰 도로공사의 경우, 이 방식을 적용하면 매우 효과적이다.

㉡ 직접공사비는 약간 많아지지만, 공기를 단축함에 따라 일일 도로사용자 비용을 고려할 경우 편익(Benefit)이 크게 되며, 더욱이 간접비를 포함하면 훨씬 유리하게 된다.

㉢ 공기단축이 공사비의 증가에 의하기보다는 입찰자 사이의 경쟁을 통한다.

㉣ 입찰자가 낙찰 가능성을 높일 목적으로 공사기간을 무리하게 낮게 책정할 때는 작업의 품질이 떨어지고 시공자는 손실을 만회하는 수단으로 설계변경과 클레임을 청구할 가능성이 높아지는 것이 단점이다.

(3) Lane Rental(차선임대) 방식

① 개요

㉠ 고속도로 등의 덧씌우기, 복구 및 보수공사에서 차선폐쇄에 요구되는 전체 기간을 단축하기 위하여 도급자 등에게 재정적인 인센티브를 주는 것이다.

㉡ 공사를 진행하는 도중에 차선을 폐쇄할 필요가 있을 때마다, 시공자는 미리 결정된 차선폐쇄에 따른 대가(Fee)지급계획에 따라서 해당 비용을 발주자에게 지불해야 한다.

㉢ 과다한 차선폐쇄 대가를 지불하지 않기 위해서 시공자는 교통량이 집중되는 시간에 공사를 최소화하고 야간이나 휴일에 공사를 집중할 필요가 있다.

② 목적

㉠ 시공자로 하여금 소요기간 및 차선 폐쇄수 등 모든 면에서 통행제약을 최소한으로 할 수 있는 작업계획을 세우게 하는 데 있다.

㉡ 일반 대중에게 미치는 영향이 매우 큰 프로젝트에 사용하면 좋다.

㉢ 주요한 도심지 도로공사가 이러한 접근방식을 적용하는 데 제일 좋은 후보사업이 될 수 있다.

③ 특징

㉠ 건설비용과 공기를 모두 절약할 수 있다.

㉡ 여러 가지 작업 유형(낮, 밤, 주말, 주중 등)을 시공자가 자유롭게 선택할 수 있다.

㉢ 차선폐쇄에 따라 시공자가 발주자에게 돈을 지불해야 하기 때문에 시공자는 공기단축을 위해 노력하게 된다.

㉣ 시공자가 공기지연으로 인해 차선폐쇄에 따른 비용(임대료)을 예상을 초과하여 부담해야 하는 경우, 시공자가 비용을 무리하게 절약함으로써 품질이 떨어질 수 있고 발주자와 관계가 다소 경직되는 단점이 있다.

(4) Incentive / Disincentive(I/D) 방식

발주자가 제시한 계획공기보다 시공자가 공사를 일찍 완료하면, 보너스(Incentive Fee)를 받고, 늦게 완료하면 벌금(Disincentive Fee)을 무는 것이다.

(5) Warranty 방식

① 최종 결과물(Product)의 완전성에 대한 보증으로서, 결함(하자)을 교체하거나 보수하는 것에 대한 생산업자 또는 제조업자의 책임을 규정하는 것이다.

② 보증인에 의한 절대적인 책임으로서, 엄격하고도 정확하게 시행되지 않으면 계약이 무효가 된다.

③ 시설물을 사용하는 도중에 발생하는 처음 몇 년 동안의 하자로부터 발주자나 사용자를 보호하기 위한 방식으로 채용되고 있다.

Ⅳ. 클레임(Claim) 및 분쟁조정

1. 분쟁 및 클레임 일반

(1) 분쟁 및 클레임의 정의

① 클레임이란 이의신청 또는 이의제기로서 계약하의 양 당사자 중 어느 일방이 일종의 법률상 권리로서 계약 하에서 혹은 계약과 관련하여 발생하는 제반 분쟁에 대하여 금전적인 지급을 구하거나 계약조항의 조정이나 해석의 요구 또는 그 밖에 다른 구제 조치를 요구하는 서면청구 또는 주장을 말한다.

② 클레임은 계약 당사자의 권리주장이라고 할 수 있으므로 건설사업의 진행과정에서 필연적으로 발생하게 된다.

(2) 분쟁 및 클레임의 중요성

① 현행과 같이 계약조건이 완비되지 않은 채 운영되고 있는 턴키공사와 관련된 책

임문제

② 최근의 경제사정에 기인한 건설업체의 부도로 인한 공동수급체 구성원 사이의 갈등

③ 환경문제로 인한 민원에 따른 분쟁

2. 분쟁 및 클레임의 요인과 유형

(1) 클레임의 발생원인

① 불완전한 계획서나 시방서

② 일방적인 계약파기 및 공사비 지불지연, 공사지연

③ 발주자 · 감리자의 부적절한 권한의 행사

④ 계약문서상의 조건과 현실적으로 다른 현장조건

⑤ 작업중단

⑥ 계약당시 수행키로 한 범위 이외의 작업 수행요구

⑦ 자재 및 인력조달지연, 과다한 설계변경

(2) 클레임의 유형

① 공기지연 클레임(delay claim)

② 작업범위 클레임(scope-of-work claim)

③ 공기단축 클레임(acceleration claim)

④ 현장조건 변경 클레임(changing-site-condition claim)

3. 건설분쟁의 해결방법

(1) 분쟁방지의 기본요소

① 합리적인 계약서 또는 계약문서의 작성

② 각종 서류의 적정 보관 및 관리

③ 공사입안단계에서부터 착공까지의 세심한 공사계획 수립

④ 신속한 보고, 질의, 응답

⑤ 설계도서의 기술적인 부분에 대한 신중한 검토

⑥ 각종 승인 및 허가 절차의 확립

(2) 클레임 해결방안

종 류	방 법
협상(negotiation)	분쟁당사자 간의 협의를 통한 일차적인 해결방법
조정(mediation)	객관적인 조정자의 도움으로 분쟁을 해결하는 방법
중재(arbitration)	중재위원회의 판결에 따라 분쟁을 해결하는 방법
소송(litigation)	재판에 의한 최종적인 분쟁의 해결방법

(3) 클레임 관리를 위한 방안

① 문서화의 중요성 인식

② 분쟁의 신속하고 자율적인 해결

③ 다양한 분쟁해결방법의 도입 고려

④ 건설산업 환경의 변화 촉구

⑤ 신의 · 성실의 계약원칙 준수

제2부

건설공사관리 및 적산

건설공사관리 1장

Ⅰ. 공정관리

1. 공정관리의 개요

(1) 공사관리 및 관리대상

공사관리	3대관리	공정, 원가, 품질관리
	4대관리	공정, 원가, 품질, 안전관리
	5대관리	공정, 원가, 품질, 안전, 환경관리
관리대상	4M	Man(노무), Material(자재), Machine(장비), Money(자금)
	5M	Man(노무), Material(자재), Machine(장비), Money(자금), Method(공법)

(2) 공정관리의 정의

① 공정관리란 건축생산에 필요한 자원(5M)을 경제적으로 운영하여, 주어진 공기 내에 좋고, 싸고, 빠르고, 안전하게 건축물을 완성하는 관리기법을 말한다.

② 공정관리를 위해서는 작업의 순서와 소요일수가 명시되고, 공사 전체가 일목요연

하게 나타나 있는 공정표를 작성하여 운영한다.

(3) 공정관리의 목적

① 건축물을 지정된 공사기간 내에 완성
② 정밀도가 높은 양질 시공
③ 공사 예산범위 내에서 경제적으로 완료
④ 작업의 안전성 확보
⑤ 상세한 계획수립으로 변화 및 변경에 대처
⑥ 계획공정과 실시공정을 비교 · 분석하여 대책 강구

(4) 공정계획 작성시 고려사항

① 공정표를 작성함에 있어서 가장 기본이 되는 것은 각 공사별 공사량이다.
② 재료의 주문량 및 수송상황, 노무관계 등을 고려하여 작성한다.
③ 기초공사는 일기와 용수 등에 의해 공기가 늦어지기 쉬우므로 충분한 여유를 둔다.
④ 주체공사에는 특히 계획적으로 진행함이 필요하다.
⑤ 마감공사에는 충분한 기간을 배정하지 않으면 좋은 마감을 할 수 없다.
⑥ 공기를 단축하기 위해 각 공정을 적당히 중복(Over lap)되게 한다.
⑦ 시공기재는 공정에 맞추어 반입시키는 것이 현장을 관리하는데 유리하다.
⑧ 공정계획은 실적을 계획과 비교하여 계획에서 벗어나는 것은 적절한 조치를 하고 필요하면 당초의 계획을 수정할 수 있다.
⑨ 공사가 공정표보다 대단히 늦은 경우 공사 관리자는 가장 먼저 공사가 지연되는 원인을 분석해야 한다.

2. 공정표의 종류 및 특징

(1) 공정표의 종류

① 칸트(Gantt)식 공정표

종 류	정 의
횡선식 공정표	㉠ 공정별 공사를 종축(세로)에 순서대로 나열하고, 횡축(가로)에 날짜를 표기하여 시간경과에 따른 공정을 횡선으로 표시한 공정표 ㉡ 예정과 실시를 비교하면서 관리하는 공정표로 가장 많이 이용
사선식 공정표	횡선식 공정표와 같이 작업의 관련성은 나타낼 수 없으나, 공사의 기성고를 표시하는데 편리한 공정표
열기식 공정표	㉠ 공사착수와 완료기일 등을 글자로서 나열시키는 방법으로 가장 간단한 공정표 ㉡ 인부 및 재료준비를 하는데 있어서 가장 적당

② 네트워크(Network)식 공정표

종 류	정 의
PERT 기법	목표기일에 작업을 완성하기 위한 시간, 자원, 기능을 조정하는 방법으로 프로젝트의 일정과 비용의 관리를 위한 기법
CPM 기법	작업시간에 비용을 결부시켜 MCX(최소비용) 공사의 비용곡선을 구하여 급속계획의 비용증가를 최소화한 것으로 공비절감을 목적으로 하는 기법
PDM 기법	반복적이고 많은 작업이 동시에 일어날 때에 네트워크 작성이 더욱 효율적이고 노드(node) 안에 작업과 소요일수 등 공사의 관련사항이 표기된다.
Overlapping 기법	㉠ PDM 기법을 응용 발전시킨 것으로, 선후작업간의 Overlap 관계를 간단하게 표시하여 실제 공사의 흐름을 현실적으로 표현할 수 있다. ㉡ 공정계획의 작성시간이 절약되고, 전체공사기간을 단축할 수 있는 기회를 제공한다.

참고 PERT와 CPM의 차이점 비교

구 분	PERT	CPM
개발	미 해군 군수국의 특별기획실에 의하여 개발	미국의 듀폰회사에서 연구 개발
대상	① 비반복사업, ② 신규사업, 경험이 없는 사업	① 반복사업 ② 경험이 있는 건설공사
주목적	공기단축	공비절감
일정계획	① 일정계산이 복잡 ② 결합점 중심의 일정계산	① 일정계산이 자세하고 작업 간 조정이 가능 ② 작업중심의 일정계산
소요시간 추정	① 3점추정[낙관시간(t_o), 정상시간(t_m), 비관시간(t_p)] ② 가중평균치(t_e)= $\frac{t_o+4t_m+t_p}{6}$	1점 시간추정(t_m)
MCX (최소비용)	없음	CPM의 핵심이론

(2) 종류별 특징

① 횡선식(Bar Chart) 공정표

장 점	단 점
㉠ 전체 공정 및 공종별 공사 파악용이 ㉡ 각 공종별 착수, 종료시점 파악용이 ㉢ 개략적 공정표기에 적합 ㉣ 작성 및 이해하기가 쉽다.	㉠ 공정의 사전 예측 및 통제가 어렵다. ㉡ 총 공사시간 및 공종 상호관계 파악이 어렵다. ㉢ 수정시 문제점 파악이 어렵다. ㉣ 공정관리 기준설정이 어렵다.

② 사선식 공정표(Banana 곡선)

㉠ 장 · 단점

장 점	단 점
ⓐ 전체 공정의 진도파악이 용이 ⓑ 목표와 실적간의 진도차이 파악용이 ⓒ 시공속도 파악이 용이	ⓐ 세부공정사항의 확인이 불가 ⓑ 세부공정작업의 조정이 불가 ⓒ 보조적 수단에만 사용된다.

㉡ 바나나형 곡선을 이용한 진도관리

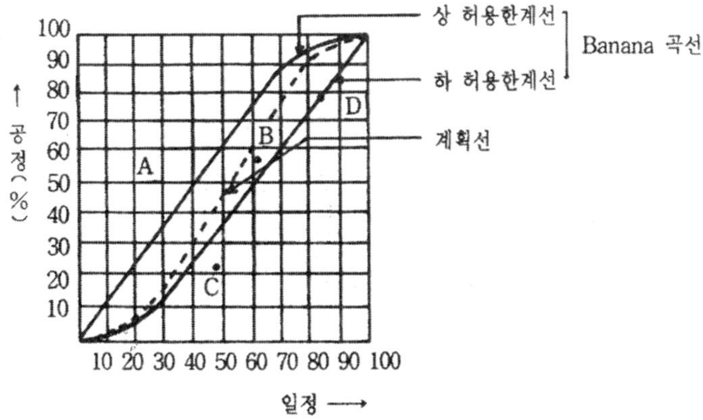

ⓐ A점이 예정보다 많이 진행되어 허용한계 외에 있으니 비경제적인 시공이다.

ⓑ B점은 예정에 가까운 적당한 진척이므로 그 속도로 진행하면 된다.

ⓒ C점은 허용한계를 벗어나 늦어졌으므로 공기단축을 위한 대책이 필요하다.

ⓓ D점은 하한선에 있으므로 공정의 촉진을 요한다.

③ 네트워크 공정표

장 점	단 점
㉠ 공사 전체의 파악이 용이하다. ㉡ 작업간의 상호관계가 명확하다. ㉢ 문제점 파악과 대책수립이 용이하다. ㉣ 신뢰도가 높다. ㉤ 컴퓨터 사용으로 신속, 정확하다.	㉠ 공정표 작성에 많은 시간이 소요된다. ㉡ 작성 및 검토에 전문요원이 소요된다. ㉢ 작업의 세분화 정도에는 한계가 있다. ㉣ 공정표를 수정하기가 대단히 어렵다. ㉤ 진척관리에 있어서 특별한 연구가 필요하다.

3. 네트워크에 의한 공정표 작성

(1) 공정표의 작성순서

구 분		내 용
공정계획	수순계획	① 프로젝트를 단위작업으로 분해 ② 각 작업의 순서를 붙여 네트워크로 표현한다. ③ 각 작업의 시간을 견적한다.

	일정계획	④ 일정계산을 실시한다. ⑤ 공기조정을 실시한다. ⑥ 공정도를 작성한다.
공정관리		⑦ 공정관리를 실시한다.

(2) 네트워크 관계용어정리

용 어	영 어	기호	내 용
작업	activity	→	프로젝트를 구성하는 작업 단위
더미	dummy	⇢	화살표형 네트워크에서 정상 표현으로 할 수 없는 작업 상호관계를 표시하는 화살표
결합점 (이벤트)	node, event	○	화살표형 네트워크의 작업과 작업을 결합하는 점 및 개시점 · 종료점
가장빠른 개시시각	earliest starting time	EST	작업을 시작하는 가장 빠른 시각
가장빠른 종료시각	earliest finishing time	EFT	작업을 끝낼 수 있는 가장 빠른 시각
가장늦은 개시시각	latest starting time	LST	공기에 영향이 없는 범위에서 작업을 가장 늦게 개시하여도 좋은 시각
가장늦은 종료시각	latest finising time	LFT	공기에 영향이 없는 범위에서 작업을 가장 늦게 종료하여도 좋은 시각
가장빠른 결합점시각	earliest node time	ET	최초의 결합점에서 대상의 결합점에 이르는 경로 중 가장 긴 경로를 통하여 가장 빨리 도달되는 결합점 시각
가장늦은 결합점시각	latest node time	LT	임의의 결합점에서 최종 결합점에 이르는 경로 중 시간적으로 가장 긴 경로를 통과하여 종료시각에 될 수 있는 개시시각
패스	path	·	네트워크 중 둘 이상의 작업이 이어짐
최장 패스	longest path	LP	임의의 두 결합점간의 패스 중 소요시간이 가장 긴 패스
주공정선	critical path	CP	개시 결합점에서 종료 결합점에 이르는 가장 긴 패스
슬랙	slack	·	결합점이 가지는 여유시간
플로트	float	·	작업에서 생기는 여유시간
총여유	total float	TF	가장 빠른 개시시각에 시작하여 가장 늦은 종료시각으로 완료할 때 생기는 여유시간

자유여유	free float	FF	가장 빠른 개시시각에 시작하여 후속하는 작업도 가장 빠른 개시시각에 시작하여도 존재하는 여유시간
간섭여유	dependent float	DF	후속작업의 TF에 영향되는 플로트

(3) 네트워크 공정표의 3유형

유형 내용	I-J식 (화살선형 네트워크)	프리시던스식 (PDM)	길버트식 (Gilbert)
표기방법	화살표에 Activity	Node에 Activity	화살표에 Activity
	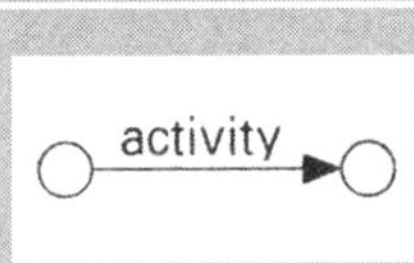	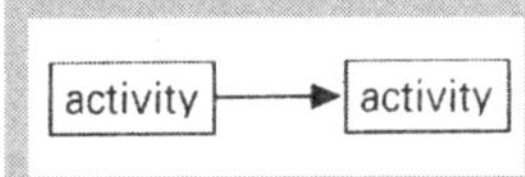	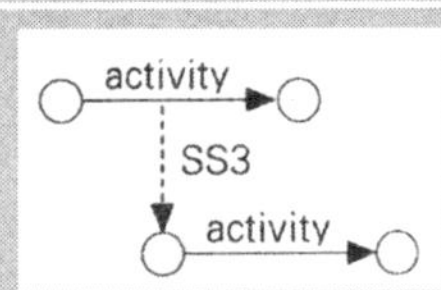
더미	발생	발생치 않음	발생
작업의 연관관계	Finish-to-Start 관계만 허용	4가지 표기 (S-S, S-F, F-F, F-S)	3가지 표기 (S-S, F-F, F-S)
PERT/CPM 이론전개	쉽다.	어렵다.	어렵다.
네트워크 독해	쉽다.	아주 쉽다.	어렵다.
네트워크 수정	어렵다.	쉽다.	어렵다.

(4) 공정표 작성상의 기본원칙

① 개시 및 종료 결합점은 반드시 하나이어야 한다.

② 작업을 표시하는 화살선은 역진 혹은 회송되어서는 안 된다.

③ 가능한 요소작업 상호간의 교차를 피하고, 무의미한 모의작업을 없도록 한다.

④ 작업 간에 예각을 피하고 알아보기 쉽고 자료를 기입하기 편리하게 표현한다.

⑤ 결합점에 들어오는 선행작업이 모두 완료되지 않는다면 그 결합점에서 나가는 작업은 개시될 수 없다.

4. 네트워크 공정표 일정계산

(1) EST, EFT의 계산

① 작업의 흐름에 따라 전진계산을 한다.
② 개시 결합점에서 나간 최초의 작업에 대한 EST는 0으로 한다.
③ 어느 작업의 EFT는 그 작업의 EST에 소요일수를 가산하여 구한다.
④ 복수의 작업에 종속되는 작업의 EST는 선행작업 중 EFT의 최대치로 한다.
⑤ 네트워크의 최종 결합점에서는 그 결합점에서 끝나는 작업의 EFT의 최대값으로 하고 이 EFT의 값이 계산 공기에 해당된다.

(2) LST, LFT의 계산

① 역진계산으로 한다.
② 종료 결합점에서는 지정공기로서 LFT를 넣으면 지정공기에 대한 LST, LFT가 구하여지고 반대로 역진계산의 초기값을 계산공기로 하였을 때는 계산공기에 대한 LST, LFT가 구해진다.
③ 어떤 작업의 LST는 그 작업의 LFT에서 소요일수를 감하여 구한다.
④ 종속작업이 복수일 때는 종속작업의 LST의 최소값이 그 작업의 LFT가 된다.

(3) 주공정선(CP ; Critical Path)

① 작업을 완성시키는데 여유시간을 전혀 포함하지 않은 가장 긴 경로를 말한다.
② TF=0인 작업을 굵은 선으로 표시하여 연결하면 크리티컬 패스가 결정된다.
③ CP는 1개만 있는 것이 아니고 2개 이상 있을 수도 있다.
④ CP에 의하여 공기가 결정되고, 일정계획을 수립하는 기준이 된다.

(4) 여유시간 계산

종 류	계산식	설 명
TF (Total Float)	LFT−EFT	최초 개시일에 작업을 시작하여 가장 늦은 종료일에 완료할 때 생기는 여유시간

FF (Free Float)	EST(후속)−EFT	가장 일찍 작업을 시작하여 후속작업을 가장 일찍 시작하여도 가능한 여유일
DF (Dependent Float)	TF−FF	후속작업의 TF에 영향을 미치는 여유시간

(4) 공기단축

① 목적

㉠ 공기단축은 공정계획 수립시 작성한 총공기(계산공기)가 지정공기보다 길거나, 공사수행 중에 작업이 지연되었을 때 공기 만회를 위해 필요하며, 최소의 공사비로 최적의 공기를 단축할 수 있도록 공사비 증가를 최소화하여야 한다.

㉡ 지정된 공기 내에 작업달성이 어려울 경우 초과근무 실시, 작업인원 증가, 자재의 증감, 교대제의 채용 등 여러 방법에 의하여 공기의 단축을 행하여야 한다.

② 최소비용(MCX : Minimum Cost Expediting) 공기단축 순서

㉠ 네트워크 공정표를 작성한다.

㉡ 주공정선(CP)을 구한다.

㉢ 각 작업의 비용구배를 구한다.

$$\text{비용구배(원/일)} = \frac{\text{특급비용} - \text{표준비용}}{\text{표준시간} - \text{특급시간}}$$

㉣ 주공정선(CP)의 작업에서 비용구배가 최소한 작업부터 단축 가능일수 범위 내에서 단축한다.

㉤ 이때 주공정선(CP)이 바뀌지 않도록 주의해야 한다.(부공정선이 추가로 주공정선이 될 수 있다.)

5. LOB(Line Of Balance, LSM) 기법

(1) 개요

① 고층 건축물 또는 도로공사와 같이 반복되는 작업들에 의하여 공사가 이루어질 경

우에는 작업들에 소요되는 자원의 활용이 공사기간을 결정하는데 큰 영향을 준다.

② LOB기법은 반복 작업에서 각 작업조의 생산성을 유지시키면서, 그 생산성을 기울기로 하는 직선으로 각 반복작업의 진행을 표시하여 전체 공사를 도식화하는 기법으로 LSM(Linear Scheduling Method) 기법이라고도 한다.

③ 각 작업간의 상호관계를 명확히 나타낼 수 있으며, 작업의 진도율로 전체 공사를 표현할 수 있다.

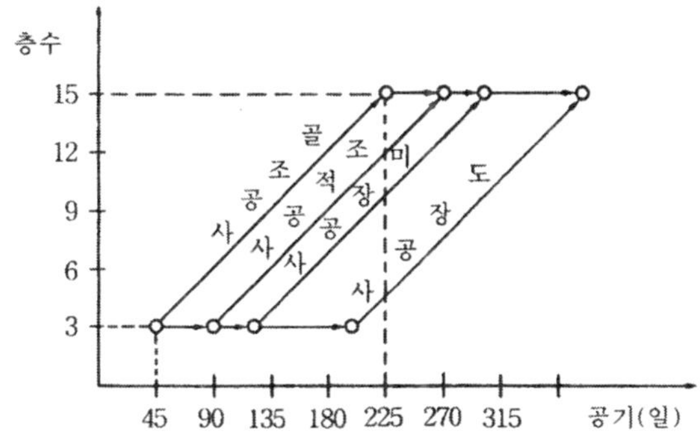

(2) 용도

① 건축: 아파트 공사, 초고층 빌딩

② 토목: 공항 활주로, 도로, 터널, 송수관, 지하철

(3) 장 · 단점

장 점	단 점
① 네트워크에 비해 작성하기 쉽다. ② 바차트에 비해 많은 정보를 제공한다. ③ 진도율을 표현할 수 있다. ④ 각 작업의 세부일정을 알 수 있다.	① 예정과 실적을 비교할 수 없다. ② 주공정선과 각 작업의 여유시간 파악이 쉽지 않다. ③ 간섭을 받을 때는 효율적이지 못하다.

(4) 구성요소

발산 (Diverge)	① 후속작업의 진도율 기울기가 선행작업의 기울기보다 작을 때 ② 전체 공기는 진도율 기울기가 작은 작업에 의존한다.

수렴 (Converge)	① 후속작업의 진도율 기울기가 선행작업의 기울기보다 클 때 ② 선후작업의 간섭현상을 유발
간섭 (Interference)	① 작업동선의 혼선과 위험의 증대, 양중작업 증대, 작업능률의 저하 유발 ② 수렴이 발생하며 경제성, 안전성, 품질확보에 어려움
버퍼 (Buffer)	① 간섭을 피하기 위한 연관된 선후작업간의 여유시간 ② 주공정선에는 최소한의 버퍼를 두어 공기연장 예방

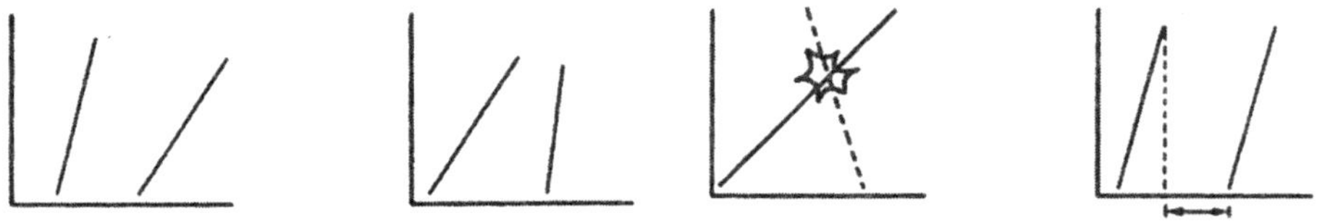

<발산> <수렴> <간섭> <버퍼>

6. 진도관리(Follow-up)

(1) 개요

① 진도관리란 각 공정의 계획공정표와 실시공정표를 비교 · 분석하여, 전체 공기를 준수할 수 있도록 현재의 시점에서 공사 지연대책을 강구하고 수정조치를 하는 것을 말한다.

② 공사 초기단계에서부터 진도관리를 실행하여, 공사 전 단계에서 무리한 공기단축으로 인한 품질저하 · 공사비 상승 등의 요소를 방지해야 한다.

(2) 진도관리 주기

① 공사의 종류, 난이도, 공기의 장단에 따라 다르다.

② 통상 2주(15일), 4주(30일) 기준으로 실시공정표를 작성하여 관리한다.

③ 진도관리의 주기는 최대 30일을 초과하지 않도록 한다.

(3) 진도관리시 유의사항

① 공사 진척사항에 대한 공정회의를 정기 또는 수시로 개최

② 부분 공정마다 부분 상세공정표를 작성하여 검토

③ 각종 정보를 유용하게 활용

④ 공정계획과 실적의 차이를 명확히 검토
⑤ 각 작업의 실적치(소요일수, 인원, 자재수량) 기록 및 공정계획 · 관리에 활용
⑥ 각종 노무자재, 시공기계, 외주공사 등의 수급시기 검토
⑦ 각 담당자의 창의적인 연구와 노력이 필요

(4) Milestone(중간관리일)

① 개요

㉠ 마일스톤이란 사업을 계획기간 내에 완성하기 위하여, 사업추진과정에서 관리목적상 반드시 지켜야 하는 특히 중요한 몇몇 작업의 시작과 종료를 의미하는 특정시점을 의미한다.
㉡ 공사관리자는 공사 전체에 영향을 미칠 수 있는 작업을 중심으로 적절한 수의 마일스톤을 지정하여, 이를 근거로 프로젝트를 관리 및 통제할 수 있다.

② 마일스톤 선정대상

㉠ 토목, 건축, 전기, 설비 등 직종별 교차점
㉡ 건축공사에서 지하층 완료일, 골조공사 완료일 등
㉢ 전체 공사에 영향을 미치는 특정작업의 착수시점
㉣ 전체 공사에 영향을 미치는 특정작업의 완료시점

③ 마일스톤 설정시 주의사항

㉠ 마일스톤은 작업분류체계(WBS)에 의하여 결정한다.
㉡ 원활한 작업진행을 위해서는 적절한 수의 마일스톤이 결정되어야 한다.
㉢ 마일스톤 설정을 위해서는 사업주체와 건설업체의 충분한 협의가 있어야 한다.
㉣ 마일스톤의 일정은 네트워크에 기준을 두고 지정한다.

7. 자원배당(=자원평준화: Resource Allocation)

(1) 개요

① 자원배당은 자원의 소요량과 투입 가능량을 상호 조정하며, 자원의 비효율성을 제거하여 비용의 증가를 최소화하는 것이다.

② 여유시간을 이용하여 논리적 순서에 따라 작업을 조절하여 자원 배당함으로써, 자원수요를 평준화하는 것을 말한다.

(2) 자원평준화 작업의 종류

① 이용할 자원이 제한된 경우에는 제한된 자원조건하에서 공기를 최단으로 줄여야 하는데 보통 공기연장이 이루어진다.

② 완성해야 할 공기가 정해진 경우에는 정해진 공기 내에서 자원의 요구량을 최소로 줄여야 한다.

(3) 자원평준화의 요령(목적)

① 소요자원의 급격한 변동을 줄인다.

② 자원을 최소로 한다.

③ 유휴시간을 줄인다.

④ 공사기간 동안 소요되는 자원을 균등하게 한다.

(4) 자원문제를 평준화하는 방법

① 시간고정형과 자원고정형 두 가지 방법이 있다.

② 시간고정형은 지정된 공기 내에서 공정계획을 하는 것이고, 자원고정형은 이용가능량의 범위 내에서 공정계획을 하는 방법이다.

③ 대규모 공사(발전소공사, 항만공사, 상 · 하수도공사, 플랜트사업 등)에서는 자원고정형이 적합하며, 소규모 공사(아파트 부지조성, 공공건물 축조 등)에서는 자원의 양이 한정되어 있으나, 자원의 양에 대한 제한이 크지 않으므로 시간고정형

이 적합하다.

Ⅱ. 원가관리

1. 개요

(1) 원가관리의 정의

① 건설공사에서 원가관리란 경제적인 시공계획 작성과 합리적인 실행예산을 편성하여 공사결산까지의 실소요 비용을 절감하기 위한 것을 말한다.

② 원가관리는 공사 장소 · 시공조건에 따라 가격이 유동적이며, 불확정 요소가 많기 때문에 체계적이고 원가관리가 필요하다.

(2) 원가관리의 목적

① 원가산정을 통하여 얻어진 원가자료에 근거하여 원가계획을 수립하고, 건설공사에서 실제 소요된 비용과 계획된 예산을 주기적으로 비교, 검토함으로써 주어진 예산 내에 공사를 완료할 수 있도록 원가의 흐름을 관리하고 통제하는 것이다.

② 향후 유사한 건설공사의 원가산정에 활용할 수 있도록 해당 건설공사에서 수행된 작업에 대한 생산성, 자원별 소요단가 등의 원가관련 자료를 축적하기 위한 것이다.

③ 건설공사의 최종 손익금액을 정확하게 예측하고 문제가 발생할 경우 적절한 조치를 강구함으로써 건설회사의 전체 수익을 증진시키는 데 있다.

(3) 원가관리의 요소

① 건설공사의 소요비용을 예측하는 원가산정

② 건설공사의 원가절감을 위한 목표를 설정하고 실행계획을 수립하는 원가계획

③ 건설공사의 계획된 일정에 따라 원가의 흐름을 통제하는 원가통제

④ 건설공사에서 발생하는 자금의 수입과 지출을 계정으로 정리하는 원가회계

2. 원가산정 및 절감방안

(1) 원가산정의 원칙

① 실제상황(reality)을 반영할 것
② 동일한 상세수준(level of detail)을 유지할 것
③ 모든 비용요소를 포함할 것(완전성)
④ 가변성 있는 서류양식으로 작성할 것
⑤ 직접비용과 간접비용을 구분할 것
⑥ 변동비용과 고정비용을 구분할 것
⑦ 불확실성에 대비하여 예비비(contingency)를 포함할 것

(2) 원가절감의 방안

① 공정관리와의 연계성 추구
② 원가관리의 전산화 수립
③ 생산성 향상
④ 가치공학(VE)의 적용

3. 일정과 비용의 통합관리시스템(EVMS)

(1) 개요

① EVMS(Earned Value Management System)는 건설공사 수행 중 실행예산이 초과하는 것을 방지하기 위하여 실행예산과 실제집행을 평가하여 공정관리 효율화를 기하고 다음공정에 대한 예측 가능하게 하여 공사관리의 효율화를 증대시키는 관리 시스템이다.
② 상세히 작성된 작업계획과 실제작업을 계속 측정하여 프로젝트의 최종 비용과 일정을 예측하는 관리 방법이다.

③ 공정관리 시스템을 활용하여야 하며, 보통 CPM을 활용한다.

④ 미국방부에서 800개정도의 프로젝트를 분석한 결과 프로젝트 진도율이 15%를 초과하여도 비용일정지수가 크게 차이나지 않기 때문에 효과적이고 신뢰할 수 있는 관리기법이다.

⑤ 공사비=공정 통합 관리기법으로 씨스팩(C/SCSC; Cost/Schedule Control System Criteria)라고도 불린다.

(2) EVMS의 전제조건

① 컴퓨터를 이용한 공정관리 정착

② 공정관리 전산화를 위해 통일된 작업(Activity) 사용

③ 통일된 작업 사용으로 공정계획 수립 및 실제적용

④ 컴퓨터에 의한 전담인력 확보

⑤ 조직적인 공사관리 시스템 정착

(3) 사용용어

구분	용어명칭	약어	내용
측정 요소	계획공사비	BCWS (PV)	① 성과측정시점까지 투입예정된 공사비 ② Budget Cost for Work Scheduled
	달성공사비	BCWP (EV)	① 성과측정시점까지(수행작업량에) 지불된 기성금액 ② Budget Cost for Work Performed
	실투입비	ACWP (AC)	① 성과측정시점까지 실제로 투입된 금액 ② Actual Cost for Work Performed
분석 요소	공정편차(차이)	SV	① Schedule Variance ② BCWP(달성공사비)－BCWS(계획공사비)
	공사비편차(차이)	CV	① Cost Variance ② BCWP(달성공사비)－ACWP(실투입비)
	공정수행지수 (공정지수)	SPI	① Schedule Performance Index ② BCWP(달성공사비) ÷ BCWS(계획공사비)
	공사비지출지수 (원가지수)	CPI	① Cost Performance Index ② BCWP(달성공사비) ÷ ACWP(실투입비)

(4) 각종 지수의 활용

지수 종류	내 용	
공사비차이(편차) (CV)	① CV < 0 경우 공사비초과 투입 ② CV > 0 경우 공사비 절감하여 공사진행 ③ CV > 0 경우 문제없지만 CV < 0인 경우 문제점의 원인 발견 대책 수립	
	문제점	㉠ 시공의 부실로 자재 추가투입 ㉡ 당초계획 및 예산편성 문제 ㉢ 시공과정 생산성 저하요인 ㉣ 예상외의 조건으로 자재, 인력, 장비 추가투입원인
공사비지출지수 (CPI)	① CPI < 1 경우 공사비 과다지출 ② CPI > 1 경우 공사비지출 계획보다 절감하고 있음 ③ CPI=0.8인 경우 시공자가 공사비 100원 투입 80원 가치 공사할 것	
공정차이(편차) (SV)	① SV < 0 경우 공정지연 ② SV > 0 경우 당초공정보다 초과진행 ③ SV에 따라 공정이 지연되면 대책수립 필요	
	공사지연요소	㉠ CPM을 분석하여 지연 작업 원인파악 ㉡ 지연공정 공기단축 가능여부 검토 ㉢ 시공과정 공정지연 원인확인 ㉣ 공사지연에 대한 책임소재 및 손해배상 책임분석

(5) EVMS 곡선의 실례

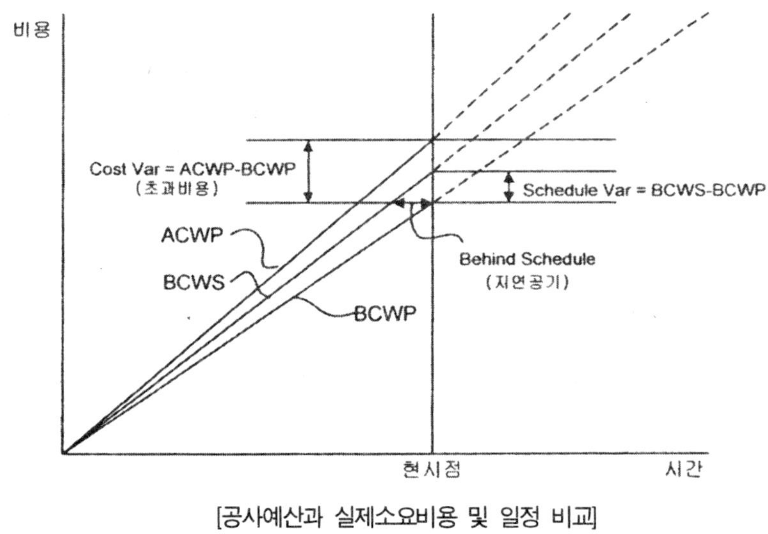

[공사예산과 실제소요비용 및 일정 비교]

① 건설공사의 계획된 예산(BCWS)과 실제 소요비용(ACWP) 및 일정 비교를 나타내는 도표이다.

② 공사비용편차(CV)는 ACWP와 BCWP의 차이로 표현되며, 현시점을 기준으로 할 때 소요비용(ACWP)이 예산을 초과하고 있는 것을 알 수 있다.

③ 일정편차(SV)는 BCWS와 BCWP의 차이로 표현되며, 현시점을 기준으로 할 때 계획일정보다 지연되고 있는 것을 알 수 있다.

④ 건설공사의 달성가치는 계획된 예산을 토대로 작업성과를 기간별로 일관되게 측정하는 척도라고 할 수 있다(BCWP).

⑤ 달성가치는 작업일정에 따라 계획된 예산(BCWS)과 비교하여 일정진행성과(Schedule Performance)를 파악하는데 이용되거나 수행된 작업의 실제 소요비용(ACWP)과 비교하여 비용성과(Cost Performance)를 파악하는데 이용된다.

(6) 적용대상공사

① 미국의 경우 Cost plus Fee 방식에 적용하고 있지만, 우리나라에서는 이 방식에 현실적으로 적용이 곤란하다.

② 총액단가계약에 적용하는 것이 마땅하다.

③ 도입 초기인 점을 감안 500억 이상의 공공공사 도입이 주된 대상이다.

Ⅲ. 품질관리

1. 품질관리(QC; Quality Control)의 개론

(1) 정의

① KS A 3001에서는 품질관리란 수요자의 요구에 맞는 품질의 물품 또는 서비스를 경제적으로 만들어내기 위한 모든 수단과 체계 또 근대적인 품질관리는 통계적인 수단을 채용하고 있기 때문에 특히 통계적 품질관리(SQC; Statistical Quality Control)라고 한다.

② 건설 품질관리란, 소비자가 만족할 수 있는 건축물을 가장 경제적인 수준으로 생산하기 위하여 건축물의 품질유지 및 개선에 쏟는 조직적 노력이라고 할 수 있다.

(2) 품질관리 관련 용어

관련용어	정 의
① 품질방침 (Quality Policy)	최고경영층에 의하여 공식적으로 표면된 것으로서, 품질에 관한 조직의 전반적인 의지와 방향
② 품질경영 (Quality Management)	품질방침, 목표 및 책임 등을 결정하고 실행하는 총체적인 경영기능의 양상 및 품질계획 수립, 품질관리, 품질보증, 품질개선 등과 같은 수단에 의하여 품질시스템 내에서 실행하는 전반적 관리기능에 관한 모든 활동
③ 품질시스템 (Quality System)	품질경영을 실행하기 위한 조직구조, 책임, 절차, 과정 및 자원(품질체계라고도 함)
④ 품질관리 (Quality Control)	㉠ 품질에 관한 요건을 충족시키기 위하여 사용되는 운영기법 및 활동 ㉡ 설계 및 시공과 관련된 활동들의 확인이나 검토를 포함하는 특정한 품질보증 프로그램의 수행
⑤ 품질보증 (Quality Assurance)	㉠ 제품이나 서비스가 주어진 품질요건을 만족시킬 것이라는 적절한 신뢰감을 주는데 필요한 모든 계획적이고 체계적인 행위 ㉡ 프로젝트 관련 정책의 수립, 절차, 표준, 훈련, 지침서, 품질확보를 위한 시스템 등을 포함함
⑥ TQC (Total Quality Control)	㉠ 회사의 모든 계층과 모든 부문의 사람들이 참가하는 전사적 품질관리 (CWQC ; Company Wide Quality Control) ㉡ 품질에 중점을 둔 조직의 경영방식으로서 조직원 전체의 참여에 바탕을 두고 고객만족을 통하여 장기적인 성공을 목표로 함
⑦ TQM (Total Quality Management)	㉠ 유래는 분명하지 않으나 TQC라는 용어 대신에 미국을 중심으로 일반적으로 사용되고 있는 용어 ㉡ 굳이 TQC와 구별하여 관리와 경영의 개념 차이로써 비교할 수도 있으나, 본질적으로 추구하는 바는 동일함
⑧ 설계품질	㉠ 품질을 설계도서상에 계획하고 설계한 것 ㉡ 설계도서상에 나타난 품질로서 건축물이 목표로 하는 수준의 품질
⑨ 시공품질	㉠ 목표로 하는 건축물을 만드는 방법, 즉 시공행위나 업무수행의 질 ㉡ 목표로 설정된 설계품질의 시공과정에서 진행된 작업이 일치하는 정도

(3) 데밍(Deming)의 관리 사이클

① 순서

계획(Plan) → 실시(Do) → 검토(Check) → 조치(Action)

② 관리 사이클을 돌리는 것이 강조되는 이유

㉠ 문제에 대하여 체계적으로 생각하게 된다.

㉡ 관리점을 명확히 하고 그것을 체크하여 처치함으로써, 관리능력을 향상시킬 수 있다.

㉢ 사실(Data)에 바탕을 두고 계획과의 차이를 확실히 추구하고 처치함으로써, 좋은 품질과 직결시킬 수 있게 된다.

㉣ 목표를 구체적으로 지향하기 때문에 Top Policy의 철저한 추진을 조직적으로 하는 유력한 수단이 될 수 있다.

(4) 품질관리의 목적

① 개선 및 개발의 보물산(寶物山)이라 할 수 있는 문제점을 발견하여 원인을 추구하고 대책을 수립, 개선하며 그 상태가 유지될 수 있도록 작업표준을 확립하고 관리한다.

② 각 공종에서 발생할 수 있는 품질의 산포를 감소시킨다.

③ 예상되는 결점을 미연에 방지한다.

④ 공사 및 프로젝트 생산 전체에 대한 신뢰성을 증대시킨다.

⑤ 이상의 사항들을 시간의 함수로써 신속히 해결한다.

2. ISO 품질시스템

(1) 개요

① ISO(International Organization for Standardization; 국제표준화기구)가 1987년

에 제정한 품질경영 및 품질보증에 관한 국제규격이다.

② 제품 또는 서비스를 공급하는 품질시스템을 평가하여 품질보증능력과 신뢰를 인정해 주는 제3자 인증제도를 말한다.

(2) 관련규격

① ISO 8402	품질용어의 정의
② ISO 9000	선택과 사용에 대한 지침
③ ISO 9001 품질시스템	품질시스템 : 설계 · 개발, 생산, 설치 및 서비스에서의 품질보증 모델
④ ISO 9002 품질시스템	생산과 설치에서의 품질보증 모델
⑤ ISO 9003 품질시스템	최종검사와 시험에서의 품질보증 모델
⑥ ISO 9004	품질경영과 품질시스템 요소 지침

(3) ISO 9001 품질시스템의 요구항목

① 경영책임	② 품질시스템 원칙	③ 계약심사
④ 설계관리	⑤ 문서관리	⑥ 구매자 공급품(고객 지급품)
⑦ 제품 식별 및 추적성	⑧ 공정관리	⑨ 검사 및 시험
⑩ 부적합품의 관리	⑪ 시정조치	⑫ 취급, 보관, 포장 및 인도
⑬ 품질기록	⑭ 내부 품질감사	⑮ 교육 · 훈련

3. 품질경영(QM)

(1) 개요

① 품질경영(Quality Management)이란 기업의 경영자가 참여하여 원가절감과 공기단축을 통하여 대외 경쟁력을 확보하고, 또한 고객 만족을 위해 건축물의 특징 · 미관 · 용도 · 기능 등을 전체적으로 향상시키기 위하여 체계적인 방법으로 접근하는 것을 말한다.

② 건축공사의 품질경영은 품질관리 · 품질보증 · 품질인증의 3단계로 구성된다.

(2) 품질경영의 특징

① 안전관리, 품질관리, 생산성 관리를 연계한 관리기법
② 모든 단계에서 하자를 사전에 예장
③ 개선절차를 지속적으로 실시하는 과정을 중시
④ 조직 내에 수준 높은 단합된 힘 창출

(3) 품질경영의 효과

① 재시공과 보수작업의 감소
② 작업환경의 개선 및 현장안전 증가
③ 공사 발주처의 만족 증가 및 이윤의 증대, 품질비용의 감소

참고 품질경영과 품질관리의 비교

구 분	품질경영	품질관리
기 법	모든 단계에서 지속적인 개선과정에 중점	공사 목적물의 품질에 중점
목 적	대외 경쟁력 확보 및 고객 만족	제품의 불량 감소
효 과	재시공과 보수작업의 감소	품질확보 및 품질개선
참 여	경영자를 포함한 전 구성원이 참여	생산현장 중심으로 참여

4. 통계적 수법

(1) 품질관리를 위한 7가지 도구

도구종류	특징
① 특성요인도	㉠ 원인결과도 ㉡ 결과에 원인이 어떻게 관계하고 있는가를 한눈에 알 수 있도록 작성한 그림
② 파레토도	㉠ 영향도 ㉡ 불량 등의 발생건수를 분류항목별로 나누어 크게 순서대로 나열해 놓은 그림
③ 히스토그램	㉠ 분포도 ㉡ 데이터가 어떤 분포를 하고 있는지를 알아보기 위해 작성하는 그림

④ 체크시트	㉠ 집중도 ㉡ 계수치의 데이터가 분류항목 어디에 집중되어 있는가를 알아보기 쉽게 나타낸 그림이나 표
⑤ 산점도	㉠ 상관도 ㉡ 대응되는 두 개의 짝으로 된 데이터를 그래프 용지위에 점으로 나타낸 그림
⑥ 층별	㉠ 부분집단도 ㉡ 집단을 구성하고 있는 데이터를 특징에 따라 몇 개의 부분집단으로 나누는 것
⑦ 그래프	㉠ 막대, 꺾은선 ㉡ 한눈에 파악되도록 한 각종 그래프

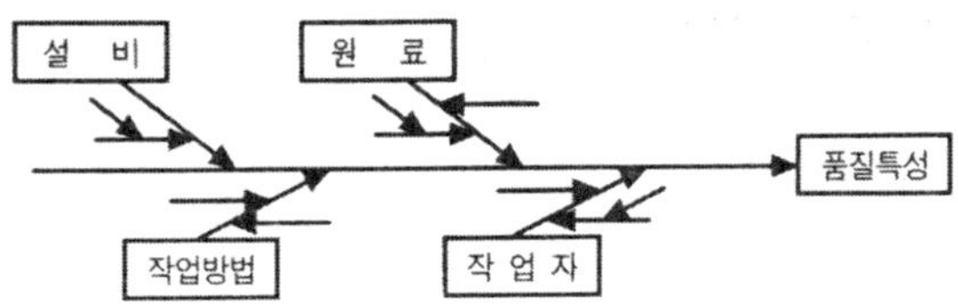

[특성요인도]

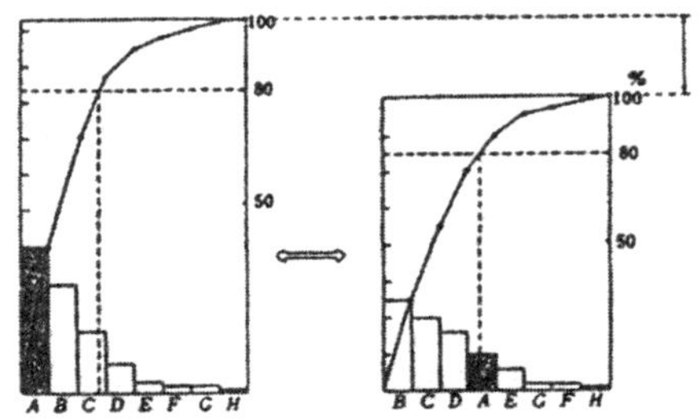

[파레토도]

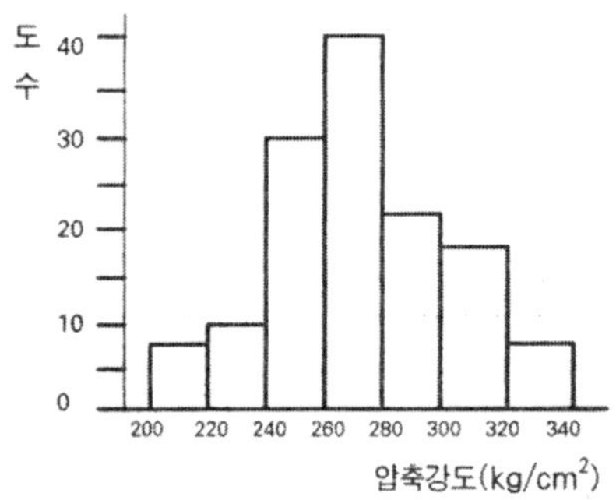

[히스토그램]

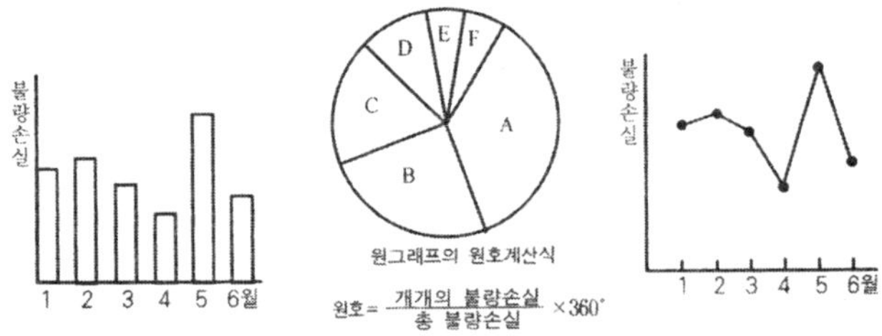

(a) 막대그래프 (b) 원그래프 (c) 꺾은선그래프

[각종 그래프]

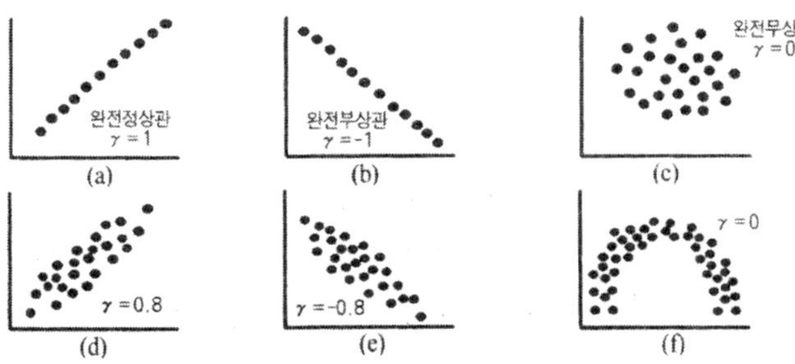

[산점도]

(2) 특성요인도

① 정의

원인과 결과의 관계를 알기 쉽게 생선뼈 그림(Fish Bone Diagram)으로 작성한 것이다.

② 작성방법

㉠ 문제점(품질특성: 결과로서 나타나는 것)을 정한다. 이를 오른쪽에 쓰고, 왼쪽에서부터 굵은 화살표를 긋는다.

㉡ 품질특성에 영향을 미치는 항목 중 중요한 것을 큰 가지에 기입한다.

㉢ 요인의 그룹마다 세부적인 원인을 아들가지, 손자가지 순으로 기입한다.

㉣ 모든 원인이 특성요인도 안에 포함되어 있는지를 검토한다.

③ 작성시 주의사항

㉠ 전원의 지식이나 경험을 동원하는 것이 바람직하다.

㉡ 브레인스토밍의 4원칙(비판금지, 자유분방, 질보다 양, 아이디어들의 조합과 개선)을 활용할 수 있다.

(3) 파레토(Pareto)도

① 정의

데이터를 항목별로 분류해서 크기 순서대로 나열한 것을 말한다.

② 작성방법

㉠ 데이터의 분류항목을 결정한다.

ⓐ 결과는 불량항목별, 장소별, 공정별 등으로 분류할 수 있다.

ⓑ 원인의 경우에는 재료별, 기계장치별, 작업자별, 작업방법별 등으로 분류할 수 있다.

ⓛ 데이터를 수집한다.

ⓒ 계산표를 작성한다.

ⓐ 분류항목, 데이터 수, % 누계 수, 누계 % 등의 항목이 포함되도록 한다.

ⓑ 데이터 개수의 크기순으로 정리한다.

ⓔ 가로축에 분류항목, 세로축에 데이터 수(주로 왼쪽), 누적 %(주로 오른쪽)로 잡아, 막대그래프를 작성한다.

ⓜ 누적비율을 꺾은선으로 표시한다.

ⓗ 데이터의 수집기간, 기록자, 목적 등을 기입한다.

③ **작성시 주의사항**

ⓖ 세로축은 가능하면 금액으로 표시하는 것이 바람직하다.

ⓛ 원가에 큰 영향을 미치는 항목을 고르는 것이 목적이기 때문에 불량개수, 결점수보다 손실금액으로 나타날 수 있으면 좋다.

ⓒ 기타(데이터가 작은 항목)는 모아서 오른쪽 끝에 기입한다.

(4) 히스토그램(Histogram)

① **정의**

공사 또는 제품의 품질상태가 만족한 상태에 있는가의 여부를 판단하기 위하여 가로축에 특성치를, 세로축에 도수를 잡고, 구간의 폭으로 주상(柱狀)의 그림을 그린 도수도(度數圖)를 말한다.

② **용어**

용어종류	내용
ⓖ 계급	히스토그램의 각 기둥
ⓛ 계급의 폭	기둥의 굵기
ⓒ 경계치	기둥과 기둥이 접해 있는 곳의 값
ⓔ 중심치	각 계급의 중심치

③ **작성방법**

㉠ 데이터를 수집(총수 N)한다.

㉡ 최대치(L)와 최소치(S)를 구한다.

㉢ 계급의 폭(h)을 정한다.

ⓐ 계급의 폭은 측정 최소단위의 정수배로 한다.

ⓑ 계급의 폭이 결정되면 계급의 수(K)가 결정될 수 있다.

$$h = \frac{L-S}{K}$$

(※ 보통, 계급의 수는 8~15가 적절)

㉣ 계급의 경계를 정한다.

ⓐ 한쪽 끝(예: 최소치를 포함한 계급)부터 정해 나간다.

ⓑ 계급의 경계치는 통상 측정단위의 1/2까지 취한다.

ⓒ 한쪽 끝의 경계치는 최소치가 그 계급의 거의 중앙이 되도록 정한다.

㉤ 도수분포표 작성

ⓐ 계급(기둥)의 번호, 경계, 중심치, check mark, 도수 등의 항목에 대하여 표로 작성한다.

ⓑ 중심치는 다음과 같이 구한다.

$$\text{중심치} = \frac{\text{각 계급의 폭}}{2} + \text{작은쪽 경계치}$$

㉥ 가로축에 계급 경계눈금, 세로축에 도수를 취하여 히스토그램을 작성한다. 여백에 이력과 총수 N을 기록한다.

(5) 관리도

① **정의**

가로축에 날짜 혹은 로트(lot; 어떤 목적을 가지고 모아 놓은 제품)순 등을 잡고, 세로축에 품질특성인 치수, 강도, 불량률 등의 관리나 해석의 대상이 되는 항목을 잡아 중심선과 그 상하에 공정의 이상 유무를 판정하기 위한 관리한계선을 설치하여 그린 일종의 꺾임선 그래프를 말한다.

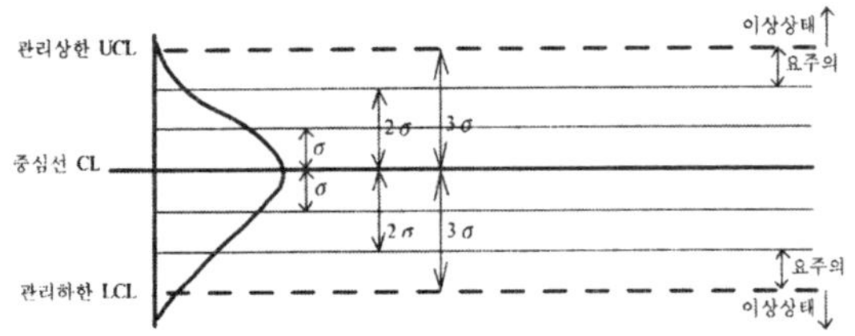

관리한계선

[관리도]

② 관리도의 종류

관리도	종 류	
㉠ 계량치 관리도	$\bar{x}-R$	평균치와 범위 관리도
	x	개개의 측정치 관리도
	$\tilde{x}-R$	메디안과 범위 관리도
㉡ 계수치 관리도	Pn	불량계수 관리도
	P	불량률 관리도
	C	결점수 관리도
	u	단위당 결점수 관리도
㉢ 기타 관리도	$L-S$	최대치와 최소치 범위 관리도
	σ	표준편차 범위 관리도
	Rs	인접한 두 측정치의 관리도

참고

(1) 측정값에 대한 산포의 중심적 경향을 표시하는 방법

종 류		내 용
① 평균치(산술평균)	$\bar{x}$	모든 데이터의 합을 데이터의 개수로 나눈 것이다.
② 중앙치(중위수)	$\tilde{x}$	㉠ 데이터를 크기순으로 나열해서 중앙에 위치한 값 ㉡ 짝수 데이터에서는 중앙에 위치한 2개의 데이터 평균치

(2) 측정값의 산포상태를 표시하는 방법

종 류		내 용
① 범위(Range)	R	데이터 값의 최대치와 최소치의 차
② 분산	σ^2	편차제곱합(S)을 데이터 수 n으로 나눈 값

		※ 편차제곱합: 각 데이터와 평균치와의 차를 제곱한 것의 합
③ 표준편차	σ	분산의 제곱근을 말한다.
④ 변동계수	$C.V$	표준편차를 산술평균(평균치)으로 나눈 백분율이다.

(6) 품질문제 해결의 통계적 품질관리 과정

① 품질문제 발생
② 모집단의 구성
③ 표본의 추출
④ 관측 후 데이터를 얻는다.
⑤ 데이터의 분석 처리
⑥ 모집단의 정보 획득
⑦ 검토
⑧ 의사결정
⑨ 조치, 행동

(7) 통계적 수법 활용상 유의사항

① 통계적 수법은 수단이지, 그것 자체가 목적은 아니며, 통계적 수법 사용 자체가 품질관리의 전부가 아니라 그 결과를 적절히 이용할 줄 알아야 한다.

② 사실을 나타내는 올바른 데이터를 사용해야 한다. 데이터가 작성된 과정이 명확히 파악되고 거짓이 없는 객관적인 것이어야 한다. 사정이 좋은 데이터만이 중시되고, 사정이 나쁜 데이터는 경시되기 쉬운데, 똑같은 비중으로 취급되어야 한다.

③ 간단한 수법을 효율적으로 사용하여야 한다. 너무 이론적인 면에 매달리기보다는 실천이 중요하다.

④ 수법 그 자체를 잘 이해해야 한다.

5. 신품질관리의 7가지 도구

(1) 개요

① 오늘날 품질관리는 기업의 모든 부문, 즉 모든 계층의 사람들이 조직적으로 참가하는 전사적 품질관리로 변모하고 있으며, 이 전사적 품질관리에 부응하는 것이 신품질관리 7가지 도구이다.

② 신품질관리 7가지 도구는 수치 분석을 주류로 하는 이제까지의 품질관리 기법과

는 달리 설계적 접근을 위한 기법으로, 조직의 전원을 서로 유기적으로 연결하여 상호 협력하며 활동하도록 이끌어 내는 기법이다.

(2) 신품질관리 7가지 도구

① 연관 도법(Relation Diagram)

㉠ 문제점과 그에 대한 요인들을 나열하여 관계가 있는 것끼리 화살표로 잇게 하는 방법이다.
㉡ 참가자들이 여러 차례 실시하여 문제의 요인을 정확히 인식한다.
㉢ 참가자들의 합의를 얻어 최종 마무리를 한다.

② 친화 도법(Affinity Diagram)

㉠ 문제에 관한 데이터를 수집하여 서로 친화성이 있는 것끼리 묶어서 그 문제를 돌출시켜, 문제점을 인지하는 방법이다.
㉡ 미경험 분야나 알기 어려운 분야를 파악하는 데 이용된다.
㉢ 확인 가능한 사실이나 의견 및 발상을 통하여 문제에 하나씩 접근한다.

③ 계통 도법(Tree Diagram)

㉠ 어떤 목적을 달성하기 위한 수단들을 집합시켜, 그 중 알맞은 수단들을 선택하는 것이다.
㉡ 목적을 위한 수단과 그 수단을 위한 수단을 차례로 분석하여 선택한다.

④ 매트릭스 도법(Matrix Diagram)

㉠ 어떤 문제에 대하여 유사한 연관성이 있는 것끼리 행과 열로 나열한 후 관련 정도를 표시하여 문제 해결을 추진하는 방법이다.
㉡ 관련 정도에 따라 효과적으로 배치하면 문제 해결을 보다 쉽게 추진할 수 있다.

⑤ **매트릭스 데이터 분석법(Matrix Data Analysis)**

㉠ 매트릭스 도법에서 관련 요소사이의 연결선에 관련 정도를 정량화하여 수치로 표현하여 관련성의 중요도를 표현하는 방법이다.
㉡ 표현된 수치를 계산하여 관련성 정도 여부를 파악할 수 있다.
㉢ 복합된 원인의 공정분석, 대량의 요소 중에서 불량의 원인을 파악하는데 용이하다.

⑥ **PDPC법(Process Decision Program Chart)**

㉠ 목표를 위한 계획을 수립한 후, 그 목표가 바람직한 결과를 내기 위해 계획을 수정 · 조정하는 방법이다.
㉡ 세부적인 것까지 예상하여 빈틈없이 수정하여 계획을 수립한다.

⑦ **애로 다이어그램법(Arrow Diagram)**

㉠ 각 작업의 순서 및 시간 배정을 화살표로 표현하는 것이다.
㉡ 네트워크에서 이용되는 수법으로 작업과정을 한눈에 알아볼 수 있도록 작성한다.
㉢ 복잡한 공정을 알기 쉽게 표현하기 위해 실시한다.

Ⅳ. 안전 · 환경관리

1. 안전의 필요성과 사고방지원리

(1) 안전관리의 필요성

① 기업경영에 수지가 맞는다.	이상이 있을 때 빨리 수리에 착수하는 것이 비용도 적게 들고, 안전도 확보되며, 품질도 향상된다.
② 바람직한 노사관계 형성	안전을 생산에 우선시킨다.
③ 재해로 인한 손실은 거액이다.	직접보상비 이외에 설비파손, 생산회복손실, 생산관계 이외의 업무 등 간접손실이 더 커진다.

(2) 하인리히(Heinrich)의 재해예방 4원칙

① 원인계기의 원리	사고의 발생에는 반드시 원인이 있어 인과관계를 이루며, 이는 과학적으로 규명이 가능하다.
② 손실우연의 원리	안전사고에 손실이 일어남으로써 재해가 되며 동일한 안전사고에도 같은 종류의 손실은 생기지 않는다.
③ 예방가능의 원리	인적 및 물적 원인이 전체 재해원인의 98%를 차지하며, 단지 2%만이 불가항력적인 천재로서 사고의 대부분이 예방 가능하므로 사후처리보다는 사전대책으로 위험을 제거하여야 한다.
④ 대책선정의 원리	사고예방을 위한 대책은 반드시 있다는 것이다.

참고 하인리히 재해예방(시공방법) 5단계

제1단계(안전 관리 조직)→제2단계(사실의 발견)→제3단계(분석)→제4단계(시정책 선정)→제5단계(시정책 적용)

(3) 사고방지대책(3E)

① 기술적 대책(Engineering)

② 교육적 대책(Education)

③ 규제적 대책(Enforcement)

④ 3E 대신에 안전의 요소로 4M(Man, Machine, Media, Management)을 안전의 지주로 꼽기도 한다.

⑤ 구체적인 사고방지활동은 근로자의 작업, 설비의 성능 및 물질적 환경을 제어하는 것이며, 여기서 제어의 대상은 이러한 자원에 내포된 유해, 위험요소들이 된다.

2. 건설공사의 안전관리

(1) 건설 안전관리의 장애요인

① 공사관리자의 전근대적 안전의식　② 안전책임의 부재

③ 비합리적인 관리기법의 답습　④ 공사의 실질적 안전도 평가기법 부재

⑤ 안전목표 달성방법의 부재　⑥ 시공단계 위주의 안전대책 한계

(2) 건설공사단계별 안전의 목표

① 계획단계에서는 주로 자연재해의 방지, 시공 및 준공 후 사용시 자연과 환경의 보전을 검토한다.

② 설계단계에서는 건설되는 시설과 구조물 등의 안전성을 어느 정도 확보해야 하는가를 검토한다.

③ 현장시공단계에서는 어떻게 산업재해와 현장 주변 제3자의 재해를 방지할 것인가를 검토한다.

(3) 안전 확보를 위한 방법

① 올바른 작업방법 및 절차에 대한 교육, 훈련

② 작업뿐만 아니라 위험의 제거에 필요한 우수 품질의 유지관리상태가 양호한 공구 및 장비의 제공과 활용

③ 안전모, 안전대, 귀마개 등 특수한 작업에 필요한 개인보호구 사용의 독려

④ 작업현장의 정리정돈

⑤ 유능한 전문가에 의한 객관적이고 주기적인 안전점검 및 평가

⑥ 현장의 실제 공법에 대한 철저한 사전계획의 일부로서 시공과 안전계획의 통합

3. 건설공사와 환경보전

(1) 건설공사의 환경영향인자

공사단계	환경요소
① 시공단계	㉠ 공사로 인한 소음 및 진동 ㉡ 토양부식과 자연배수조건의 변형 ㉢ 지하수위의 변화 및 수질오염 ㉣ 먼지, 분진, 소각연기 등으로 인한 대기오염 ㉤ 자연동식물 서식지, 공원, 유적지, 위락시설 등의 유무 ㉥ 공사로 인한 주변경관의 변화 ㉦ 잔토처리, 유해물질의 취급 및 보관 등

② 시설운영단계	㉠ 직접적 요인	소음, 대기오염, 수질오염, 사회경제, 생태계, 자원 등
	㉡ 간접적 요인	인접지역토지의 용도, 지역개발의 형식, 공공시설의 편익, 공원, 숲, 위락시설 등 주변의 쾌적환경요소, 새로운 시설에 따른 교통관련 시설과 기술의 영향 등

(2) 공사장 소음진동의 특징 및 방지대책

① 대기오염, 수질오염 등의 공해는 유해물질에 의해 인간의 건강을 해치는 물질공해이며, 소음과 진동은 인간의 심리 · 생리적 요인을 좌우하는 감각공해의 성격을 갖는다.

② 건설공사가 환경에 미치는 영향을 사전에 예측, 평가하여 주변에 미치는 문제를 미리 파악하는 것이 중요하다.

③ 예측작업에는 소음, 진동, 분진의발생원, 주변의 주택, 시설, 공장 등에 미치는 영향, 주변의 지형, 지반 등 전파특성에 영향을 미치는 인자 등에 대한 조사와 축소 모형 시험 및 컴퓨터에 의한 모의실험이 필요하다.

④ 공사현장의 소음진동을 전체적으로 저감시키기 위해서는 저소음, 저진동 공법을 선정하고, 저소음 및 적정 용량의 건설기계 선정, 적절한 작업시간대 및 작업공정의 설정, 건설기계의 적정배치, 소음방지시설의 설치 등에 대한 고려가 필요하다.

⑤ 소음진동대책을 시방서에 명기하고, 인근 주민의 협조도 구해야 한다.

⑥ 시공자는 소음진동대책에 소요되는 비용을 적정하게 계상하고, 발주자는 이를 수용하여 소음 · 진동대책이 효과적으로 실시될 수 있도록 상호 협력한다.

(3) 건설폐기물의 관리 및 재활용

① 건설폐기물의 특징 및 종류

㉠ 건설공사현장에서 발생하는 폐기물이란 건축 · 토목공사 및 건설구조물 해체공사로 배출되는 폐기물로서 여기에는 토사, 콘크리트덩어리, 아스팔트 콘크리트덩어리, 나뭇조각, 종이류, 금속류, 폐플라스틱류, 폐유리, 폐도자기류 등이 포함된다.

㉡ 자원의 절약과 재활용 촉진에 관한 법에 따르면 재활용 대상 건설폐재는 지정

부산물로서 토사, 콘크리트덩어리, 아스팔트 콘크리트덩어리를 말한다.

㉢ 일반폐기물과 비교한 건설폐기물의 특징으로는 대량으로 발생하는 경우가 많고, 대부분이 무해하며, 자재로 재활용이 가능하고, 분별에 의해서도 자원화 · 재활용이 가능하다는 것이다.

② 건설폐기물의 처리 및 재활용 전략

㉠ 정보교환 시스템의 정비와 공공사업 등에서 재활용의 적극 추진

㉡ 폐기물 발생의 억제 및 감량화

㉢ 고도의 재생이용을 위한 기술개발

㉣ 처리 · 처분장의 입지 및 정비에 대한 지원

㉤ 시공조건의 명시와 발생되는 건설폐기물의 적산화

③ 건설폐기물 재활용 촉진을 위한 과제

㉠ 건설폐기물의 정보교환시스템은 공공발주기관, 건설회사, 재생플랜트의 3자 사이의 원활한 정보교환에 필수적이다.

㉡ 적하목록시스템에는 산업폐기물의 명칭, 수량, 성상, 발송지로부터 도착까지의 경로, 취급상의 주의사항 등을 적하목록에 기재하여 적하에 있어 산업폐기물로 유통시키는 방법이다.

㉢ 건설공사의 폐기물처리에 있어 관계자의 책무와 역할의 명확화, 건설공사 발주자 및 폐기물 배출자의 책임 강화, 건설폐기물 처리기준의 강화가 필요하다.

㉣ 위탁처리업체의 육성 및 재활용처리시설의 확대, 재생자재의 품질에 대한 시방 · 규준의 마련, 재생자재의 수요 확보 등도 장기적인 과제이다.

(4) 건설공사 환경관리의 과제

① 환경을 고려한 건설을 위한 근본적인 발상의 전환이 필요하다.

② 지금까지 일반적으로 중요시되어 왔던 시공단계에만 중점을 둘 것이 아니라 계획에서부터 시공, 운영 및 유지관리, 폐기의 전 과정에 걸쳐 환경과의 영향관계를 고찰해 보아야 한다.

③ 환경을 고려한 설계수법이란 단순히 진보된 선진기술에만 맡길 것이 아니라, 이제까지 계승되어 왔던 전통적인 수법이나 재료 등을 살리는 것에도 눈을 돌려야 한다.

④ 환경적인 측면에서는 평가기술의 확립이 중요하다.

V. 조달관리

1. 개요

(1) 자원조달의 개념

① 프로젝트에 필요한 모든 자재, 장비, 용역과 시스템 자원을 적시에, 적정한 효용가치 실현에 부합하는 방법으로 구입하는 절차이다.

② 건설산업의 자원을 인력(Man), 자재(Material), 장비(Machine), 자금(Money), 구법 및 공법(Methods)과 경영관리(Management)의 6가지라고 한다면, 넓은 의미의 건설산업자원조달 관리는 이와 같은 건설사업의 모든 자원을 조달하고 관리하는 업무를 총칭한다.

③ 일반적인 원가구성비 측면에서 볼 때 조달비용은 50~70%에 달하는 가장 중요한 비중을 차지하고 있다.

④ 국제 프로젝트 시장에서 조달관리는 C&C(Computer & Communication) 기술의 발달에 힘입어 비약적 수준의 발전을 거듭함으로써 프로젝트의 필수적인 성공요인으로 부각되고 있으며, 국제적 조달지원이나 건설 칼스(CALS) 등 새로운 개념의 업무영역이 21세기 건설산업의 주요 핵심역량분야로 부각되고 있다.

(2) 조달의 대상

① 물품의 조달: 토목, 건축, 기계 및 전기설비, 통신공사 등에 소요되는 본공사 및 가설공사용 자재, 장비 및 소모품류

② 용역의 조달: 기본 및 실시설계, 기술 및 경영, 법률 관련자문, 사업관리, 시험

및 검사 등의 용역

③ 공사의 조달: 토목, 건축, 기계 및 전기설비 등의 전문 공사 및 일반 공사의 시공

④ 금융의 조달: 사업수행을 위한 재원충당 차원의 차입, 투자유치, 차관도입 등

(3) 건설프로젝트 조달관리의 특징

① 건설프로젝트는 수주에 의한 주문생산이므로, 자재의 장기수급계획을 세우기 어렵다.

② 기상, 지형, 지질 그 외의 각 공사 제 조건에 의해 동일 유형 및 설계의 공사에 있어서도 작업여건이 다르고, 공사과정에 변화가 심하므로 자재조달 후의 일련의 관리는 유동적인 면이 많기 때문에 획일적인 관리를 하기가 어렵다.

③ 현장조건이 각 공사마다 다르므로 현장조건에 맞는 적절한 견적이 요구되며, 현장의 지역적 분산으로 인하여 종합 구매관리와 운반관리에 불리하다.

④ 건설공사의 특성으로서 당초 예상하지 못한 불확정 요소나 자연환경의 영향에 의한 예외적 사태의 발생 때문에, 예상외의 긴급조달을 요하는 경우가 많다.

2. 조달관리 업무의 절차

(1) 조달관리 업무절차의 비교

구분	PMBOK의 조달관리 (Project Management Body Of Knowledge)	국내 프로젝트의 조달관리	국외 프로젝트의 조달관리
조달절차	① 조달계획수립 ② 공급자 유치계획 ③ 공급자 유치 ④ 구매선 선정 ⑤ 계약관리 ⑥ 계약종결 및 사후관리	① 자재사용계획 ② 예산관리 ③ 자재청구 및 조달 ④ 구내관리 ⑤ 운송관리 ⑥ 사용 및 재고관리	① 조달계획 ② 구매단계 ③ 제작 및 운송단계 ④ 현장자재관리단계 ⑤ 사후관리 단계
비고	건설업을 포함한 전체산업에서의 일반적인 조달관리 절차	대형 건설업체 수준의 실무적 차원의 조달관리 절차	해외 프로젝트에서 적기 조달에 중점을 둔 조달관리 절차

(2) 구매계약 단계의 주요 고려사항

① 견적의뢰서에 의한 모든 견적서는 공정한 평가기준에 따라 선입관이나 차별없이 평가되어야 한다.

② 견적서의 예외 조항이나 단서조항이 있는 경우 금액 및 조달조건에 영향을 미칠 수 있으므로 면밀히 검토해야 한다.

③ 자재수량이나 부속품 수량 또는 비율에 차이가 있는 경우, 동일 조건으로 조정하여 검토한다.

④ 유지보수 비용, 보증기간, 비보증 수리 조건, 기술훈련 등의 조건에 대해 보다 만족스런 제안에 대한 차등평가 또는 우선순위를 부여한다.

⑤ 최저 응찰 견적을 항상 낙찰 대상으로 선정하지 않을 권리가 조달권자에 있음을 명백히 하되, 낙찰되지 못한 응찰자에게는 그 사유를 통보한다.

⑥ 기술적 평가에서 일정수준 이상의 자격평가 점수에 미달하는 견적에 대해서는 가격 및 공급조건의 평가대상에서 배제함을 원칙으로 한다.

(3) 제작단계의 주요 고려사항

① 제작 착수 전 제반 시방 및 기술데이터의 확인, 기타 불확실한 사항의 재검토를 거쳐 기술적 불일치 사항이 발생하지 않도록 한다.

② 제작도면 검토 및 승인을 거치되, 필요시 공장 방문과 현지점검에 의한 중간검사를 시행한다.

③ 제작 일정계획은 초기와 말기 및 주요시점에 주간 또는 격주간 점검을 할 수 있도록 하고, 중기에는 격주 또는 월간보고서를 받아 관리하도록 한다.

④ 정당한 사유에 의한 제작지연의 경우, 보너스 또는 인센티브 조건으로 제작기간 단축을 도모하고, 단축이 어려울 경우 운송방법에서의 대안을 강구한다. 비교적 경량자재의 경우 항공기를 이용하거나, 중량장비의 경우 분리운송의 대안을 채택할 수 있다.

(4) 운송계획 수립시 주요 고려사항

① 운송할 자재의 종류, 파손 또는 변질 가능성, 모량, 부피, 운반거리, 적재방법,

도착지 하역방법 등에 따라 적절한 운송방법을 결정한다.

② 운송자재의 내용에 따라 적절한 보험에 가입한다.

③ 예정 도착 시일의 엄수를 위해서 운반경로의 교통사정 등을 검토하고 특히 도심지를 경유하는 장대중량물의 운송은 교통제한에 대한 사전검토를 통하여 2차 운반을 피하도록 한다.

④ 현장 내 소운반에는 차종의 선택, 조작장비와 작업원의 수배, 자재 적재장소의 정비에 유의하여 사전대책의 미비로 인한 시간과 비용의 손실을 최소화한다.

3. 로지스틱스(Logistics)

(1) 정의

로지스틱스란 기업이 필요로 하는 원자재, 생산제품, 또는 반입자재 및 장비의 물적 흐름을 체계적이고 통합적으로 관리하는 업무를 총칭한다.

(2) 로지스틱스 시스템의 구성요소

구분	내용
운송 (Transportation)	① 생산자와 소비자의 공간적 격차를 메워 주는 역할과 시간효용과 장소효용을 창조하는 역할로 대별할 수 있다. ② 로지스틱스 시스템을 네트워크로 가정하면 운송은 창고, 공장, 현장 등의 노드(nodes)를 연결하는 연결선 역할을 하는 것이다.
재고 (Inventory)	① 건설현장에서의 재고는 생산성 및 공정관리와 밀접한 관계가 있으므로 적정 수준 내에서 관리할 필요가 있다. ② 미래의 불확실성에 대비하는 측면에서는 일정 작업 기간에 필요한 수량의 원자재와 유지보수에 필요한 일정량의 마감자재, 그리고 기계장비의 필수부속품 등을 포함한 적정재고의 확보는 필연적인 것이다.
창고관리 (Warehousing)	① 건설자재 및 장비를 저장하고 필요시에 공급하기 위하여 물리적으로 보존, 관리하는 업무 ② 자재의 단거리 이동과 단기적으로 자재를 보관하는 활동을 포함한다.
포장 (Packing)	① 자재의 운송 및 보관시에 그 가치와 품질을 보존하기 위해 적절한 재질과 형태의 외피 또는 용기를 물품에 덧입히는 기술 및 상태를 말한다. ② 내용물의 보호 역할 외에 취급시의 능률 제고와 자재의 식별, 정보제공의 역할을 필요로 한다.

물적 공급 (Physical Supply)	① 물적 유통과 같이 로지스틱스 활동의 요체로서 원자재 관리라고도 할 수 있다. ② 구매, 보관, 창고관리, 원재료 계획 및 통제, 운송, 자재인수, 품질통제의 활동을 포함하는 시스템적 업무이다.
입지 (Location)	① 로지스틱스에서 입지는 일반적으로 기정사실화되어 주요 제약요건으로 간주됨이 보통이다. ② 장기적으로는 입지선정도 시스템적 의사결정의 대상으로 재고 총비용에 상당한 영향을 미치게 된다.

Ⅵ. 유지관리

1. 건축물 유지관리의 필요성 및 목적

(1) 유지관리의 필요성

① 건물의 고층화, 다용도화, 복합화의 경향은 현저히 증가하고, 그 기능도 복잡하고 다양해져가고 있다.

② 건물을 건전하고 경제적으로 유지하기 위해서는 적절한 유지관리계획을 입안하여 실시하는 것이 필요하다.

③ 건물은 도시시설로서의 유기적 기능이 필요하며, 그 사회적인 책임을 완수해야 하기 때문에 유지보전의 비중은 점점 커지고 있다.

(2) 유지관리의 목적

① 건물사용자의 편리성, 쾌적성, 안전성을 제공하는 것

② 건물의 안전성, 쾌적성 유지와 사회자산으로서 환경보전의 책임 등, 여러 가지 요구가 점점 법제화되고 있다.

③ 부재와 기기류를 적절한 시기에 교환, 보수를 행하는 경우에는 건물의 내용년수까지 편리하게 사용할 수 있고 내용년수의 연장도 가능하다.

④ 건물은 화재, 지진, 태풍 등의 재해와 같은 긴급사항에 대응할 수 있다.

⑤ 건물 자체의 자산가치와 이미지를 유지하기 위해서 청소와 수선을 계획적으로

하여 건물이 항상 아름다움을 유지하도록 해야 한다.

⑥ 예방보전을 적절하게 행하는 경우 지출이 억제되고 건물의 라이프사이클 코스트가 저감되며, 경제적이고, 효율적인 건물운영이 가능하게 된다.

2. 유지관리의 업무 내용

(1) 일상적으로 행해지는 유지관리

① 운전, 감시
② 청소
③ 경비(도난방지)
④ 방재(화재, 지진, 태풍 등의 재해예방)
⑤ 주차장관리 업무

(2) 정기적인 유지관리

① 점검
② 보수
③ 수선

(3) 필요에 따라 행해지는 유지관리

① 건물진단
② 개수설계 및 개수(기능회복)

3. 효과적인 유지관리

(1) 유지보전의 방법

① 열화와 고장이 현저히 나타나는 시점에서 수리해 가는 사후보전방법

② 사용시 고장을 미연에 방지하기 위하여 계획적으로 점검과 교환을 행하는 예방보전방법

(2) 사후보전

① 기기고장과 실내의 누수, 타일박리 등 건물의 기능과 성능에 이상이 온 시점에서

수선을 행하는 방법이 사후보전이다.

② 먼저 초기에 처리된다면 경제적인 규모의 예산이 되겠지만 고장까지 사용된 것은 대수선이 되고, 결국 수리비가 증가될 뿐만 아니라 어느 기간 동안 사용정지가 불가피하다.

③ 외장타일의 점검 · 보수를 게을리 함으로써 많은 타일이 낙하하여 인명사고가 발생하고 안전관리의 책임을 물은 사례도 있는 것 등을 감안한다면 이 방법은 대체로 불리한 방법이라고 말할 수 있다.

(3) 예방보전

① 예방보전은 일상점검과 정기점검 등이 있고, 건물의 기능과 성능을 항상 파악하고 열화의 상태를 예측한 뒤에 예방적인 처리를 사전에 실시하는 보전방법이다.

② 결정된 시간간격에 의해서 부재와 소모품의 교환 등을 행하는 것(시간계획보전), 동작상태의 감시와 열화진단에 의해서 보통과 다른 부분을 조기에 발견하여 신속하게 처리하는 것(상태감시보전)으로서 수선에 필요한 비용을 최소화하는 것이다.

③ 건물에 사용되고 있는 여러 가지 부재, 기기 등은 그것들의 내용년수, 취급방법, 손질방법 등의 특성을 고려한 예방보전을 실시함으로써 효과적이며 경제적인 유지보전의 실시가 가능하다.

2장 적산 및 견적

1. 일반사항

(1) 적산과 견적

구 분	정 의
① 적산(積算)	공사 진행에 필요한 공사량(재료, 품)을 산출하는 기술 활동을 말한다.
② 견적(見積)	산출된 공사량에 적정한 단가(單價)를 선정하여 곱한 후, 합산하여 총 공사비를 산출하는 기술 활동으로 공사개요 및 기일, 기타 조건에 의하여 달라질 수 있다.

(2) 견적의 일반적인 원칙

① 실제 상황의 반영

② 모든 비용 요소의 포함

③ 가변성 있는 양식으로 작성

④ 직접비와 간접비의 구분

⑤ 변동비용과 고정비용의 구분

⑥ 불확실성에 대한 예비비 포함

(3) 견적시 활용 자료

① 건설공사 표준품셈표	㉠ 토목, 건축, 기계설비, 전기, 통신 분야별로 각 해당 공종에 따른 재료량, 노무량, 기계경비, 손료, 운임 등을 산출할 수 있는 기본 자료가 수록되어 있다. ㉡ 활용할 시 매년 추가된 사항이나 수정된 사항을 반드시 확인해야 한다.
② 물가자료	㉠ 모든 분야를 망라하여 물가에 대한 자료를 집대성한 것 ㉡ 공인된 단체에서 발행하는 물가정보지(매월단위로 발간)를 참조
③ 일위대가표 (一位代價表)	㉠ 항목별 단가를 산정하는 행위로서 단위작업의 재료비에 가공설치비를 가산하여 산정된 복합단가를 의미한다. ㉡ 일위대가의 작성에는 단위작업 수량에 대하여 소요되는 품의 수량을 헤아리는 품셈이 적용된다.
④ 시중노임단가	㉠ 전국각지의 현장에서 일하는 각 직종의 노임을 총망라하여 직종별 평균 노임을 책정한 것 ㉡ 매년 전반기와 후반기로 나누어 노임단가가 변경된다.
⑤ 기타자료	이외 자료로는 「완성공사원가구성 분석자료」와 「원가계산에 의한 예정가격작성 준칙」 등이 있다.

(4) 현행 표준품셈과 실적공사비 적산제도의 비교

① 표준품셈

㉠ 적용범위

㉮ 국가 · 지방자치단체 · 정부투자기관에 연관된 건설공사

㉯ 민간발주 건설공사에서는 적용의무가 없다.

㉡ 문제점

㉮ 시방서 및 각 기업 간의 공종분류방법의 상이로 표준화의 필요성 절실하다.

㉯ 신기술 · 신공법등 시대적 요구에 따른 시방서의 변화 부족으로 적용이 곤란하다.

㉰ 각 지역별로 다른 특수상황에 대한 반영이 미흡하다.

㉱ 설계 및 공정의 미통합으로 견적, 시공 및 공정의 일체성 부족하다.

② 실적공사 적산제도

㉠ 정의

㉮ 신규공사의 예정가격산정을 위하여 이미 시공된 유사한 공사의 시공단계에서 feed back된 자재 · 노임 등의 각종 공사비에 관한 정보를 기초자료로 활용하는 적산방식이다.

㉯ 기수행공사의 data base된 단가를 근거로 입찰자가 현장여건에 적절한 입찰금액을 산정하고, 발주자는 이를 토대로 분석하므로 요구되는 품질과 성능을 확보할 수 있다

㉡ 기본 개념도

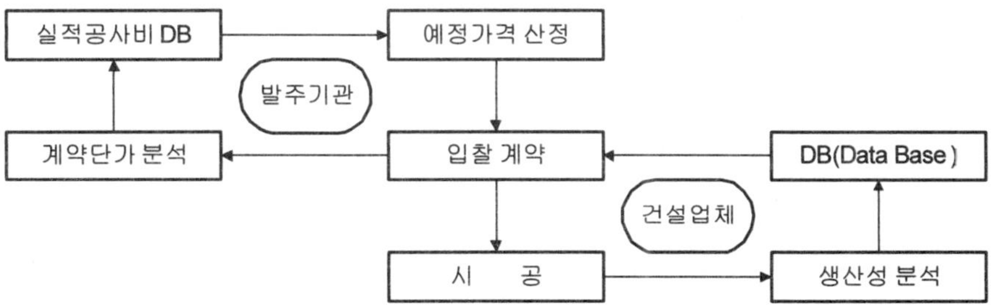

㉢ 도입시 기대효과

㉮ 실제 공사에 적용되는 자재 및 노임이 현실화된다.

㉯ 특수 조건 하에서의 공사 및 특수 지역에서의 공사 특성 반영

㉰ 신기술 · 신공법 적용으로 시공 기술 발달

㉱ 적산업무의 간소화

㉲ 원 · 하도급간의 거래 가격의 투명성 확보

참고 표준품셈 Vs 실적공사 적산제도

구 분	표준품셈 적산방식	실적공사비 적산방식
예산가격 산정	예정가격=일위대가표×설계도서의 산출수량	예정가격=유사공사의 단가 및 공사 특수성을 고려한 단가×설계도서 산출 수량
작업조건 반영	미반영(일률적)	다양한 환경 및 작업조건 반영
신기술 적용	신기술, 신공법 적용미흡	신기술, 신공법 적용가능
노임 책정	현실적 노임 책정미흡	실제 노임 반영
공사비 산정	공사비 산정미흡	적정공사비의 산정가능

품질관리	적정 노임이 책정되어 있지 않아 품질관리 불리	적정노임 및 공사비가 책정되어 품질관리 유리
적산업무	복잡	간편

(5) 견적순서

물량산출	: 수량 산출 절차에 따라 시행
↓	
단 가	: 단위량 공사비(단가) 선정
↓	
가 격	: 수량 × 단가
↓	
집 계	
↓	
현장경비 및 일반관리비	: 현장경비 및 일반관리비를 가산하여 총 원가의 산출
↓	
이 윤	: 10% 정도
↓	
총공사비 산정	

(6) 견적의 종류

종 류	설 명
① 명세견적	㉠ 설계의 최종단계 또는 공사입찰이나 시공계획단계에서 수행되기 때문에 최종견적, 명세견적, 입찰견적 등으로 표현하기도 한다. ㉡ 상세설계의 출력인 일련의 완성된 도면과 시방서에 근거하여 건설공사를 수행하는데 소요되는 재료, 노무, 장비 등에 대한 상세한 수량과 비용을 결정하는 것이다. ㉢ 상세설계단계에서 견적기술자가 공사예정가격을 결정하기 위하여 수행하거나 계약자(시공자)가 입찰서를 제출하고 시공계획을 수립하기 위하여 수행한다.
② 개산견적	㉠ 설계가 시작되기 전에 프로젝트의 실행 가능성을 알아보거나 설계의 초기단계 또는 진행단계에서 여러 설계대안의 경제성을 평가하기 위하여 수행된다.

	㉡ 개략적인 공사금액을 예측한다는 의미에서 개념견적, 기본견적, 예산견적 등으로 표현하기도 한다. ㉢ 설계도면과 시방서가 준비되지 않은 상태에서 공사비를 예측하는 것이기 때문에 이전의 유사한 공사에서 얻을 수 있는 자료와 건설공사 참여자로부터 얻을 수 있는 가능한 정보를 토대로 견적자의 경험과 판단에 의해 수행된다.

2. 개산견적

(1) 개산견적의 분류

단위 기준에 의한 견적	① 단위설비	㉠ 학교: 1인당 통계가격×학생수=총 공사비 ㉡ 병원: 1 병상당 통계가격×Bed수=총 공사비 ㉢ 호텔: 1 객실당 통계가격×객실수=총 공사비
	② 단위면적	㉠ m2당 또는 평당으로 개산 견적 ㉡ 비교적 정확도가 높고 편리함
	③ 단위체적	㉠ 전체 건물 용적 m3당 개산 견적 ㉡ 공장이나 강당같이 층고가 높을 때 많이 사용
비례 기준에 의한 견적	① 가격비례	각 공사부분에 통계상 공사비와 총 공사비 비율을 기본으로 하여 결정
	② 수량비례	건축물의 면적당 공종별 일정수량 통계시 사용하여 공종별 공사비 개산
공종별 수량에 의한 견적		각 공종별로 개산치를 적용하여 수량 산출

(2) 개산견적에 사용되는 견적방법

종 류	내 용
① 비용지수법	㉠ 다른 시간과 장소에서의 비용정보를 조정하는데 사용된다. ㉡ 새로운 시설물의 공사비 견적에 참고하기 위하여 과거에 수행된 시설물의 공사비용을 현재의 금전가치에 맞도록 환산하거나, 건설장비와 같은 특정한 자산의 대체 비용을 견적하기 위하여 사용된다.
② 비용용량법	㉠ 어떤 프로세스의 생산출력과 그에 필요한 자원 간의 관계에 근거한다. ㉡ 새로운 건설 사업에 대한 개략적인 비용 검토를 가능하게 한다.
③ 계수견적법	㉠ 시설물의 장비를 기준요소로 가정할 경우 장비설치비를 비롯하여 기타 건축, 토목, 설비, 전기 등의 비용요소를 장비비에 대한 비용으로 산출하는 것이다. ㉡ 각 비용요소에 대한 개별적인 계수를 만들기에 적합한 과거 실적자료가 존재

	하고 각 요소들이 과거 건설공사 비용요소와 유사하다는 가정하에 신뢰할 만한 견적을 제공한다고 볼 수 있다.
④ 변수견적법	㉠ 프로젝트의 크기 또는 범위에 영향을 주는 설계변수에 근거한다. ㉡ 설계자가 설계의 초기단계에서 각 시스템의 여러 대안 중 적합한 것을 선택할 수 있도록 각 대안들의 비용을 견적하는데 이용된다.
⑤ 기본단가법	㉠ 각 건설공사의 기본단위에 대한 비용자료, 예를 들어 건물 바닥의 단위면적, 건물의 단위체적 등에 근거하여 비용을 산출하는 것이다. ㉡ 기본단위에 대한 비용은 이전의 유사한 건설공사들의 비용자료를 토대로 도출된 비용공식에 의거하여 계산된다.

3. 견적 전산화 시스템

(1) INES(Interactive Estimating System)

① 비용견적에 데이터베이스의 이론을 도입한 초기 견적시스템으로서 3가지의 자료 저장 파일을 기본으로 하여 구성되어 있다.

② 첫 번째 파일은 견적을 구성하는 표준항목을 보관하고, 두 번째 파일은 첫 번째 파일에 수록된 표준항목에 대한 비용분석을 담고 있으며, 세 번째 파일은 각 항목에 대한 최초 비용자료를 담는다.

(2) ESTA

① Fortran으로 작성된 견적시스템으로서 건축물의 최종 설계에 대한 비용견적을 위하여 개발되었다.

② 각 설계항목에 대하여 ESTA는 각 항목의 재료비와 설치비를 검색하고 프로젝트의 위치에 따른 재료비와 설치비의 비용지수를 찾아 대상 프로젝트에 적합한 단가를 계산한다.

(3) RETCOST

설계 초기단계에서 내력벽 설계와 시공의 여러 대안을 검토하기 위한 비용정보를 제공하기 위한 목적으로 개발된 것이다.

(4) HICOST

① 건축물의 구조시스템의 비용견적을 수행하는 지식베이스 견적도구로서 시공기술에 대한 지식베이스와 비용자료에 대한 데이터베이스에 의해 공사비용을 제공한다.

② 견적기술 지식베이스, 건물설계 데이터베이스, 공사관리 데이터베이스 및 단가 데이터베이스의 4가지 요소로 구성된다.

(5) CADLink

① 사용자에게 설계와 비용견적 환경을 동시에 제공하는 통합된 프로그램이다.

② 설계자가 CAD시스템을 통하여 건축주의 요구에 따른 다양한 설계 대안을 창출할 수 있도록 하며, 아울러 견적자가 CAD 도면 파일에 수록되어 있는 설계자료를 이용하여 견적을 수행할 수 있도록 한다.

(6) AICES(Automated Interactive Cost Estimating System)

설계기능과 견적기능의 연계를 통하여 설계과정에서 설계대안의 주요 평가요소인 비용정보를 제공해 주는 견적시스템이다.

4. 공사비 산출방법

(1) 공사비 구성

① 건설공사의 원가는 일반적으로 재료비(자재비), 노무비, 외주비, 경비의 4가지 요소로 구성된다.

② 건설공사의 시공단계에서 발생하는 원가는 외주비 요소를 제외하고는 모두 미완성공사의 지출금으로서 항목별 원가계정으로 계상되었다가 공사의 준공과 더불어 완성공사 원가로 확정된다.

③ 건설공사의 수익도 준공과 더불어 완성공사수익으로 확정된다.

④ 공사비 구성체계

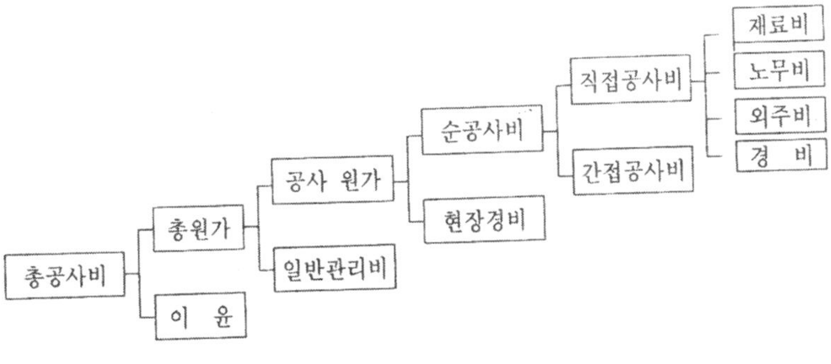

(2) 공사비의 주요요소

① 재료비

직접재료비	㉠ 건축물의 실체를 구성하는 재료 또는 외주가공품의 가치 ㉡ 철근, 목재, 시멘트, 모래, 벽돌, 의장재, 외주품 등
간접재료비	㉠ 건축물의 실체를 형성하지는 않으나 공사에 보조적으로 소비되는 물품의 가치 ㉡ 소모재료비, 소모공구 · 기구 · 비품비, 가설재료비
운임 · 보험료 · 보관비	재료의 구입과정에서 발생되는 부대비용
작업설(作業屑) · 부산물	공사시공 중에 발생되는 것으로 그 매각액 또는 이용가치를 추산하여 재료비에서 공제

② 노무비

직접노무비	㉠ 공사현장에서 건축물을 완성하기 위하여 직접작업에 종사하는 노무자 및 종업원에게 제공되는 노동력의 대가 ㉡ 기본급, 제수당, 상여금, 퇴직급여충당금 등 ㉢ 대부분 일용직 근로자에 해당되는 공사 관계 직종노무자의 노무비는 노무소요량×시중노임단가로 산정한다. ㉣ 단, 중장비 등의 건설기계를 다루는 운전사, 조수, 중기조장 등은 상용직 근로자로 취급하여 노무비를 산정할 수 있다.
간접노무비	㉠ 작업현장에서 보조작업에 종사하는 노무자, 종업원과 현장감독자 등의 기본급, 제수당, 상여금, 퇴직급여충당금의 합계액 ㉡ 상용직 근로자로 노무비용을 산정하나, 수량산정 기준이 모호하고, 확실한 근거를 제시해야 하기 때문에, 일정 비율을 적용하여 간접노무비를 산정한다.

③ 경비

항목(28개)	전력비, 기계경비, 수도광열비, 특허권사용료, 운반비, 기술료, 연구개발비, 품질관리비, 가설비, 지급임차료, 보험료, 복리후생비, 보관비, 외주가공비, 안전관리비, 소모품비, 여비 · 교통비 · 통신비, 세금과 공과, 폐기물처리비, 도서인쇄비, 지급수수료, 환경보전비, 보상비, 기타 법정경비, 감가상각비, 안전점검비, 기타 접대비, 잡비
산정방법	㉠ 실소요량×단가를 적용하여 산정하는 방법 ㉡ 보험료나 안전관리비, 품질관리비 등은 관련법이나 산정기준에 따라 결정하는 방법 ㉢ 소요량 산출이 불확실한 세목은 대한건설협회에서 제공하는 공사원가분석자료를 이용하여 해당되는 경비율을 적용해서 산출하는 방법

④ 일반관리비

㉠ 기업의 유지를 위한 관리활동부문에서 발생되는 비용으로 세목은 경비와 흡사하다.

㉡ 일반관리율을 초과해서 계상할 수 없으며, 공사규모(금액)에 따라 체감 적용한다.

㉢ 일반관리비 = (재료비+노무비+경비)×비율(5~6% 적용)

⑤ 이윤

㉠ 기업의 이익을 말하며, 시설공사의 이윤은 공사원가 중 노무비, 경비, 일반관리비의 합계액(이 경우 기술료, 외주가공비 제외)에 이윤 15%를 초과하여 계상할 수 없다.

㉡ 이윤 = (노무비+경비+일반관리비)×이윤율(%)

(3) 수량산출 기준

① 수량의 종류

정미량	㉠ 설계도서에 의거하여 정확한길이(m), 면적(m^2), 체적(m^3), 개수 등을 산출한 수량을 말한다. ㉡ 할증이 포함되지 않는다.
소요량 (구입량)	산출된 정미량에 시공 시 발생되는 손실량 등을 고려하여 일정 비율의 수량(할증량)을 가산하여 산출된 수량을 말한다.

② 할증률

㉠ 재료의 할증률

할증률	재 료
1%	유리 철근구조물
2%	무근구조물 시멘트
3%	이형철근 고(장)력볼트 붉은벽돌, 내화벽돌 타일(모자이크, 도기, 자기, 크링커) 테라코타 합판(일반용) 슬레이트
4%	시멘트블록

할증률	재 료
5%	원형철근 리벳, 일반볼트 강관, 봉강, 소형형강(Angle) 시멘트벽돌 타일(아스팔트, 리놀륨) 합판(수장용), 목재(각재) 텍스, 석고보드, 기와
7%	대형형강
10%	단열재, 강판 목재(판재) 석재(정형)
30%	석재(원석, 부정형)

㉡ 품의 할증률

할증률	품의 내용
20%	㉮ 고열 · 위험물 · 극독물의 보관실내 작업 ㉯ 군작전지구내에서 작업능률에 현저한 저하를 가져올 때
30%	고온 · 고압기계의 접근작업
50%	㉮ 하오 10시에서 상오 6시까지의 근로나 휴일근로는 통상임금에 할증 ㉯ 연면적 10m2이하 공사나 이에 준하는 소단위 건축공사 ㉰ 도서지역 및 도로개설이 불가능한 산악지역, 공항
기타	고층건물의 고소작업인 경우와 지형, 지세가 험준한 경우도 작업능률의 할증을 고려할 수 있다.

③ 각 재료의 단위중량

㉠ 목 재: 580kg/m^3　　㉡ 시 멘 트: 1,500kg/m^3

㉢ 모 래: 1,500~1,700kg/m^3　　㉣ 자 갈: 1,600~1,800kg/m^3

㉤ 모 르 타 르: 2,100kg/m^3　　㉥ 무근콘크리트: 2,300kg/m^3

㉦ 철근콘크리트: 2,400kg/m^3　　　　㉧ 철　　재: 7,850kg/m^3

④ **구조물의 수량에서 공제하지 아니 하는 것**

㉠ 콘크리트 구조물 중의 말뚝머리 체적　　　　㉡ 볼트의 구멍
㉢ 모따기 또는 물구멍　　　　㉣ 이음줄눈의 간격
㉤ 포장공종의 1개소당 0.1m^2 이하의 구조물 자리
㉥ 거푸집 면적산출시 1m^2 이하의 개구부의 면적
㉦ 강(鋼) 구조물의 리벳 구멍　　　　㉧ 철근콘크리트 내의 철근

제3부

건축시공기술

1장 가설공사

Ⅰ. 개요

1. 정의

공사기간 중 임시로 설치하며 공사를 완성할 목적으로 쓰이는 제반시설 및 수단의 총칭이고, 공사가 완료되면 해체, 철거, 정리되는 공사를 말한다.

2. 가설공사 계획

(1) 가설공사 계획방향

① 가설공사의 양부에 따라 공사 전반에 걸쳐 시공품질에 지대한 영향을 미치게 되므로 가설계획 초기부터 철저한 사전조사 및 계획에 의해 추진되어야 한다.

② 가설공사 계획 시 주요점은 본공사에 지장을 주지 않아야 하며, 공정마찰의 발생을 방지하여 공기단축에 기여하여야 한다.

(2) 가설공사 계획 시 고려사항

① 반복사용의 중시 : 가설재를 강재화하고, 보관, 수리, 정리를 철저히 한다.
② 재료강도의 고려 : 경제성과 안정성의 균형을 유지한다.
③ 고정설비로 이관 : 고정설비에 의한 공장작업으로 가설공사의 간이화를 추진한다.

3. 가설공사 항목

(1) 공통 가설공사 항목

1) 정의

공사 전반에 걸쳐 공통으로 사용되는 공사용 기계, 공사관리에 필요한 시설

2) 종류

① 대지측량
② 가설운반로
③ 가설울타리
④ 가설건물
⑤ 가설창고
⑥ 공사용 동력
⑦ 용수설비(가설용수)
⑧ 시험설비
⑨ 공사용 장비

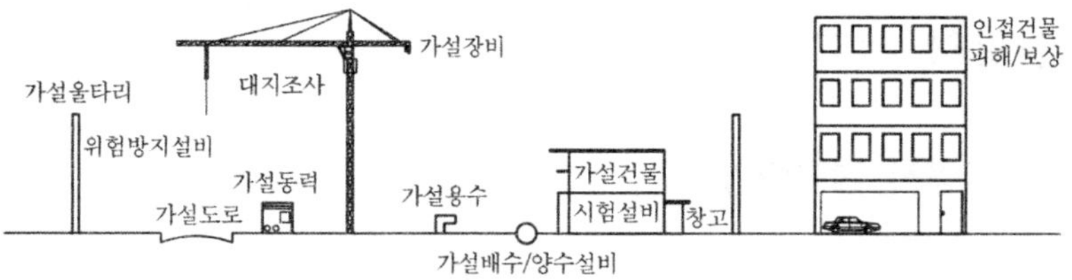

(2) 직접 가설공사 항목

1) 정의

본 공사의 직접적인 수행을 위한 보조적 시설

2) 종류

① 규준틀 설치 ② 비계공사
③ 안전시설(낙하물 방지망, 위험표시 등) ④ 건축물 보양
⑤ 건축물 현장정리

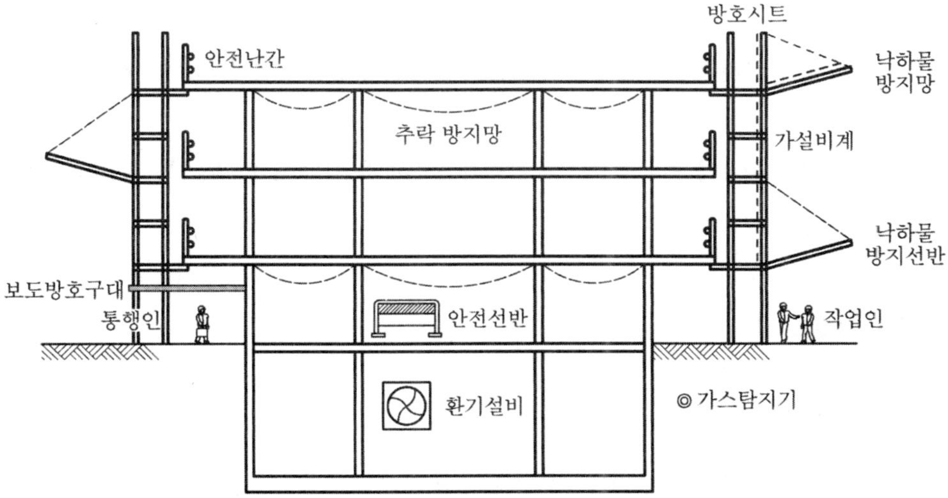

II. 공통 가설공사

1. 가설 울타리

(1) 설치목적

① 대지의 경계 ② 교통의 차단 및 출입통제
③ 위험방지 및 도난방지 ④ 안전확보 및 미관유지

(2) 일반사항

① 재료 : 판재, 합판, 철판, 슬레이드판, 철망 등
② 높이 : 1.8m 이상

③ 출입구 : 폭 4m 이상의 출입구와 통용문을 설치

2. 가설건물

(1) 현장 사무실

① 공사 감리자와 시공자 사무소로 사용되는 곳으로 1인당 최소 3.3m² 기준이나 보통은 5~8m² 가 적당하다.

② 대지 여유가 없을 때는 보도를 이용하여 육교(Over Bridge)를 가설하여 2층 부분을 사무소로 한다.(구대)

(2) 가설창고

1) 시멘트창고

① 방습상 바닥설치는 지면에서 30cm 이상으로 한다.

② 출입구, 채광창 이외의 개구부는 되도록 설치하지 않으며 반입로 · 반출로를 따로 두어 먼저 쌓은 것부터 사용한다.

③ 쌓기높이는 최대 13포 이하로 한다.(3개월 이상 장기저장 시는 7포 이하)

④ 통로를 고려할 경우에는 1m² 당 30~35포대가 적당하며, 통로를 고려하지 않는 경우에는 약 50포까지 적재할 수 있다.

⑤ 창고 주위에 배수도랑을 설치하여 우수 침입을 방지한다.

⑥ 창고면적

$$A = 0.4 \times \frac{N}{n}$$

여기서, A : 창고면적(m²) n : 쌓기 포대수(13포) N : 저장량(포)

2) 위험물 저장창고

도료, 유류, 기타 인화성 재료와 화약 등의 저장창고는 건축물 및 재료창고에서 격리된 장소에 선정하고 위험물 표시를 한다.

(3) 현장 화장실

기준면적	2.2m² (대 · 소변기 1개당)
대변기	남자 : 20명당 1개, 여자 : 15명당 1개
소변기	남자 : 3명당 1개

Ⅲ. 직접 가설공사

1. 규준틀

(1) 기준점(Bench Mark)

1) 정의

공사 중에 높이의 기준을 삼고자 설정하는 것

2) 설치 시 주의사항

① 기준점은 바라보기 좋고 공사에 지장이 없는 곳에 설치한다.
② 기준점은 대개 지반면에서 0.5~1m 위에 두고 그 높이를 기준표 밑에 적어 둔다.
③ 건물의 G.L은 현지에 지정되거나 입찰 전 현장설명 시에 지정된다.
④ 기준점은 공사기간 중에 이동될 우려가 없는 인근 건물벽돌담 등을 이용하는 것이 좋다.
⑤ 기준점은 2개소 이상 여러 곳에 표시해 두는 것이 좋다
⑥ 대지 주위에 적당한 물체가 없을 때는 공사에 지장이 없고, 건축의 지표가 될 수 있는 곳에 따라 설치한다.

(2) 수평규준틀

① 건물의 각부 위치 및 높이, 기초의 나비 또는 길이 등을 정확히 결정하기 위한

것이며 터파기 공사에 사용한다.

② 이동이나 변형이 없도록 견고히 설치한다.

③ 수평규준틀 말뚝 끝은 작업 중 충격을 받을 경우 발견하기 쉽게 하기 위하여 엇빗하게 자른다.

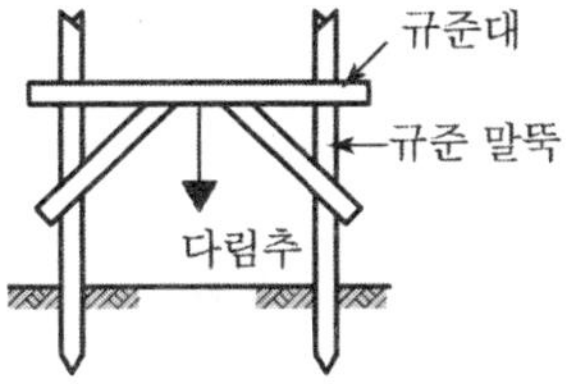

[평규준틀]

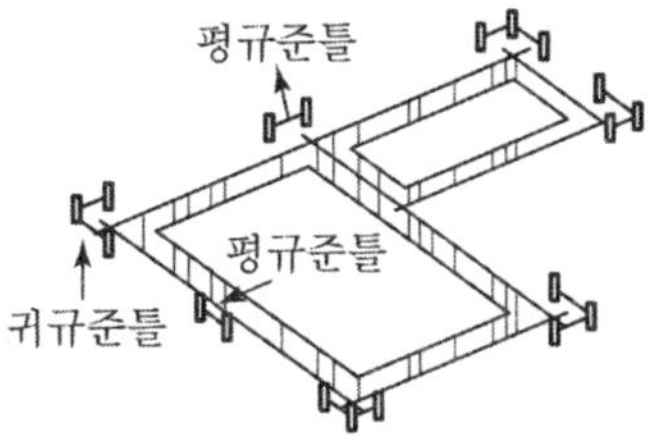

[규준틀 설치]

(3) 세로 규준틀

① 조적공사에서 고저 및 수직면의 기준으로 사용

② 10cm 정도 각재를 대패질하여 줄눈, 문틀위치, 나무벽돌 위치 등을 기재한다.

2. 비계

(1) 비계의 종류

1) 공법에 따른 분류

① 외줄비계 ② 겹비계

③ 쌍줄비계

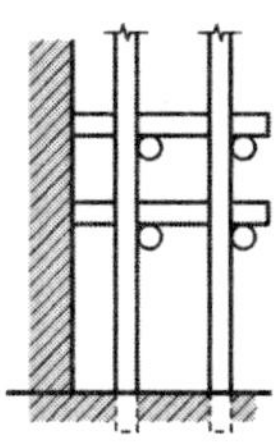

[쌍줄비계]

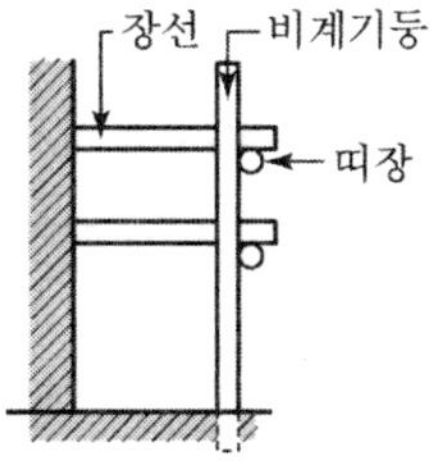

[외줄비계]

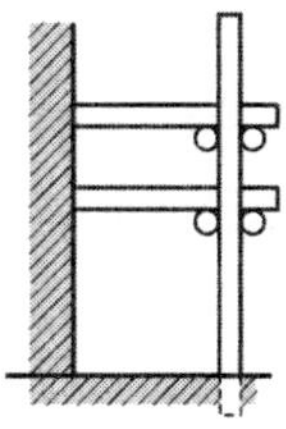

[겹비계]

2) 재료에 따른 분류

① 통나무 비계
② 강관 비계
③ 틀비계

3) 용도에 따른 분류

① 외부비계 : 외줄비계, 겹비계, 쌍줄비계, 달비계
② 내부비계 : 발돋음비계, 말비계, 사다리비계

(2) 통나무 비계

1) 재료

① 낙엽송, 삼나무 등
② 말구지름 4.5cm, 눈키 높이에서의 지름 10cm, 길이 7.2m 이내

2) 결속선

① #8~#10 철선을 불에 구운 것 사용
② #16~#18 아연도금 철선 여러 겹 사용

3) 기둥

① 간격은 보통 1.5~1.8m
② 밑둥묻음은 60cm 이상 하거나 밑둥잡이로 고정
③ 이음은 겹침이음이 원칙이고, 겹치는 길이 1m 이상 2개소 이상 결속, 맞댐이음일 때는 1.8m 이상 덧댐목을 대고 4개소 이상 결속

4) 띠장 및 장선

① 띠장은 1.5m 내외(지상 제 1띠장은 2~3m 이하)

② 장선은 지름 9cm 이상, 길이 2.0m 정도, 간격 1.5m 이하

5) 가새

① 수평간격 14m 내외로 걸쳐댄다.
② 비계기둥과 띠장에 결속하되 모든 비계기둥은 가새와 긴결한다.

6) 구조체와 연결간격

① 수직 5.5m 이하
② 수평 7.5m 이하

7) 비계발판

① 4×25cm 단면, 길이 2.5~3.5m 내외의 널재나 구멍철판(P.S.P) 사용
② 설치는 장선에서 20cm 이하 내밀고, 30cm 이상 겹치며, 널 사이는 3cm 이하로 하여 비계장선에 고정시킨다.

(3) 강관(파이프) 비계(2006년 개정 건축공사 표준시방서)

1) 단관 비계

① 기둥간격 : 도리(띠장)방향 1.5~1.8m, 보(간사이)방향 0.9~1.5m로 최상부로부터 31m 넘는 밑부분은 2본의 강관 사용
② 띠장간격 : 1.5m 이하(제 1띠장은 2m 이하)
③ 가새 : 수평간격 14m 내외, 각도 40~60° 로 기둥, 띠장에 연결
④ 구조체와 연결간격 : 수평 · 수직 5m 내외
⑤ 하중한도 : 비계기둥 1개의 하중한도 6,860N(700kg), 비계기둥 사이의 적재하중 3,920N (400kg)
⑥ 연결부는 커플러(Coupler), 클램프(Clamp) 사용

2) 강관틀 비계

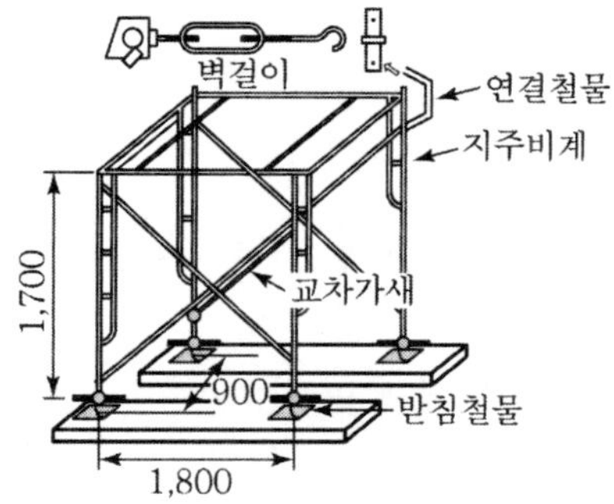

[강관틀 비계]

① 최고 높이 : 45m 이내

② 구조체와의 연결간격 : 수직 6m, 수평 8m 내외

③ 틀간격 1.8m 이내일 때 틀 사이의 하중한도 : 3,920N(400kg)

④ 기둥관 1개당 수직하중한도 : 24,500N(2,500kg)

(4) 달비계(2006년 개정 건축공사 표준시방서)

1) 정의

건물에 고정된 돌출보 등에 밧줄로 매다는 비계로 고층건물의 외부마감, 외벽 청소 등에 사용

2) 설치사항

① 발판은 틈새 없이 깔고, 바닥쪽에는 너비 400mm 이상, 600mm 이하인 발판을 설치, 난간높이 900mm 이상

② 와이어로프는 인장하중의 20배 강도를 가지고, 아연도금한 지름 12mm 이상 사용

③ 10m/sec의 이상강풍이나 -5℃ 이하 시에는 담당원의 승인을 받아 작업한다.

(5) 비계다리(2006년 개정 건축공사 표준시방서)

① 설치기준 : 건축면적 1,600m² 마다 1개소

② 너비 900mm 이상, 물매 4/10을 표준으로 한다.

③ 1.5×3cm 미끄럼막이를 300mm 간격으로 설치

④ 되돌음 참높이 : 7m 이내, 위험한 곳은 높이 900mm 이상의 난간 설치

3. 안전설비(2006년 개정 건축공사 표준시방서)

(1) 수평 · 수직 낙하물 방지망

① 낙하물 방지망의 내민길이는 비계의 외측에서 2m 이상, 방지망의 겹침길이는 150mm 이상으로 한다.

② 수평면과 방지망의 경사각도는 20~30° 로 한다.

③ 낙하물 방지망의 설치는 높이 10m 이내 또는 3개 층마다 설치한다.

(2) 방호철망

① 철망은 #13~#16

② 아연도금한 철선 #20 이상(0.9mm)

③ 이음부 15cm 이상 겹치고 60cm 이내 간격으로 긴결

(3) 방호시트

① 난연 처리한 것으로 구조체에 45cm 이하 간격으로 틈새 없이 설치하고, 시트 상호 간에 틈새 없이 꿰맨다.

② 인장강도와 신장률이 500kg · mm 이상

(4) 방호선반

① 높이 20m 이하일 때 1단 이상, 20m 이상일 때 2단 이상 설치

② 내미는 길이 발판 외측에서 2m 이상, 각도 20~30°

③ 선반널은 두께 1.5cm 이상의 판자 사용

Ⅳ. 측량

1. 거리 측량

(1) 보측

통상 75~80cm

(2) 기구에 의한 측량

① 줄자
② 스타디아 측량 : 중간에 장애물이 있을 때 편리
③ 측량방법 : 강측이 정확하고 능률적이다.

2. 평판 측량

(1) 사용기구

평판, 삼각대, 앨리데이드, 구심기, 다림추, 자침기, 폴

(2) 설치작업

① 정치(定置) : 앨리데이드에 설치된 수준기로 수평이 되도록 설치한다.
② 정위(定位) : 평판이 일정한 방향과 방위를 유지하도록 한다. 앨리데이드와 자침기를 이용한다.
③ 치심(致心) : 평판의 측정을 표시하는 위치가 상측점과 일치하도록 구심기와 다림추를 이용한다.

(3) 평판 측량의 특징

장점	단점
① 현장에서 직접 작도하므로 결측이 없다. ② 오측을 하였을 때 현장에서 발견이 용이하다. ③ 야장이 불필요하여 시간이 절약된다. ④ 기계구조가 간단하여 작업이 편리하다.	① 지형의 건습에 의한 신축의 오차가 발생하기 쉽다. ② 기후의 영향을 받는다. ③ 부품이 많아서 휴대가 불편하다. ④ 다른 측량에 비하여 정확도가 낮다.

3. 수준 측량(고저 측량)

(1) 정의

지반면에서 필요한 각 점 또는 각 점 간의 고저차를 측량하여 기준점(Bench Mark)으로부터의 높이를 정하는 측량

(2) 설치작업

① 전시(F.S ; Fore Sight) : 표고의 미지점에 함척을 세워 읽는 것

② 후시(B.S ; Back Sight) : 표고의 기지점(旣知點)에 함척을 세워 읽는 것

③ 이점(利點)(T.P ; Turning Point) : 고저차를 구하는 두 점을 한 번에 시준할 수 없을 때 레벨을 새로이 고쳐 세우는 점

2장 토공사 및 지정공사

Ⅰ. 지반의 종류와 특징

1. 흙의 성질

(1) 지반의 종류와 토질

1) 일반적 허용지내력도 범위

(단위 : tf/m²)

지반의 종류		장기 허용지내력		단기 허용지내력
경암반	화강암, 내연암, 편마암, 안산암	400		장기허용지내력의 2배 (법규 구조규준에서는 1.5배)
연암반	편암, 판암의 수성암	200		
	혈암, 표반암	100		
자갈		30	*60	
자갈과 모래의 혼합물		20	*50	
모래		10	*40	

모래 섞인 점토 또는 Loam토	15	*30	
점토	10	*25	

* 표는 밀실할 때의 지내력
(주)•Loam토 : 모래+실트+점토 · 실트 : 0.05~0.005mm의 미세분

2) 지중응력의 분포도

① 기초 저면과 접하는 지반에는 접지압(지내력)이 형성되며, 이러한 설계용 접지압은 일반적으로 등분포 상태(균일한 것)로 가정한다. 그러나 토질과 기초의 강성 등에 따라 달라진다.

	점성흙	사질흙	가상흙
표면재하		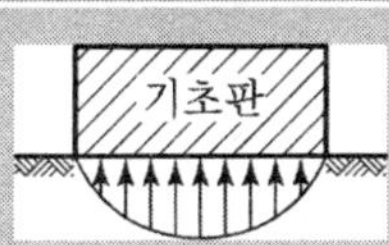	

② 접지압의 분포 각도는 기초면으로부터 30° 이내로 제한한다.

(2) 전단강도

① 전단강도란 흙에 관한 역학적 성질로서 기초의 극한 지지력을 알 수 있다.
② 기초의 하중이 흙의 전단강도 이상이 되면 흙은 붕괴되고 기초는 침하되며, 이하이면 흙은 안정되고 기초는 지지된다.

$$\tau = C + \sigma \tan\phi$$

τ : 전단강도 C : 점착력 tanφ : 마찰계수
φ : 매부마찰각 σ : 파괴면에 수직인 힘

㉮ 점토 : $\tau \fallingdotseq C(\because \phi = 0)$
㉯ 모래 : $\tau \fallingdotseq \sigma \tan\phi(\because C = 0)$

(3) 투수성

① 터파기 지반의 투수성은 그 배수 등의 공사에 영향을 주고, 기초굴삭에 있어서는 지하수의 처리가 가장 중요하다.

② 다르시의 법칙(Darcy's Law) : 침투수량 = 수두경사(기울기)×단면적 ×투수계수

③ 투수계수의 성질

㉮ 투수계수가 큰 것은 투수량이 크고, 모래는 점토보다 크다.

㉯ 모래의 투수계수는 평균 알지름의 제곱에 비례한다.

㉰ 투수계수가 클수록 압밀량은 작아진다.

㉱ 간극비가 클수록, 포화도가 클수록 투수계수는 증가한다.

(4) 흙의 압밀

① 압밀 : 외력에 의하여 간극 내의 물이 빠져 입자의 간격이 감소하는 것

② 간극수압 : 지하 흙 중의 수압으로 웰포인트, 샌드 드레인 공법과 관계가 깊다. 간극수압은 피에조미터로 측정한다.

③ 예민비(Sensitivity Ratio) : 점토에 있어서 자연시료는 어느 정도 강도가 있으나 그 함수율을 변화시키지 않고 이기면 약해지는 성질이 있는데 그 정도를 나타낸 것이 예민비이다. $\text{예민비} = \frac{\text{자연시료의 강도}}{\text{이긴 시료의 강도(흐트러진 상태)}}$

④ 수축한계, 소성한계, 액성한계 : 흙은 함수량의 변화에 따라 성질이 변하는데 다음과 같은 상태가 있다.

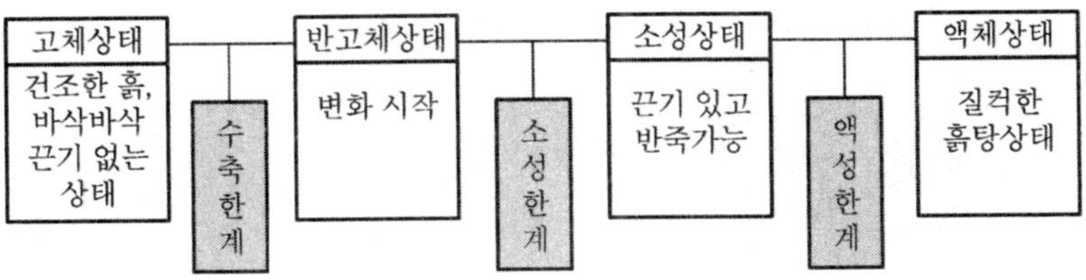

(5) 간극비 · 간극률

① $\text{간극비} = \frac{\text{간극(물 + 공기)의 용적}}{\text{순 토립자 용적}}$

② $간극률 = \frac{간극의\ 용적}{전체\ 토립자(흙+물+공기)용적} \times 100(\%)$

(6) 함수비 · 함수율

① $함수비 = \frac{물의\ 중량}{순\ 토립자\ 중량} \times 100(\%)$

② $함수율 = \frac{물의\ 중량}{전체\ 토립자\ 중량} \times 100(\%)$

(7) 포화도

$$포화도 = \frac{물의\ 용적}{전체\ 간극의\ 용적} \times 100(\%)$$

(8) 액상화 현상(Liquefaction)

① 느슨하고 포화된 가는 모래에 충격을 가하면 모래가 약간 수축한다.

② 이때의 수축으로 정(+)의 간극수압이 발생하여 유효 응력이 감소되어 전단강도가 떨어지는 현상, 즉 지중수 상승으로 지내력이 일시적으로 감소되는 현상을 말한다.

2. 모래와 점토의 특성 비교

구분	점성토(진흙)	사질토(모래)
투수성	작다.	크다.
압밀침하량	크다.	작다.
압밀속도	느리다.(장기)	빠르다.(단기)
가소성	있다.	없다.
예민비	크다.	작다.

II. 지반조사

지반조사 순서 : 사전조사 → 예비조사 → 본조사 → 추가조사

1. 지하탐사법

(1) 터파보기(Test Pit)

직경 60~90cm, 깊이 1.5~3.0m, 간격 5~10cm로 구멍을 파서 생땅의 위치, 지층의 토질, 지하수 등을 파악한다.

(2) 짚어보기(탐사간)

① 9mm 정도 철근을 땅속에 박아 저항, 울림 및 침하력에 의해 지반의 단단함을 판단
② 얕은 기초의 생땅 발견 시 사용

(3) 물리적 지하탐사

① 지반의 구성층을 판단할 때 사용되나, 흙의 공학적 성질은 판별이 곤란하다.
② 전기저항식, 탄성파식, 강제 진동식이 있으나 보통 전기저항식이 사용된다.(지층의 변화심도 측정 시 유리)

2. 보링(Boring)

(1) 정의

① 지중에 보통 10cm 정도의 구멍을 뚫어 토사를 채취하는 방법
② 지중의 토질분포, 토층의 구성, 토질주상도를 개략적으로 파악할 수 있다.

(2) 종류

① 오거 보링 : 오거를 이용하여 굴삭하며, 밀려나오는 흙의 상태를 보고 토질을

판별하는 방법

② 수세식 보링 : 물을 주입하여 흙과 물을 같이 배출시켜 침전된 상태로 지층의 토질을 판별하는 법으로 깊이 30m 정도의 연질층에 적당

③ 충격식 보링 : 토사, 암석을 파쇄하여 천공하는 방법으로 구멍벽의 붕괴 및 침수방지를 위하여 황색점토 또는 벤토나이트액 등의 굳은 지층까지 깊이 뚫어보는 방법

④ 회전식 보링 : 비트(Bit)를 회전시켜 굴삭하는 방법으로 토사를 분쇄하지 않고 연속으로 채취할 수 있으므로 보링의 종류 중 가장 정확한 방법 중의 하나이다.

3. 샘플링(Sampling : 시료채취)

(1) 시료의 종류

① 교란시료(Disturbed Sample) : 흐트러져 버린 시료로 흙의 물리적 특성파악에 쓰인다.

② 불교란시료(Undisturbed Sample) : 자연상태를 유지하는 시료

(2) 불교란시료 채취방법

① 딘 월 샘플링(Thin Wall Sampling) : 시료 채취기(Sampler)의 샘플링 튜브가 얇은 살로 된 것으로 시료를 채취(연약한 점토의 채취에 적합)

② 콤퍼짓 샘플링(Composite Sampling)

㉮ 방법 : 샘플링 튜브의 살이 두꺼운 콤퍼짓 Sampler 사용

㉯ 적용 : N값 0~8 정도의 다소 굳은 점토 또는 다소 다져진 모래의 채취에 사용된다.

③ 덴션 샘플링(Dansion Sampling) : N값 4~20 정도의 경질점토의 샘플링에 적당

4. 사운딩(Sunding : 원위치시험)

(1) 표준 관입시험(Standard Penetration Test)

1) 정의

주로 사질토지반에서 불교란시료를 채취하기 곤란하므로 밀실도를 측정하기

위해 적용

2) 측정방법

① 추의 무게 : 63.5kg　　② 낙하고 : 75cm

③ 관입깊이 : 30cm

3) N값에 따른 지반의 밀도를 판별

모래지반		점토지반	
N값	지반상태	N값	지반상태
0~4	매우 연약	0~2	매우 무름
4~10	연약	2~4	무름
10~30	보통	4~8	보통
30~50	단단함	8~15	단단함
50 이상	매우 단단함	15~30	매우 단단함

(2) 베인테스트(Vane Test)

① 보링구멍을 이용하여 +자형 날개의 베인을 지반에 때려 박고, 회전시킬 때의 회전력으로 점토의 점착력을 판별하는 것

② 10m 이내의 연한 점토질에 사용

5. 토질시험

(1) 물리적 성질

① 함수량 시험　　② 비중시험

③ 단위용적 중량시험

(2) 역학적 성질

① 전단시험(직접 전단)

② 일축(1축) 압축시험 : 단순압축시험

③ 삼축(3축) 압축시험(간접전단) : 간접전단시험으로 자연상태와 비슷한 조건으로 시험

④ 압밀시험

6. 지내력 시험(재하시험)

(1) 평판재하시험

① 시험은 예정기초 저면에서 행한다.

② 재하판은 2,000cm² 이상의 원형, 각형을 표준으로 하고, 보통 30×30cm를 사용한다.

③ 매회 재하는 1t 이하, 예정파괴하중의 1/5 이하로 침하가 정지할 때까지 하여 침하량을 측정한다. 침하정지란 2시간에 0.1mm 이하로 침하가 증가할 때다.

④ 단기하중에 대한 허용지내력은 다음 값 중 작은 것으로 한다.

㉮ 총침하량이 20mm일 때의 하중값

㉯ 침하곡선이 항복상황을 표시할 때의 하중값

⑤ 장기하중에 대한 지내력은 단기하중에 대한 지내력의 1/2값이다.

(2) 말뚝박기시험

① 시험용 말뚝은 실제 사용할 말뚝과 똑같은 조건으로 한다.

② 시험용 말뚝은 수직으로 세워 연속적으로 박되, 휴식시간을 두지 않아야 한다.

③ 시험용 말뚝은 3개 이상으로 하며 소정의 최종 침하량에 도달하면 그 이상 박지 않는다.

④ 기초면적 1,500m² 까지는 2개의 단일 시험말뚝을 설치하고, 3,000m² 까지는 3개의 단일 시험말뚝을 설치한다.

⑤ 타격횟수 5회에 총 관입량이 6mm 이하인 경우의 말뚝은 박히는 데 거부현상을 일으키는 것으로 본다.

⑥ 최종 침하량은 5회 또는 10회 타격 시의 평균 침하량으로 한다.

⑦ 설계위치와의 수평방향 오차 10cm 이하

⑧ 말뚝의 최종 관입량과 리바운드 측정량으로 지지력을 측정한다.

Ⅲ. 지반개량공법

1. 지반개량의 일반사항

(1) 지반개량의 목적

① 지반의 지지력 증대

② 부동침하 방지

③ 지하굴착 시 안전성 확보

④ 기초의 보강

⑤ 말뚝의 가로저항력 증가

(2) 지반개량공법의 종류

공법	적용지반	종류
다짐공법	사질토	① 바이브로 플로테이션(Vibro Flotation) 공법 ② 바이브로 콤포저(Vibro Composer) 공법 ③ 다짐말뚝(Sand Compaction Pile) 공법 ④ 동압밀공법(동다짐공법 : Dynamic Compaction) ⑤ 폭파다짐공법
재하(압밀)공법	점토질	① 선행재하공법 ② 사면선단재하공법 ③ 압성토공법
치환공법	점토질	① 굴착치환공법 ② 미끄럼치환공법 ③ 폭파치환공법
탈수 및 배수공법	점토질	① Sand Drain 공법 ② Paper Drain 공법 ③ 생석회말뚝공법
	사질토	① Well Point 공법 ② Deep Well(깊은 우물) 공법
고결공법	점토질	① 소결공법 ② 동결공법 ③ 약액주입공법
혼합공법	사질토, 점성토	① 입도조정법 ② Soil Cement법 ③ 화학약제 혼합공법

2. 종류별 세부사항

(1) 다짐공법

종류	방법
진동다짐공법 (Vibro Floatation)	수평방향으로 진동하는 Vibro Float를 이용하여 사수와 진동을 동시에 일으켜 느슨한 모래지반을 개량하는 공법
Vibro Composer 공법	특수 파이프를 관입하여 모래를 투입하고 이것을 진동하여 다지면서 파이프를 빼내어 진동다짐 모래말뚝을 형성하는 공법
다짐말뚝공법	사질지반에서 모래로 지중에 말뚝을 형성하여 다지는 공법
동다짐공법	개량하고자 하는 지반에 10~200t의 중추를 크레인 또는 타워 등의 특별한 장치를 사용하여 10~40m 높이에서 낙하시켜 지표면에 충격을 주어, 이때 발생하는 충격에너지(100~4,000tf · m)가 지반의 심층까지 다짐효과를 주어 지반을 다져 강도를 증진시키는 공법
폭파다짐공법	지중에 화약류를 폭파시켜서 지반을 파괴하여 다지는 공법

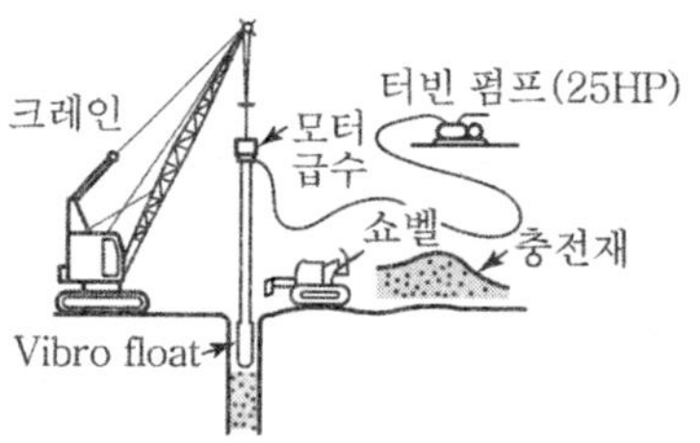

[진동다짐공법]

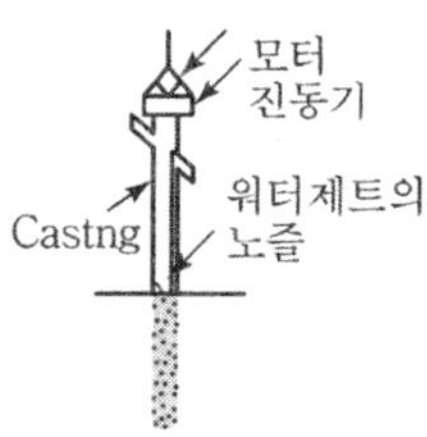

[Vibro Composer 공법]

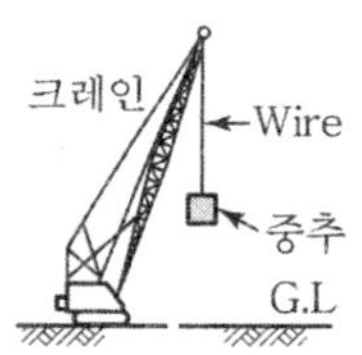

[동다짐공법]

(2) 치환공법

지반으로 흙을 양호한 흙으로 전체 바꾸어서 지반을 개량하는 방법

종류	방법
굴착치환공법	연약층의 일부 또는 전부를 굴착 제거하여 양질의 흙으로 치환하는 공법
미끄럼치환공법	양질의 치환토의 성토자중에 의해 연약층 전단면을 강제적으로 밀어내어 연약지반을 양질토로 치환하는 공법
폭파치환공법	연약층 중에 폭약을 삽입하여 폭발시킴으로써 연약토를 밀어내어 양질의 성토재와 치환하는 공법

(3) 탈수 및 배수공법

종류	내용	
웰포인트 (Well Point)공법	사질지반에 대표적인 탈수공법으로 집수장치를 붙인 파이프를 지중에 박아 이것을 지상의 집수관에 연결하여 펌프로 지중의 물을 배수하는 공법	
샌드드레인 (Sand Drain)공법	정의	점토지반의 대표적인 탈수공법으로 지름 40~60cm의 철관을 이용하여 모래말뚝을 형성한 후, 지표면에 성토하중을 가하여 점토질 지반을 압밀 탈수하는 공법
	목적	연약점토층의 수분을 탈수시켜 지반의 경화개량을 도모
	방법	① 지름 40~60cm의 철관을 적당한 간격으로 때려 박는다. ② 철관 속에 모래를 다져 넣어 모래말뚝을 형성한다. ③ 지표면에 성토하중을 가하여 모래말뚝을 통해서 수분을 탈수시킨다.
페이퍼드레인 (Paper Drain)공법	점토지반에서 모래 대신 합성수지로 된 Card Board를 사용하여 탈수하는 공법	
생석회말뚝공법	지반 내에 생석회(CaO)에 의한 말뚝을 설치하여 흙을 고결화시켜 지지력의 증대와 말뚝 주변의 지반강화를 도모하는 공법	

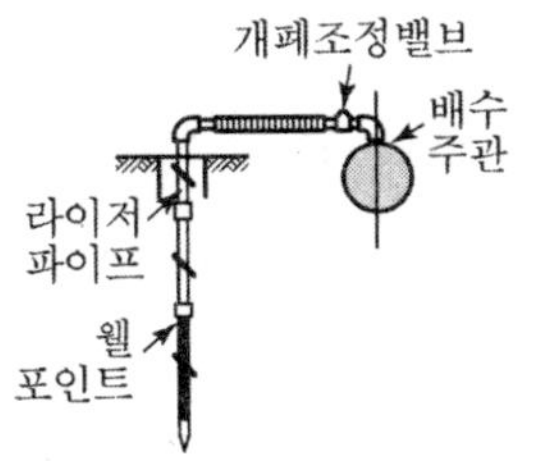

[웰포인트 공법]

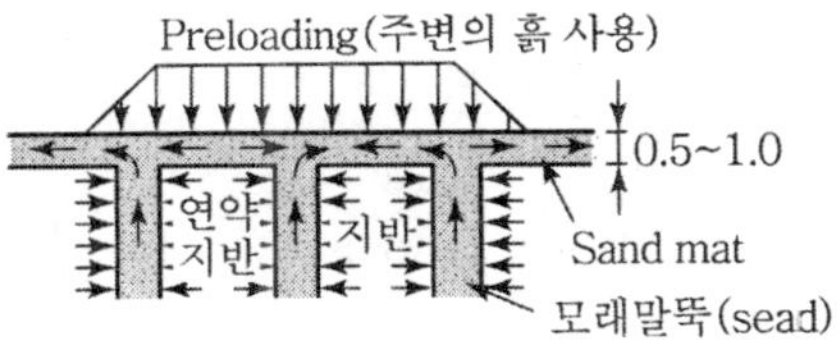

[Sand Drain 공법]

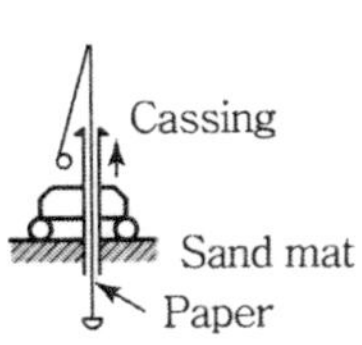

[페이퍼 드레인]

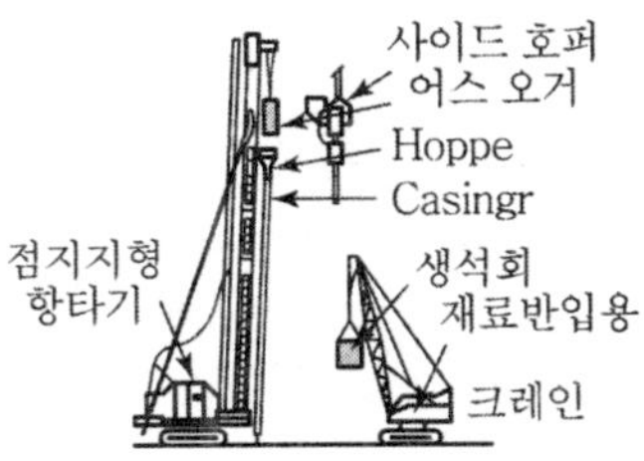

[생석회말뚝공법]

(4) 고결공법(약액주입법)

고결재를 흙입자 사이의 공극에 주입시켜 흙의 화학적 고결작용을 통해, 지반의 강도 증진 · 압축성의 억제 · 투수성의 변화를 촉진시키는 공법

종류	방법
동결공법	지중의 수분을 일시적으로 동결시켜 지반의 강도와 차수성을 향상하고 그 동안에 목적된 본공사를 실시하는 일종의 가설공법
소결공법	점토질의 연약지반 중에 보링하여 구멍을 뚫고 그 속을 가열하여 그 주변의 흙을 탈수시켜 지반을 개량하는 고결공법의 일종
약액주입공법	지반 내에 시멘트, 약액 등을 주입하여 연약지반을 고결시켜 지내력을 증진시키는 공법
J.S.P 공법 (Jumbo Special Pile)	초고압(200kg/cm²)의 제트를 이용하여 연약지반의 내력을 증가시키는 지반 고결재(시멘트 주입재)의 주입공법으로 Double Rod 선단에 Jetting 노즐을 장착하여 시멘트 주입재를 분사하면서 회전하게 하여 지반을 강화한다.

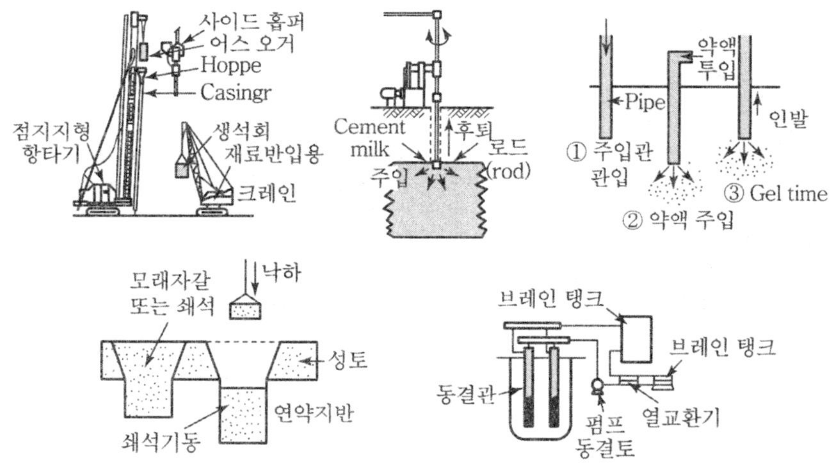

[J.S.P 공법] [약액주입공법] [동결공법]

Ⅳ. 흙막이 공법

1. 흙막이의 종류

- 지지방식에 의한 분류
  - 자립식 공법
    - 줄기초 흙막이
    - 어미말뚝식 흙막이
    - 연결재 당겨매기식 흙막이
  - 버팀대식 공법
    - 수평 버팀대식
    - 빗(경사) 버팀대식
  - 지반정착(Earth Anchor)공법
- 구조방식에 의한 분류
  - 널말뚝식 공법
    - 목재널말뚝
    - 철근콘크리트 기성재 널말뚝
    - 철재(강재) 널말뚝
  - 지하연속벽 공법
    - 주열식공법 : ICOS 공법, OWS 공법, 프리팩트파일공법, SCW 공법
    - 벽식공법 : Slurry Wall(격막법)공법
  - 구체흙막이 공법
    - 우물통(Well)공법
    - 개방잠함(Open Caisson)공법
    - 용기잠함공법

2. 널말뚝의 종류 및 흙막이의 특징

(1) 널말뚝의 재질상 종류

1) 목재 널말뚝

재료	낙엽송, 소나무 등의 생나무를 사용
사용깊이	H=4m 이하
두께	t≧L/60 또는 5cm 이상
나비	b≦3t 또는 25cm 이하

2) 기성철근콘크리트 널말뚝

3) 철재 널말뚝(Steel Sheet Pile)

① 용수가 많고, 토압이 크며, 기초가 깊을 때 사용

② 종류

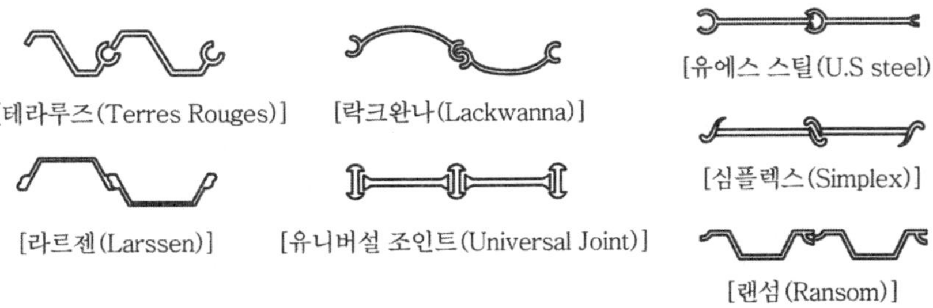

[테라루즈(Terres Rouges)] [락크완나(Lackwanna)] [유에스 스틸(U.S steel)] [심플렉스(Simplex)] [라르젠(Larssen)] [유니버설 조인트(Universal Joint)] [랜섬(Ransom)]

(2) 널말뚝 시공상의 주의사항

① 수직으로 똑바로 박는다.

② 널말뚝에 적당한 항타기를 사용하여 한 장 또는 두 장씩 박는다.

③ 널말뚝의 끝부분은 바닥면에서 깊이 박히도록 하고, 웰포인트 공법 등에 의해 지하수위를 낮춘다.

④ 널말뚝 끝부분에서 용수에 의한 유출 발생 시 흙가마니 등으로 이를 방지한다.

⑤ 널말뚝 인발기계는 세우기용의 기계를 사용한다.

(3) 흙막이에 작용하는 토압

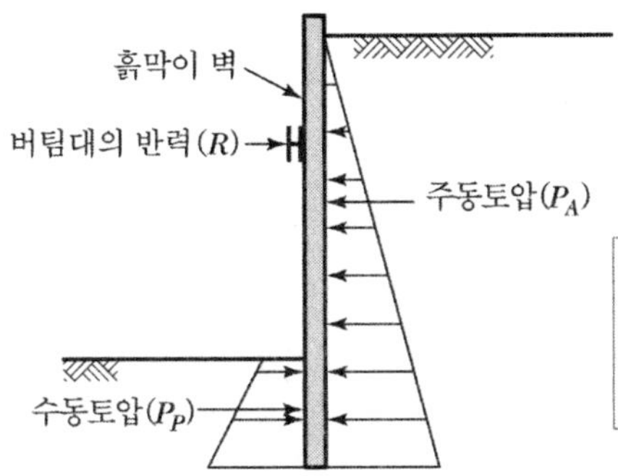

$P_A < P_p + R$일 때 안전

$P_A = P_p + R$일 때 정지토압

$P_A > P_p + R$일 때 붕괴

1) 주동토압(PA)

① 흙막이 배면에 작용하는 토압
② 벽체 밖으로 변위가 생길 때의 토압, 이때는 면을 따라 가라앉고 경사 · 급한 활동면을 이룬다.

2) 수동토압(Pp : Passive Earth Pressure)

① 벽체 안쪽으로 변위가 생길 때의 모양, 이때는 면을 따라 흙이 부풀어 오르고 활동면의 경사는 완만하다.
② 흙막이가 변위될 때 연직방향의 팽창이 생기므로 수평응력이 최대주응력이다.

(4) 흙막이의 붕괴현상

1) 종류

종류	현상
히빙 현상 (Heaving Failure)	시트 파일 등의 흙막이벽 좌측과 우측의 토압차로서 흙막이 뒷부분의 흙이 기초파기하는 공사장으로 흙막이벽 밑을 돌아서 미끄러져 올라오는 현상
보일링 현상 (Boilling of Sand Quick Sand)	모래질 지반에서 흙막이벽을 설치하고 기초파기 할 때의 흙막이벽 뒷면 수위가 높아서 지하수가 흙막이벽을 돌아 모래와 같이 솟아오르는 현상
파이핑 현상 (Piping)	흙막이벽의 부실공사로서 흙막이벽의 뚫린 구멍 또는 이음새를 통하여 물이 공사장 내부바닥으로 스며드는 현상

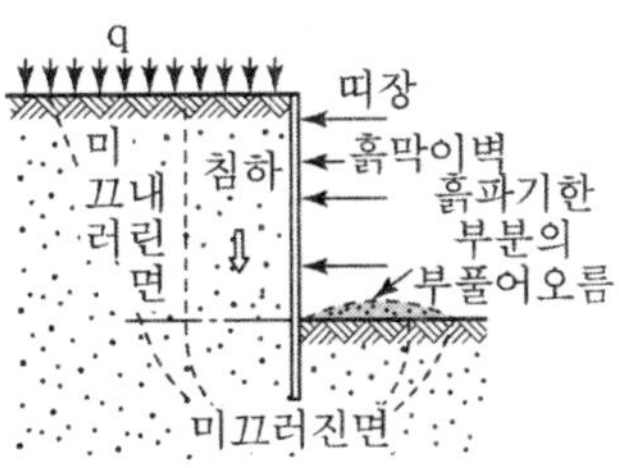

[히빙]

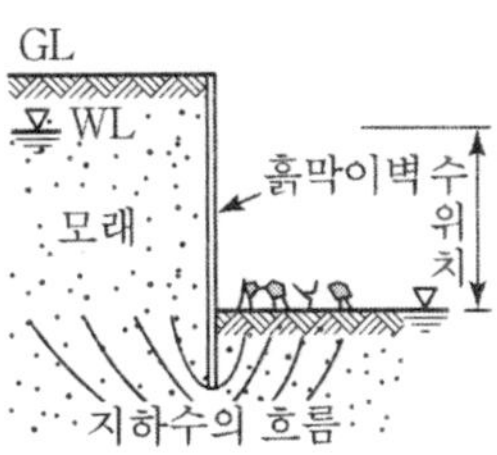

[보일링]

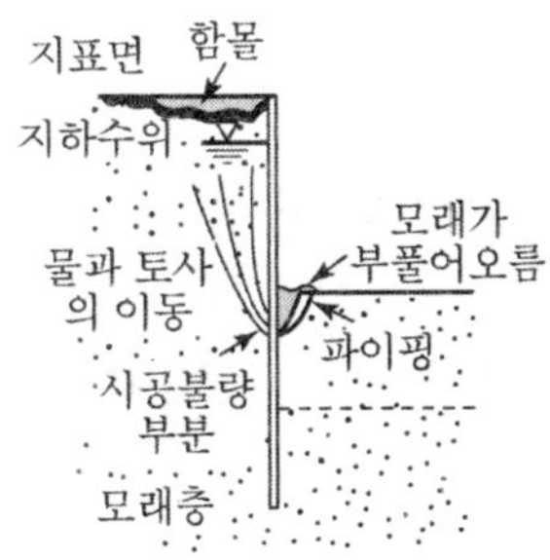

[파이핑]

2) 현상에 대한 방지대책

현상	방지대책
히빙현상	① 흙막이의 근입장을 경질지반까지 박는다. ② 부분굴착을 하여 굴착지반의 안전성을 높인다. ③ Island Cut 공법을 채용해서 흙막이벽 전면에 중량을 부여한다. ④ 약액주입공법, 동결공법 등으로 굴착저면을 고결시킨다. ⑤ 강성이 큰 흙막이를 사용한다.
보일링현상	① 흙막이의 근입장을 경질지반까지 박는다. ② 배수공법(웰포인트) 등을 이용하여 지하수위를 저하시킨다. ③ 강성이 큰 흙막이를 사용한다. ④ 약액주입공법에 의해 지수벽, 지수층을 형성한다.
파이핑현상	① 차수성이 높은 흙막이 공법 시공 ② 흙막이벽 밀실 시공 ③ 지하수위 저하 ④ 지반 고결

(5) 흙막이 공사 시 주의사항

① 재료의 허용응력도는 장기허용응력도와 단기허용응력도의 평균값으로 한다.

② 건축공사에 지장이 없도록 설치하며, 가급적 바꾸어 대기를 금한다.

③ 버팀보의 격점, 접합부에는 버팀대, 가새, 귀잡이 등으로 보강한다.

④ 받침기둥, 수평버팀대 등이 떠오르지 않게 하중 또는 인장재를 설치하고 수평버팀대는 중앙부가 약간 처지게 설치(경사 1/100~1/200 정도)

⑤ 지보공의 철거는 되메우기 완료 후 안전을 확인한 후에 철거하며, 제거한 다음 구멍은 모래 등으로 잘 메운다.

⑥ 띠장의 이음위치는 버팀대 간격의 1/4 지점에서 설치한다.

3. 흙막이 공법의 종류

(1) 줄기초 흙막이

① 깊이 1.5m, 너비 1m 정도 팔 때 옆벽이 무너질 것을 고려하여 널판, 띠장, 버팀대를 사용한 것으로 2m으로 이상 깊으면 표토를 걷어내고 한다.

② 버팀대 간격은 1.5~2m 정도로 설치한다.

(2) 어미 말뚝식 흙막이

흙막이 널말뚝 대신에 어미말뚝을 사용하는 것

(3) 연결재 또는 당겨매기식 흙막이

지반이 연약하여 버팀대로 지지하기 곤란한 넓은 대지에 사용

(4) 버팀대식 흙막이

1) 빗버팀대식

① 널말뚝을 박는 부분의 줄파기를 하고 규준띠장을 댄다.
② 규준띠장 사이에 널말뚝을 박고 띠장부분까지 온통파기를 한 다음 중앙부를 파낸다.
③ 버팀 말뚝 및 버팀대를 대고 주변부의 흙을 파낸다.

2) 수평버팀대식

① 빗버팀대와 같이 중앙부의 흙을 파내고 중간 지주말뚝을 박는다.
② 띠장, 버팀대를 견고히 댄 다음 휴식각에 따라 남겨둔 흙을 파낸다.
※ 버팀대의 위치 : H/3(H : 기초파기 밑바닥에서 그 깊이), 띠장의 이음위치 : l/4

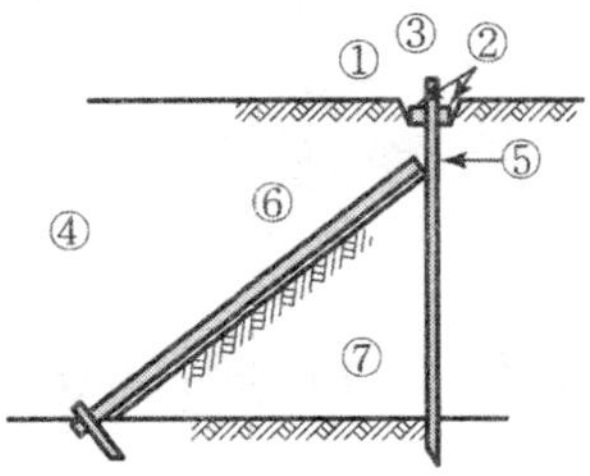

① 줄파기 ② 규준대대기
③ 널말뚝박기 ④ 중앙부 흙파기
⑤ 띠장대기 ⑥ 버팀말뚝 및 버팀대대기
⑦ 주변부 흙파기

[빗버팀대식 공법]

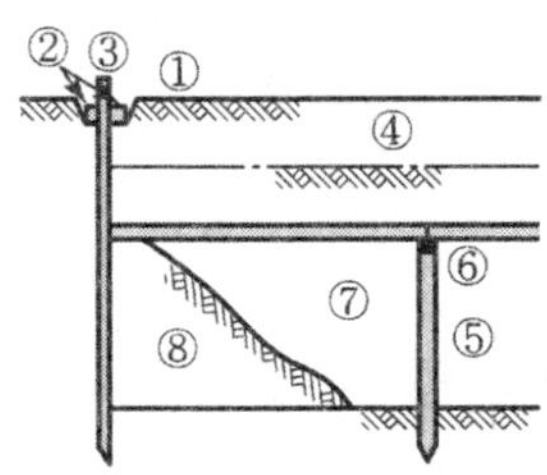

① 줄파기, 규준대대기, 널말뚝박기
② 흙파기 ③ 받침기둥박기
④ 띠장, 버팀대대기 ⑤ 중앙부 흙파기
⑥ 주변부 흙파기

[수평버팀대식 흙막이]

(5) 지반정착(Earth Anchor) 공법

1) 공법의 정의

버팀대 대신 흙막이벽 배면을 원통형으로 굴착하여 앵커체에 의해 벽을 지탱하는 공법. 버팀대가 없으므로 굴착공간을 넓게 확보 가능, 대형 기계반입가능과 공기 단축효과 기대

2) 시공순서

① 어미말뚝(엄지 말뚝 : H형강) 설치
② 흙파기
③ 토류판(흙막이 벽판)
④ 어스앵커 드릴로 구멍 천공
⑤ P.S 케이블 삽입 후 그라우팅
⑥ 띠장설치
⑦ 앵커 긴장 및 정착

3) 장점 및 단점

장점	단점
① 넓은 작업공간 확보 ② 굴착 시 기계화 시공 가능 ③ 경사면과 부정형인 굴착평면에 시공 용이 ④ 공기단축	① 주변대지 사용에 대한 인접지 동의가 필요하다. ② 앵커체 부위의 토질이 불확실한 경우는 위험하다. ③ 지하 매설물에 주의

(6) 지하 연속벽(Slurry Wall)공법(2006년 개정 건축공사 표준시방서)

1) 공법의 정의

특수하게 고안된 클렘셀로 도랑(Trench : 길이 2.5~6m, 폭 60 내지 80cm 및 최대깊이 120m)을 굴착하여 철근 콘크리트를 타설하는 작업을 연속함으로써 지

중에 연속된 철근 콘크리트 벽을 형성하며 이 벽은 차수벽 역할을 하게 된다.

2) 장단점

장점	단점
① 무진동, 무소음 시공 가능 ② 벽체강성이 크다. ③ 차수성이 높다. ④ 각종 지반조건에 적용 가능 ⑤ 단면 형상 자유롭게 선택	① 공사비가 고가이다. ② 고도의 기술, 경험이 필요 ③ 벤토나이트 이수처리 곤란 ④ 품질관리 어렵다.

3) Slurry Wall 시공순서

㉮ Guide Wall 설치 및 안정액 Plant 설치 → ㉯ 굴착 → ㉰ 안정액 투입 → ㉱ Inter Locking Pipe 설치 → ㉲ 철근망 설치 → ㉳ 트레미관 설치 → ㉴ 콘크리트 타설 → ㉵ Inter Locking Pipe 인발 → ㉶ 양생

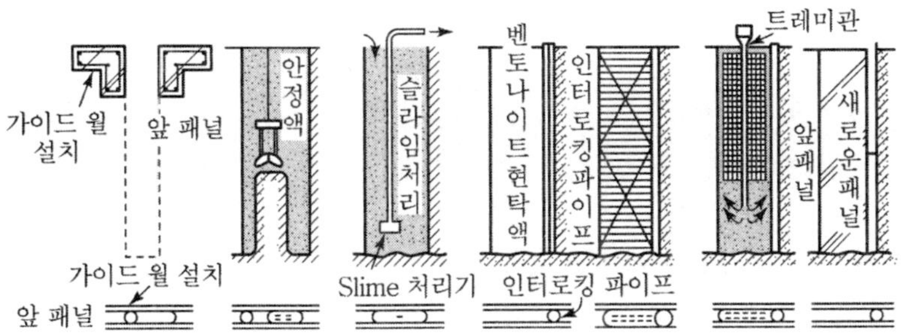

4) 시방기준

① 단위패널길이는 5m를 표준으로 하고 9m를 초과하지 못한다.

② 철근망과 트랜치(Trench) 측면과는 최소 100mm 피복을 유지한다.

③ 지하연속벽의 최소두께는 구조물의 응력해석에 따라 0.6~1.5m 또는 그 이상으로 결정한다.

④ 타설콘크리트는 포틀랜드시멘트를 사용하며, 최대 골재치수는 13~25mm 이하, 공기함유율은 4.5±1.5%, 설계기준강도는 20.6~29.4N/mm², 단위시멘트량은 350kg/m³ 이상, 물시멘트비는 50% 이하, 슬럼프치는 180~210mm, 배합설

계는 설계강도의 125% 이상으로 한다.

5) Guide Wall 설치목적

① 표토의 붕괴 방지
② 안정액의 순환
③ Trench의 역할
④ 규준대 역할(지중벽 두께, 위치, 수평정밀도)
⑤ 정확한 콘크리트 타설

6) 안정액의 기능

① 굴착벽면의 붕괴를 막는 기능
② 안정액 속의 슬라임 부유물의 배제 역할
③ 굴착토를 지상으로 방출하는 기능
④ 굴착부분의 마찰저항을 감소
⑤ 물의 유입 방지를 막는 지수효과 성능

V. 흙파기 공법

1. 흙파기 시 주의사항

(1) 비탈진 오픈 컷 공법

① 흙막이를 설치하지 않는 경우 흙파기 경사각 : 휴식각의 2배 또는 윗면 나비
※ 휴식각 : 흙의 응집력, 부착력을 무시한 때. 즉, 마찰력만으로 중력에 대하여 정지하는 흙의 경사면 각도
② 윗면 터파기 나비 : $L = l + (0.3H \times 2)$
③ 보통 1人 1일 굴토량(깊이 1m, 물이 나지 않을 때) : 2.8~5m³
④ 기초파기 시 여유길이 : 좌우 15cm 이상
⑤ 삽으로 던지는 거리 : 수평 2.5m, 수직 1.5~2m를 기준으로 한다.
⑥ 되메우기

㉮ 다짐 : 30cm마다 적당한 기구로 다질 것
㉯ 기초벽 : 완성 후 3~5일 이상 경과 후 되메우기

(2) 흙파기에 따른 토량의 변화

① 점토 : 20~45%
② 보통 흙 : 30% 정도
③ 모래+점토+자갈 : 30%
④ 모래 또는 자갈 : 15% 정도

2. 흙파기 공법의 종류

(1) 오픈 컷(Open Cut) 공법

① 비탈지운 오픈 컷 공법 : 굴착단면을 토질의 안정구배인 사면(斜面)이 유지되도록 하며 파내는 방법
② 흙막이 오픈 컷 공법 : 널말뚝을 건물의 주위에 박고 지보(支保)하여 소정의 깊이까지 파내고 기초를 구축하는 방법

(2) 아일랜드 컷 공법(Island Cut Method)

1) 정의

중앙부를 먼저 굴토하여 기초 또는 지하 구조물을 형성하고 이 구조물에다 버팀대를 지지시킨 다음에 주변을 굴착하는 공법으로 비교적 기초 흙파기의 깊이가 얕고 면적이 넓은 경우에 사용한다.

2) 장단점

장점	단점
① 대지 전체에 건축물을 구축할 수 있다. ② 가설재가 적어도 된다.(30~50% 절감 가능) ③ 광대한 공사에서는 가설재의 변형이 적다. ④ 내부 굴착 시 기계화 시공이 가능하다.	① 깊은 굴착에 적합하지 못하다. ② 지하공사를 2회 실시하므로 공기가 길어진다. ③ 외부 토압을 비탈면 부분이 지지하므로 비탈면의 건조수축으로 말뚝 두부의 변형이 커질 수도 있다.

(3) 트렌치 컷(Trench Cut) 공법

1) 정의

아일랜드 공법의 역순으로 구조물 위치 전체를 동시에 파내지 않고 측벽이나 주열선 부분만을 먼저 파내고 그 부분의 기초와 지하 구조체를 축조한 다음 중앙부의 나머지 부분을 파내어 지하 구조물을 완성하는 공법이다.

2) 장단점

장점	단점
① 연약지반으로 일시에 전체 굴삭이 어려울 때 유리 ② 면적이 넓고 깊이가 얕을 때 유리 ③ 버팀대 처짐, 변형이 작다.	① 2중 널말뚝 박기로 공기가 길어진다. ② 공사비 증대 ③ 깊은 기초에 부적당

예제 **15. 아일랜드 컷(Island Cut) 공법과 역순으로 흙파기 하는 공법은?**

㉮ 트렌치 컷(Trench Cut) 공법　　㉯ 잠함(Caisson) 공법
㉰ 타이로드(Tie Rod) 공법　　㉱ 오픈 컷(Open Cut) 공법

●●●●● 해답 ㉮

(4) 역타(Top-down) 공법

1) 공법의 정의

① 지하연속벽(Slurry Wall, Diaphragm Wall)에 의해 지하층 외부옹벽과 지하층 기둥을 토공에 앞서 선시공하며, 토공단계별로 토공작업과 Slab 등 구조물 시공을 반복하면서 위에서 아래로 지하층을 완성해나가는 공법이다.

② 도심지 내 공사 여건이 연약한 부분에서 지하층 시공 시와 Open Cut 공법, 지보공(Srtut) 공법, Earth Anchor 공법 등 적용이 어려운 장소에서 사용한다.

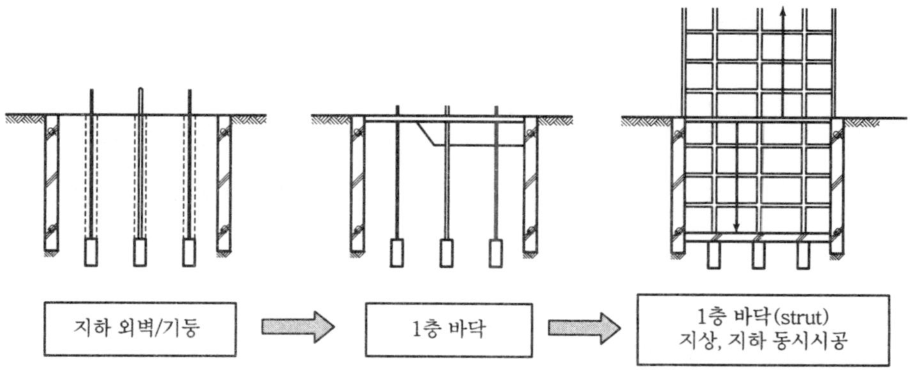

2) 장단점

장점	단점
① 소음, 진동이 적어 도심지 공사에 적합하다.	① 기둥, 벽 등 수직부재 이음이 곤란
② 상하 동시 공사 진행이 가능하므로 공기단축	② 굴착장비 소형 필요
③ 주변지반 및 인접건물에 미치는 영향이 적다.	③ 사전 공사계획이 치밀해야 한다.
④ 기상조건에 관계없이 작업가능	④ 지하작업 조명, 환기설비, 화재예방대책 필요
⑤ 가설공사 불필요	⑤ 공사비 상승 우려

Ⅵ. 계측관리 및 토공사용 장비

1. 일반사항

(1) 개념

구조물 설계자료와 거동 예측자료, 현장 계측자료와 비교 검토하여 시공 중 안전상태 파악 및 위험 예측 시 보강대책을 강구할 수 있게 정량적 수치자료를 제공하는 공정

(2) 특성

① 안정성 확보
② 공사비 절감(과다 설계수정)
③ 2공정 조절 가능
④ 기술 향상 유도

2. 계측기

(1) 응력(Stress)계측기기

① 토압계
② 유압식 토압계(Earth Pressure Meter)
③ Lever and Staff

(2) 변위(Strain)계측 기기

① Piezo Meter(간극수압계)
② Water Level Meter(지하수위계)
③ Strain Gauge(응력변형계)
④ Transit(수평이동측정)
⑤ Inclino Meter(경사계)
⑥ Load Cell(토압변위측정)

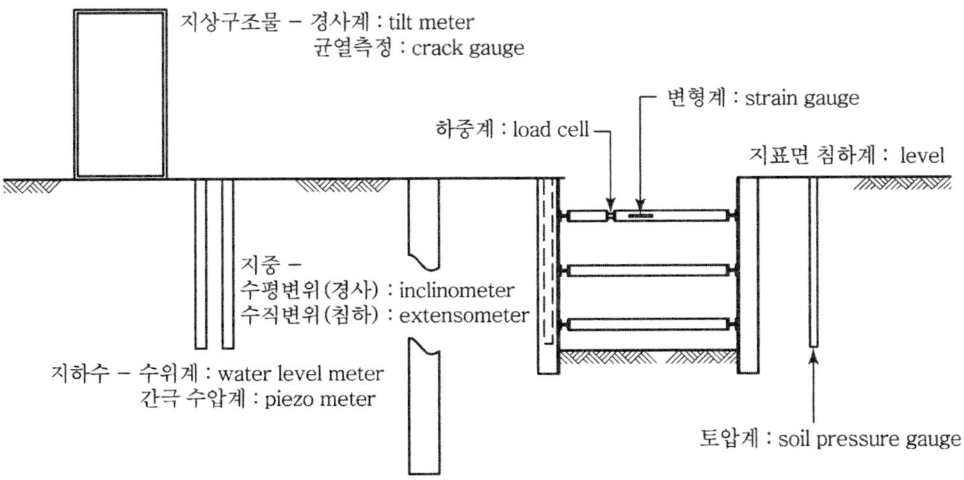

(3) 토공사용 기계

구분	종류	특성
굴착용	파워쇼벨	지반면보다 높은 곳의 땅파기에 적합하며 굴착력이 크다.
	드래그쇼벨(백호)	지반보다 낮은 곳에 적당하며 굴착력이 크고 범위가 좁다.
	드래그라인	• 기계를 설치한 지반보다 낮은 곳 또는 수중 굴착 시 적당 • 굴착력은 약하나 작업범위가 광범위하다.
	클램셸	좁은 곳의 수직굴착, 자갈 적재에도 적합하다.

	트랜처	도랑파기, 줄기초 파기
정지용	불도저	운반거리 50~60m(최대 100m)의 배토, 정지작업 1일 배토량 운반거리 30m일 때 100~300m^3 /1일
	앵글도저	배토판을 좌우로 30° 회전하며 산허리를 깎는 데 유리
	스크레이퍼	흙을 긁어모아 적재하여 운반하며 100~150m의 중거리 정지공사에 적합
	그레이더	땅고르기 기계로 정지공사 마감이나 도로 노면정리
싣기용	크롤러로더	굴착력이 강하며, 불도저 대용으로도 쓸 수 있다.
	포크리프트	창고하역이나 목재싣기에 사용된다.
운반용	컨베이어	벨트식과 버킷식이 있고 이동식이 많이 사용된다.

Ⅶ. 지정 및 기초공사

1. 연약지반(부동침하)에 대한 대책

(1) 부동침하 원인

① 지반이 연약한 경우
② 연약층의 두께가 상이할 때
③ 이질 지층일 때
④ 낭떠러지에 접근되어 있을 때
⑤ 일부 증축 시에
⑥ 지하수위 변경 시
⑦ 지하에 매설물, 구멍 있을 때
⑧ 메운 땅일 때
⑨ 이질 지정했을 때

(2) 부동침하 방지대책

상부구조에 대한 대책	하부구조에 대한 대책
① 건물의 중량 분배 고려 ② 건물의 평면길이를 짧게 할 것 ③ 인접 건물과의 거리를 멀게 할 것 ④ 건물의 강성을 높일 것 ⑤ 건물의 경량화	① 경질지반에 지지시킬 것 ② 마찰말뚝을 사용할 것 ③ 지하실을 사용할 것 ④ 기초 상호 간을 연결할 것

(3) 언더피닝(Under Pinning) 공법

1) 정의

기존 건축물 가까이 신축공사를 하고자 할 때 기존건물의 지반과 기초를 보강하는 공법

2) 적용대상

① 기존 건축물의 지지력 부족
② 건축물이 침하하여 복원하는 경우
③ 건물을 이동할 경우
④ 기존 구조물 밑에 지중 구조물을 설치할 경우

3) 종류

① 이중널말뚝 공법
② 차단벽 공법
③ 현장타설 콘크리트 말뚝공법
④ 강제 말뚝 공법
⑤ 지반 안정공법 사용

2. 기초의 종류

(1) 기초판의 형식에 따른 종류

① 독립기초 : 단일 기둥을 받치는 구조
② 복합기초 : 2개 이상의 기둥을 1개의 기초판으로 받치는 구조
③ 연속기초(줄기초) : 벽 또는 1열의 기둥을 받치는 기초
④ 온통기초(매트기초) : 건물하부 전체에 걸쳐 받치는 기초

(2) 지정형식에 의한 분류

① 직접기초(얕은기초) : 기초판으로 직접 지반에 전달하는 기초

② 말뚝기초 : 기초판을 말뚝위에 설치한 기초

③ 피어기초 : 피어(Pier)를 지반에 설치하고 위에 기초판을 설치한 기초

④ 잠함기초 : 피어의 일종이나 피어보다 대형 굴착을 한다.

3. 직접기초(보통 지정)

(1) 잡석 지정

1) 정의

지름 15~30cm 정도 잡석을 세워서 깔고 사춤자갈을 20~30% 채우고 다지는 지정(가장자리에서 중앙부로 다진다.)

2) 목적

① 이완된 지표면을 다짐

② 콘크리트 두께 절약

③ 방습 및 배수처리

④ 기초 콘크리트 타설 시 흙이 섞이지 않게 하기 위한 것

(2) 모래 지정

지반이 연약하나 하부 2m 이내에 굳은 층이 있어 말뚝을 박을 필요가 없을 때 그 부분을 파내고 모래를 넣고 30cm마다 물다짐하여 전체 다짐두께 1m 정도 설치한다.

(3) 밑창콘크리트 지정

1) 정의

① 1 : 3 : 6 배합으로 두께 5~6cm 콘크리트를 치는 것

② 먹줄치기, 거푸집 설치 등이 용이하며, 잡석의 유동을 막기 위한 것

2) 사용 목적

① 먹줄치기 용이 ② 거푸집 설치가 용이

③ 철근 배근이 용이 ④ 바깥 방수의 바탕

4. 말뚝 지정

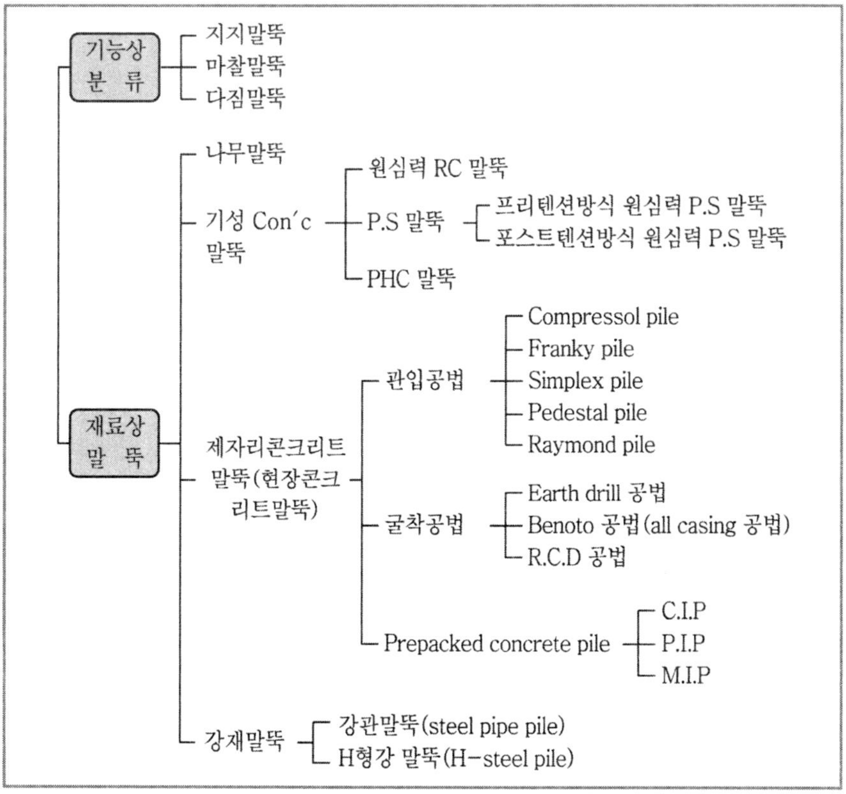

(1) 말뚝의 분류(기능상)

① 지지말뚝 : 연약지반을 관통시켜 굳은 층에 도달시켜 선단의 지지력에 의하는 말뚝

② 마찰말뚝 : 연약층이 깊어 굳은 층에 지지할 수 없을 때 말뚝과 지반의 마찰력에 의하는 말뚝으로 사질지반에 적당하다.

③ 다짐말뚝 : 무리말뚝이라고도 하며, 말뚝을 박아 지반을 밀실하게 다지는 말뚝

(2) 말뚝지정의 분류 및 비교

구별	나무말뚝	기성콘크리트말뚝	H형강말뚝	제자리콘크리트말뚝
간격	2.5d 이상 60cm 이상	2.5d 이상 75cm 이상	2.5d 이상 90cm 이상	2.5d 이상 90cm 이상
길이	보통 4.5~5.4m 7m이상은 곤란	보통 6~10m 최대 15m	보통 30m 최대 70m	최대 30m
특징	• 상수면이 얕고 경량건물에 적당하고 현재는 거의 사용치 않음 • 항상 지하 상수면 이하에서 사용 • 낙엽송의 생목 • 휨율 1/50 이하	• 상수면이 깊고 중량 건물에 적당 • 주근은 6개 이상, 말뚝 단면의 0.8% 이상, 말뚝지름 이상을 지층에 관입	• 깊은 연약층에 지지 • 중량건물에 적당 • 수평방향 빗나감은 설계위치에서 10cm이하	• 연약점토층이 깊을 때 적합 • 소요길이, 크기가 자유롭다. • 소음이 없다. • 시공상태 확인이 곤란하다.

(3) 말뚝의 선택

① 동일 건물에서는 말뚝 길이를 달리하거나 나무말뚝과 콘크리트 말뚝, 콘크리트 말뚝과 기타 다른 종류의 말뚝을 혼용하지 않는 것이 좋다.

② 나무 말뚝은 지하 상수면 이하에 두고 그 상수면도 장차 저하될 것을 고려해야 한다.

③ 말뚝 하나의 지지력에는 한도가 있으므로 길이는 비교적 적게 하고 수량을 많이 한다.

④ 토질에 따라서 무리 말뚝의 지지력은 단일 말뚝 지지력보다 감소한다.

(4) 말뚝 시공 시 유의사항

① 말뚝 중심으로부터 기초판 끝까지의 거리(연단거리)는 말뚝지름의 1.25배 이상으로 한다.

② 말뚝의 간격은 기초판이 허용하는 범위 내에서 가급적 넓게 박으며 정렬배치와 엇모배치의 형태가 있다.

③ 말뚝은 그 지지력이 증가되도록 주위 말뚝을 먼저 박고 점차 중앙부의 말뚝을 박는 순서로 계획한다.(다짐 말뚝인 경우)

(5) 말뚝박기 공법

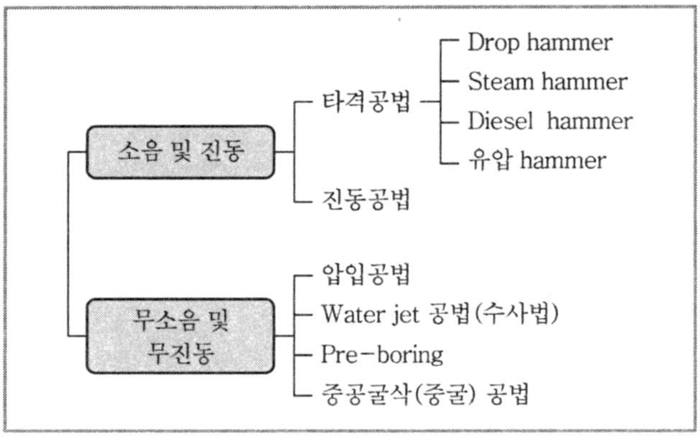

1) 소음 및 진동(기존공법)의 종류

종류		내용
타격공법	Drop Hammer (떨공이)	지름 45mm 정도의 쇠막대 또는 철관을 심대(rod)로 쓰고, 공이는 소요중량 300~600kg의 것을 사용하며, 윈치로 로프를 당겨 공이를 끌어올려 자유낙하로 말뚝을 타설한다.
	Steam Hammer	증기압을 이용해서 타입하는 기계로 기체가 완전히 말뚝머리에 올려져 있어 말뚝머리 파손이 적다.
	Diesel Hammer	㉮ 비교적 좁은 장소에서도 작업할 수 있으며 타입정도가 높다. ㉯ 최근 가장 널리 쓰이는 기계로 타격에너지가 크다.
	유압 Hammer	㉮ 유압을 이용하여 램을 상승·낙하시켜 타격에너지를 얻는다. ㉯ 램 낙하고 조절이 가능하고, 저소음 공법으로 기름·연기의 비산이 없다.
진동공법		상하로 작동하는 진동기를 이용하여 박는 공법

2) 무소음, 무진동공법

종류	내용
프리보링(Preboring)공법	미리 구멍을 뚫고 굴착한 후에 말뚝을 타입하는 공법
수사(Water Jet) 공법	말뚝선단에서 고압의 물을 분사하여 타입하는 공법
압입(壓入) 공법	Jack으로 말뚝머리에 큰 하중을 가하여 박는 공법
중공굴삭(중굴) 공법	말뚝의 중공부(中空部)에 오거를 삽입하여 매설하는 공법

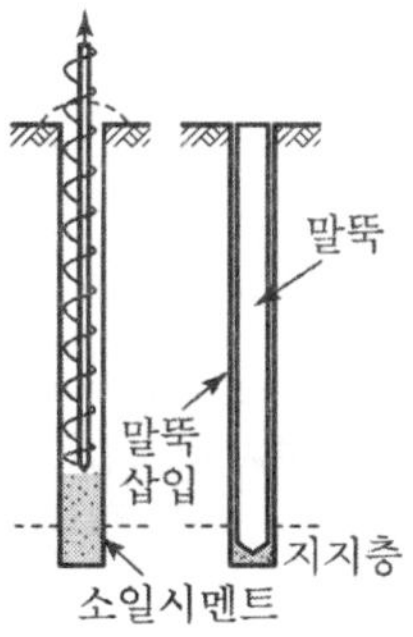

[프리보링공법]

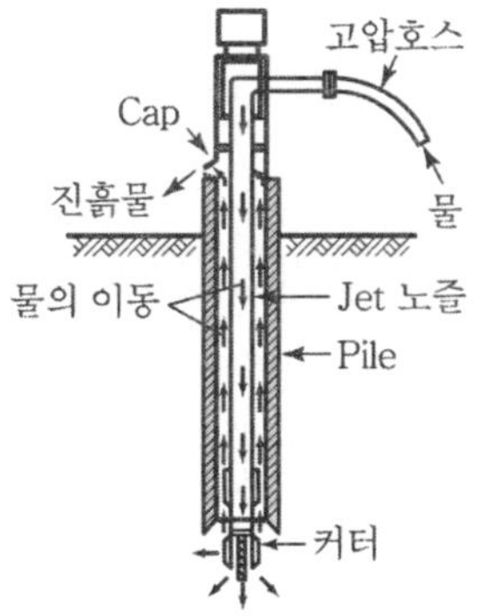

[Water Jet 공법]

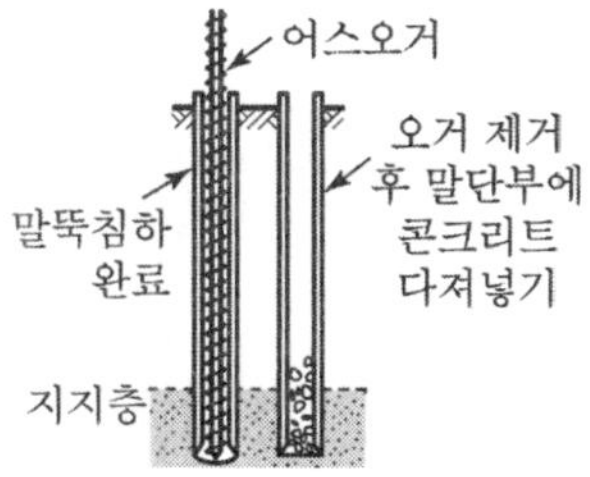

[중공굴삭공법]

(6) 말뚝 이음방법

충전식 이음	이음부위에 콘크리트를 충전하여 연결하는 방식
볼트식 이음	특수 커플러(Coupler)를 사용해서 볼트를 채우는 방식
용접식 이음	말뚝 상호간의 철근을 용접하여 연결하는 방식
장부식 이음	이음부에 band를 채워서 연결하는 방식

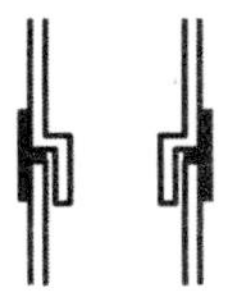

[장부식]

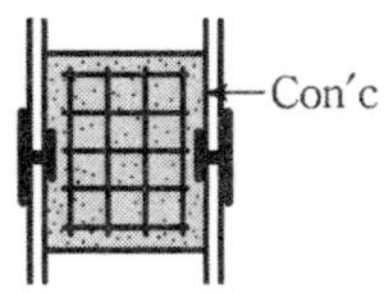

[충전식]

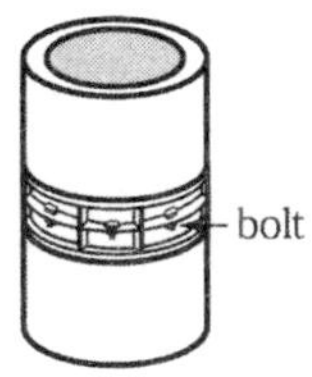

[볼트식]

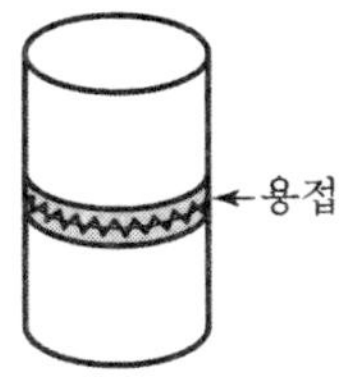

[용접식]

(7) 제자리 콘크리트 말뚝의 종류와 특징

1) 관입 공법

종류	정의
컴프레솔 파일 (Compressol Pile)	끝이 뾰족한 추로 천공하고, 끝이 둥근 추로 콘크리트를 다져 넣은 다음 평면진 추로 다지는 공법 [3개의 추]
심플렉스 파일 (Simplex Pile)	굳은 지반에 외관을 쳐박고 콘크리트를 추로 다져 넣으며 외관을 빼내는 공법 [외관(철제 쇠심)+추]

레이몬드 파일 (Raymond Pile)	얇은 철판의 외관에 심대를 넣어 처박은 후 심대를 빼내고 콘크리트를 다져 넣는 공법 [얇은 철판제의 외관+심대, 유곽]
페데스탈 파일 (Pedestal Pile)	심플렉스 파일을 개량한 것으로 지내력을 증진하기 위하여 말뚝선단에 구근(球根)을 형성하는 공법 [외관+내관, 구근형성]
프랭키 파일 (Franky Pile)	외관을 추로 내리쳐서 소정의 깊이에 도달하면 내부의 마개와 추를 빼내고 Con'c를 넣어 추로 다져 외관을 들어 올리면서 선단 구근말뚝을 형성하는 공법 [외관(주철제 원추형의 마개)+추, 합성말뚝]

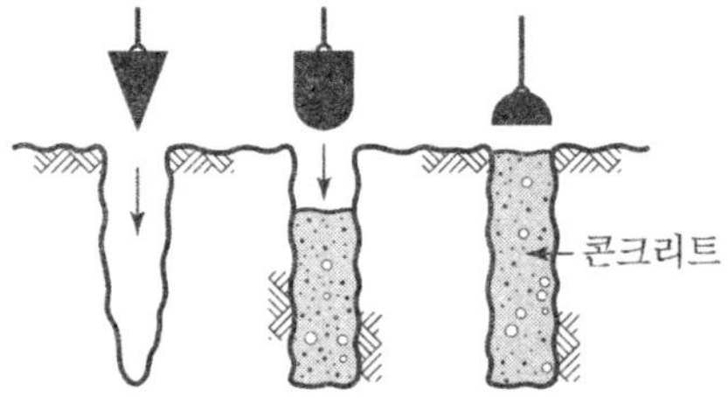

[컴프레솔 파일]

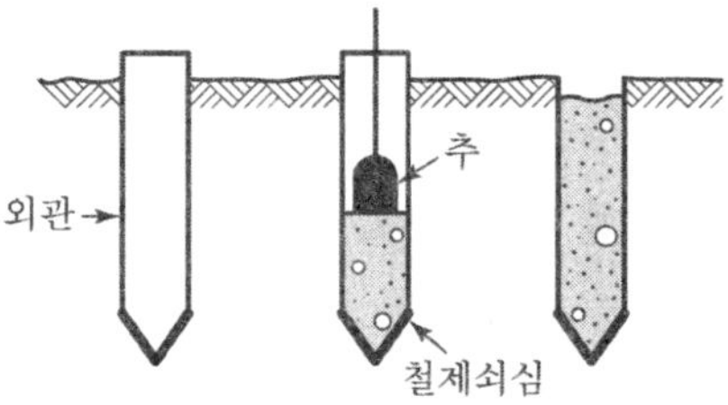

[심플렉스 파일]

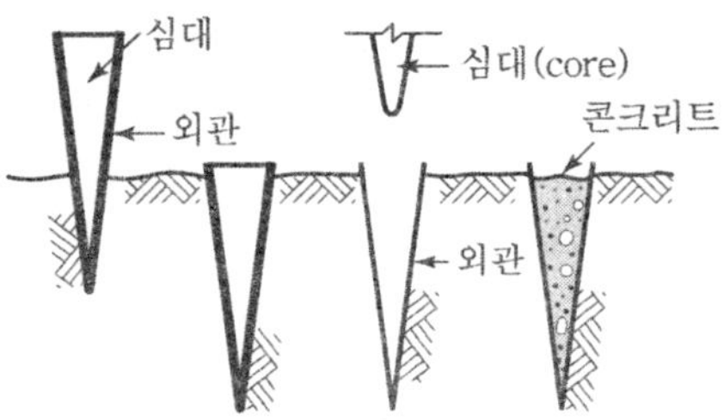

[레이몬드 파일]

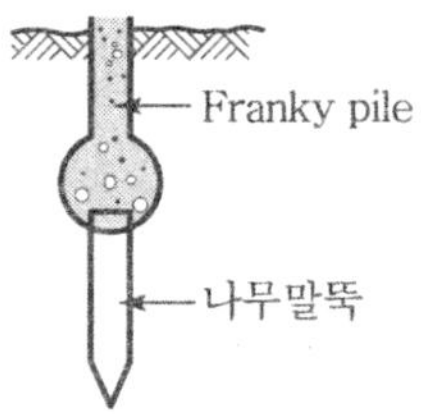

[프랭키 파일]

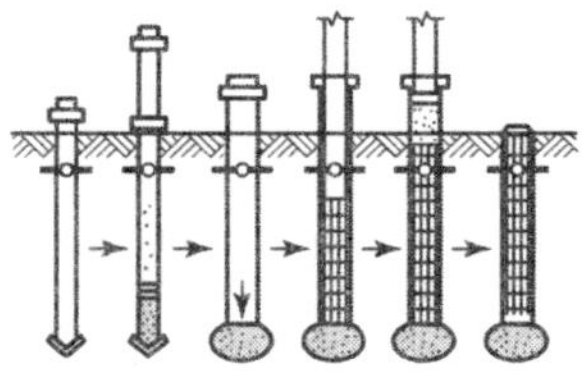
[페데스탈 말뚝]

2) 굴착 공법

① 어스드릴(Earth Drill) 공법

미국 칼웰트사에서 고안된 후 개량된 대구경 보링기기에 의한 현장타설 콘크리트 말뚝을 시공하는 공법으로 칼웰드 공법으로도 불린다.

장점	단점
• 점성토에 가장 접합한 기초파기 공법이다. • 무소음, 무진동 굴삭이 가능하다. • 기계설비가 간단하고 기동성이 높다. • 굴착속도가 빨라 공기를 절감할 수 있다.	• 붕괴하기 쉬운 모래지반 등에는 적합하지 않다. • 캐리바(carry bar)의 길이에 한도가 있고 긴 말뚝에는 적합하지 않다. • 안정액을 사용하므로 발수처리가 곤란하다.

② 베노토(Benoto) 공법

직경 1~1.2m의 지반 천공기를 써서 케이싱을 삽입하여 피어 기초를 만드는 공법으로 전체 케이싱(All Casing)에 의한 현장타설 콘크리트 말뚝기초 시공에 쓰이며, 강재 Casing Tube를 요동압입시키면서 해머그랩 굴삭기에 의해 굴착 후 Concrete를 부어 넣는다.

장점	단점
• 굴착하는 전체에 외관(Casing)을 박고 공사하여 공벽붕괴를 방지한다. • 어떤 지반에서도 시공이 가능하다. • 최대심도 120m까지 기초시공이 된다. • 무소음, 무진동, 무침하로 저렴하게 시공할 수 있다. • 경사시공에 의해 지면을 확대시킬 수 있다.	• 기계가 대형이라 공사비가 고가이다. • 케이싱을 뽑아 올릴 때 철근이 따라 올라갈 염려가 있다. • Tube의 유압계통 보수관리에 유의해야 한다. • 주위환경에 제약을 받고, 기계가 부족하면 시공기간이 길어진다.

③ 리버스 서큘레이션(Reverse Circulation)

역순환공법으로 지하수위보다 2m 이상 높게 물을 채워 정수압 $2t/m^2$ 과 이수를 안정액으로 하여 공벽붕괴를 방지한다.

장점	단점
• Bit의 교환에 의해 임의의 직경으로 시공이 가능하다. • 무진동, 무소음 공법이다. • Rotary Table장치와 Suction Pump, 유압펌프 등의 장치를 따로 분리할 수 있어서 좁은 장소나 수상시공이 가능하다. • Carry Bar와 Drill Rod를 짧게 할 수 있어서 높이에 제한받는 장소에서도 가능하다.	• 다량의 물을 사용하므로 수원이 필요하다. • 침전조를 필요로 하므로 공간이 필요하다. • Casing이 없으므로 토질, 입지조건에 따라 붕괴의 위험이 있고 인접 구조물에 영향을 줄 위험도 있다.

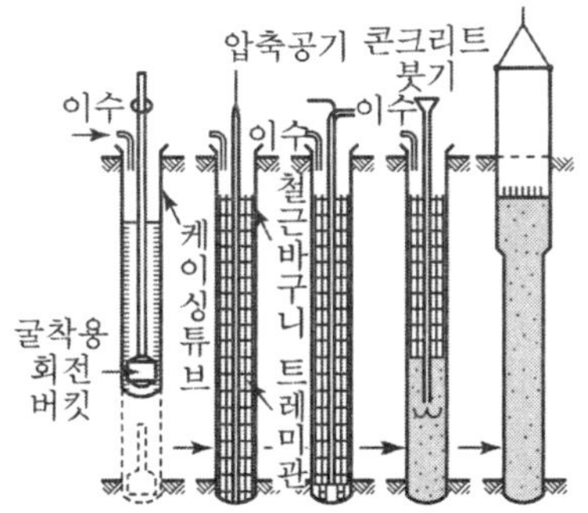

[어스드릴 공법]

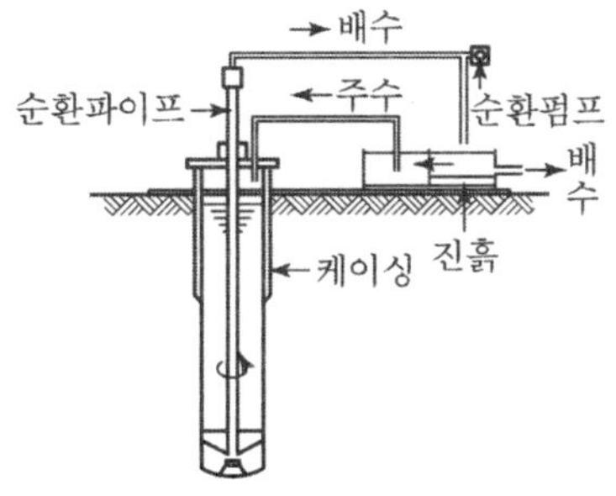

[RCD 공법]

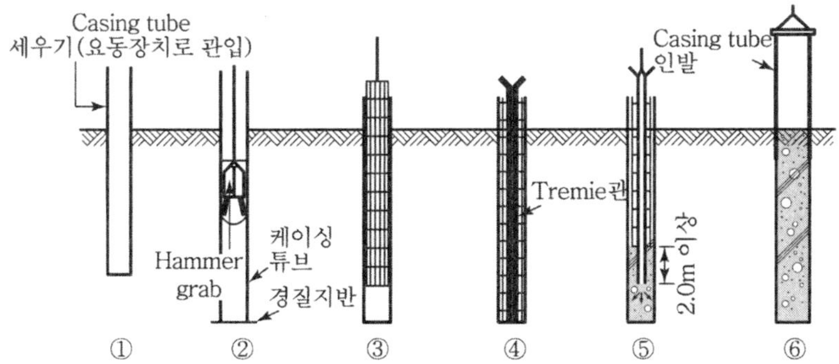

[베노토 공법]

3) 프리팩트(Pre-pack) 공법

CIP 말뚝 (Cast-In-Place Pile)	오거로 구멍을 굴착한 후 자갈을 채워 넣고 미리 배치한 주입관을 통해 모르타르를 주입하는 공법
PIP 말뚝 (Packed-In-Place Pile)	오거로 소정의 깊이까지 굴착한 다음 흙과 오거를 동시에 끌어올리면서 오거 선단을 통해 모르타르, 잔자갈 콘크리트를 주입하는 공법
MIP 말뚝 (Mixed-In-Place Pile)	파이프 회전용의 선단에 커터(Cutter)로 흙을 뒤섞으며 지중으로 파고 들어간 다음 파이프 선단에서 모르타르를 분출시켜 흙과 모르타르를 혼합하여 소일 콘크리트(Soil Concrete) 말뚝을 형성하는 공법

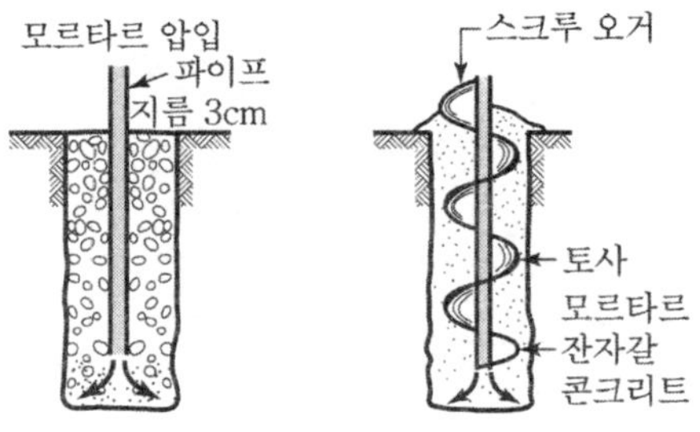

[CIP 말뚝] [PIP 말뚝] [MIP 말뚝]

5. 깊은 기초

(1) 우물통식 기초(Well Foundation)

① 현장에서 지름 1~1.5m 우물통을 지상에서 만들고 속을 파내어 침하시키는 것

② 기성재 철근 콘크리트판을 이어 내려가면서 침하시키며 또는 지상에서 미리 전체 깊이의 우물통을 설치하고 침하시키는 방법

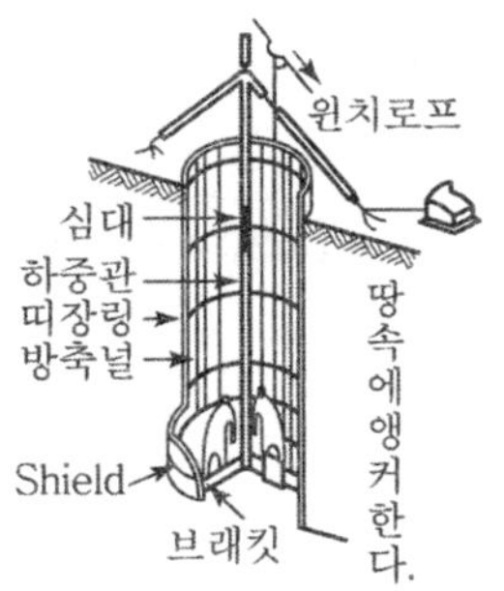

(2) 잠함기초(Caisson Foundation)

1) 개방잠함(Open Caisson)

지하구조를 지상에서 구축하여 그 밑을 파내어 구조체를 침하시키는 것

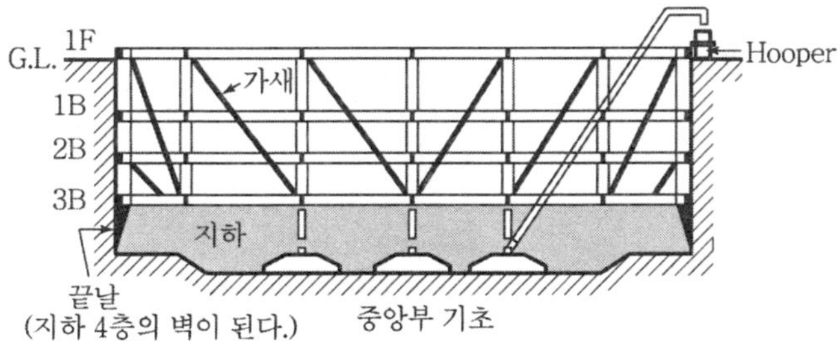

[Open Caisson 공법]

2) **용기잠함**(Pneumatic Caisson)

용수량이 많고 깊은 기초를 구축할 때 쓰이는 공법으로 압축공기의 압력을 이용하는 공법

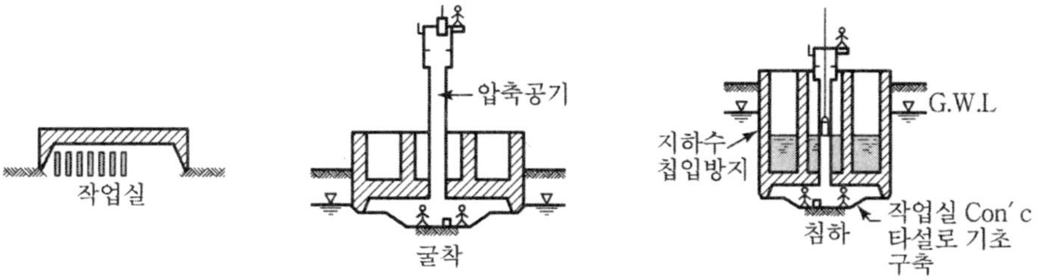

[뉴매틱 케이슨(용기잠함)]

3장 철근콘크리트공사

Ⅰ. 철근공사

1. 강재의 종류

종 류	내 용
원형철근	① 지름은 ø로 표시 ② 원형철근의 경우 지름이 19mm이하의 경우에만 적용
이형철근	① 지름은 D로 표시 ② 이형철근 및 철근격자망에서는 D41이하의 경우에만 적용 ③ 콘크리트와의 부착력을 증대시키기 위해 표면에 마디와 리브(rib)를 붙인 것. ④ 원형 철근보다 부착력이 40% 이상 크다.
고장력 이형철근	특수강을 재료로 한 철근이며, 철근콘크리트 구조체의 단면을 줄일 수 있다.
피아노선 및 경강선(硬鋼線)	프리스트레스트 콘크리트에 사용되는 고탄소강이며 강도는 200kg/cm² 정도이다.
용접철망 (wire mesh)	① 용접철망의 경우 원형 및 이형용접철망 각각 16mm이하의 경우에만 적용 ② 지름 2.6~8.0mm의 철선을 종횡으로 눈금간격 5~25cm로 용접하여 바닥판이나 벽체용으로 사용

2. 철근 공정 순서

① 공작도 작성 → ② 재료 반입 → ③ 저장 → ④ 검사 및 시험 → ⑤ 가공 → ⑥ 조립 → ⑦ 검사

(1) 공작도 작성(shop drawing)

① 정의	철근 배근도에 의하여 절단 및 구부리기 등의 공작을 하기 위해 철근모양, 각부 치수, 구부림 위치, 지름, 길이 및 수량 등을 정확히 기입한 도면
② 종류	기초 상세도, 기둥 및 벽상세도, 보상세도, 바닥판 상세도
③ 필요성	㉠ 정밀시공 유도 ㉡ 공사관리의 원활 ㉢ 시공의 기준 및 지표 마련

(2) 재료반입 및 저장

① 가공과 조립순서에 따라 반입하며 지름별, 길이별로 구분해 놓고, 직접 지면에 닿지 않고, 비에 맞지 않도록 한다.

② 철근 및 용접망은 조립 전에 청소하고 들뜬 녹, 기름류, 먼지, 흙 등 콘크리트와의 부착력을 감소시킬 우려가 있는 것은 제거한다.

(3) 재료검사 및 시험

① 심한 녹, 심한 휨 등의 외관을 검사하고 치수, 중량, 강도시험을 한다.

② 철근 및 용접철망의 시험검사(06 건축공사표준시방서 참조)

종 류	항 목	시험 검사방법	판정기준	시기 및 횟수
철근	형상, 치수, 질량	담당원 지정방법	각 철근의 규격에 적합한 것	각 지름 및 각 종류별 무게 20t 또는 그 단수마다 1회(시험편 3개의 평균)
	항복점 또는 내력, 인장강도, 연신율	인장시험방법		
	휨	굽힘시험방법		
용접망	형상, 치수	담당원 지정방법	각 용접철망의 규격에 적합한 것	
	인장강도, 항복점 또는 내력, 휨, 용접 전단 및 접합강도, 연신율	인장시험방법 굽힘시험방법		

(4) 철근가공

① 일반사항

구부림	① 상온가공 : 25mm 이하 ② 가열가공 : 28mm 이상 ③ 공사시방서에는 가열가공은 금하고 상온에서 냉간 가공한다.
Hook(단부 구부림)을 반드시 설치할 곳	① 전체 원형철근의 단부(부착력에 대한 고려) ② 이형철근 중 예외적으로 다음에 해당하는 내용 ㉠ 스터럽(stirrup)과 띠철근(hoop) ㉡ 기둥 및 보(지중보는 제외)의 돌출부 철근 ㉢ 굴뚝의 주근 ㉣ 단순보의 지지단 ㉤ 캔틸레버(cantilever)보
가공 기구	① 구부림 ┌ 중간부 : 굽힘판(bar bender) 　　　　└ 단　부 : 집게(hooker), 파이프(pipe) ② 절　단 ┌ 철　근 : 철근절단기(bar cutter), Sher cutter, 쇠톱 　　　　└ 철　선 : 절단가위(wire clipper)

〈bar bender〉

〈bar cutter〉

〈wire clipper〉

② 구부림 가공치수의 허용오차

항 목		허용오차(mm)
스터럽, 띠철근, 나선철근		±5
주근	D25이하	±15
	D29이상 ~ D41이하	±20
가공 후의 전 길이		±20

③ 철근 단부의 구부림 형상 및 치수(06 건축공사표준시방서)

<table>
<tr><th>각 도</th><th colspan="2">구부림각 180°</th><th colspan="2">구부림각 135°</th><th>구부림각 90°</th></tr>
<tr><td>도해</td><td colspan="2">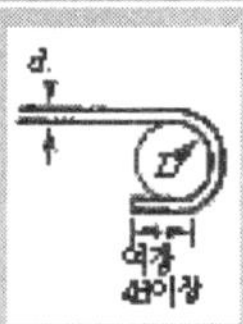</td><td colspan="2">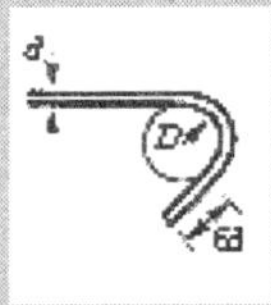</td><td>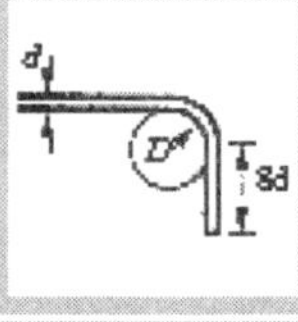</td></tr>
<tr><td>사용용도</td><td colspan="2">주철근</td><td colspan="2">스터럽, 띠철근</td><td>바닥철근</td></tr>
<tr><td rowspan="4">공통
적용
사항</td><td colspan="5">[철근의 구부림각 180°, 135°, 90°에 공통으로 적용되는 내용]</td></tr>
<tr><td>철근의 종류</td><td>SR240</td><td colspan="2">SR300, SD300, SD350</td><td>SD400, SD500</td></tr>
<tr><td>지름</td><td>∅16 이하</td><td>∅16 이하
D16 이하</td><td>∅19 이하
D19~D38</td><td>D41</td></tr>
<tr><td>구부림 안치수(D)</td><td>3d 이상</td><td>3d 이상</td><td>4d 이상</td><td>5d 이상</td></tr>
</table>

(5) 철근조립

① 조립순서

㉠ 기초철근	거푸집 위치 먹줄치기 → 철근간격 표시 → 직교철근 배근 → 대각선 철근 배근 → 스페이서 설치 → 기둥 주근 설치 → 띠근(hoop) 끼우기
㉡ 철근콘크리트	기초 → 기둥 → 벽 → 보 → 바닥판 → 계단
㉢ 철골철근콘크리트조	기초 → 기둥 → 보 → 벽 → 바닥판 → 계단

② 철근 및 용접철망의 조립방법

㉠ 철근 및 용접철망은 배근시공도에 따라 정확하게 배근하고 콘크리트 부어넣기를 완료할 때까지 이동하지 않도록 견고하게 조립한다.

㉡ 철근은 서로 견고하게 긴결한다.

㉢ 철근의 피복두께를 정확하게 확보하기 위해서는 적절한 간격으로 고임재(bar-support), 버팀재(bar-spacer) 및 간격재(separator)를 배치한다.

㉣ 철근과 철근의 순간격(06 건축공사표준시방서)

유지목적	㉮ 콘크리트의 유동성(시공성) 확보 ㉯ 재료분리 방지 ㉰ 소요의 강도 유지 및 확보
순간격 결정	㉮ 철근공칭지름(주근)의 1.5배 이상 ㉯ 25mm 이상 ㉰ 굵은골재 최대치수의 1.25배 이상 中 큰값

참고 보 수평철근의 순간격(05 KBC 구조기준)

① 철근의 공칭지름(주근) 이상
② 25mm 이상
③ 굵은골재 최대치수의 4/3배 이상
中 큰값

③ 철근의 Pre-fab공법(조립식 철근공법)

정 의		㉠ 철근콘크리트공사에 사용하는 철근을 기둥 · 보 · 바닥 · 벽 등의 부위별로 미리 조립해두고, 현장에서 이 부재를 접합하는 공법 ㉡ 공기단축 · 작업환경 개선 · 안전성 확보를 위한, 공사의 합리화 추구 및 건설의 공업화 발전에 필요한 공법
장 점	구조 설계상	① 피복이 정확하여 시공 향상 ② 대구경의 철근 사용 가능 ③ 고강도 철근 사용으로 고강도 콘크리트 적용에 유리 ④ 고도의 구조계산 가능
	현장 시공시	① 자재의 손실 감소 ② 거푸집의 전용횟수 증가 ③ 철근 기능공의 대폭 감소 ④ 공기단축 및 품질 향상
단 점		① 중량에 비해 부피의 증가로 운반시 곤란 ② 양중시 충격으로 인한 정도의 문제 발생 ③ 접합공법 선정시 구조적인 응력 손상 우려

(6) 조립검사

① 배근이 끝나면 배근도에 의해 검사를 한다.

② 철근의 가공 및 조립에 관한 품질관리 및 검사

검사항목	검사방법	판정기준
㉠ 철근 반입시	납품서 및 육안검사	설계도서 규정

ⓒ 가공	줄자 및 육안검사	설계도서 규정
ⓒ 이음 및 정착		설계도 · 시공도 규정
ⓔ 철근간격		설계도서 규정

3. 철근의 이음과 정착

(1) 철근의 이음종류

① 겹침이음		철근 이음할 1개소에 두 군데 이상 결속선(#18~20)으로 결속하는 이음
② 용접이음		금속이 고열에 의해 융합하는 성질을 이용한 이음
③ 가스압접이음		철근의 접합면을 맞대고 압력을 가하면서 산소 아세틸렌가스의 중성염으로 가열하면 접합부가 부풀어 오르면서 접합
④ 기계적 이음	나사이음	철근에 숫나사를 만들고 coupler 양단을 너트로 조여 이음
	슬리브(sleeve) 압착이음	접합부재를 슬리브 속에 넣고 유압잭으로 압착
	슬리브 충전이음	슬리브 구멍을 통하여 에폭시나 모르타르 등의 그라우트(grout)재를 주입하여 이음

〈겹침이음〉

〈용접이음〉

〈가스압접이음〉

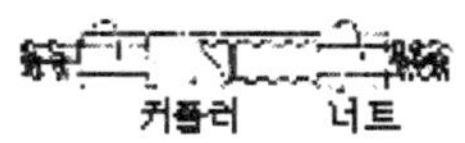

〈나사이음〉

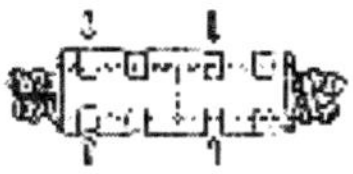

〈슬리브 압착이음〉

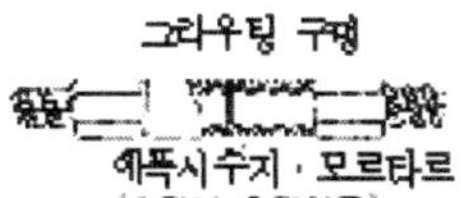

〈슬리브 충전이음〉

(2) 용접이음의 장 · 단점(가스압접이음 포함)

장 점	단 점
① 겹침이음이 없어서 경제적이다. ② 단면이 크게 되어 충분한 강도 보장 ③ 조립부가 단순해져 콘크리트 부어넣기 용이 ④ 일체성, 수밀성 확보 가능	① 숙련공이 필요하다. ② 용접부 검사가 어렵다. ③ 거푸집 위에서 작업시 화재우려 ④ 풍우, 강설, 저온시 작업중단

(3) 가스압접이음

① 특징(06 건축공사표준시방서)

접합 소요시간	1개소당 3~4분
압접의 품질기준	㉠ 용접 돌출부의 직경 : 철근지름의 1.4배 이상 ㉡ 용접 돌출부의 길이 : 철근지름의 1.2배 이상 ㉢ 철근 중심축 편심량 : 철근지름의 1/5 이하 ㉣ 압접 돌출부의 단부에서의 압접면의 엇갈림 : 철근지름의 1/4 이하
압접이음 할 수 없는 경우	㉠ 철근의 지름 차이가 6mm 초과일 때 ㉡ 철근의 재질이 서로 다른 경우 ㉢ 항복점 또는 강도가 서로 다른 경우 ㉣ 낮은 온도에서의 작업일 때(0℃ 이하) ㉤ 지름의 1/5 초과의 편심오차 발생시

② 일반사항

㉠ 압접공은 작업대상과 압접장치에 관하여 충분히 숙지 · 숙련된 기량을 갖는 자로 하고, 담당원의 승인을 받는다.

㉡ 철근의 가공은 압접 후 소정의 형태, 치수가 되도록 재축에 직각으로 정확하게 절단하여 가공한다.

㉢ 철근의 압접위치는 설계도, 시공도에 위치를 표기하여 담당원 승인을 득하고, 압접단면의 처리는 압접작업의 당일에 유해한 부착물을 완전히 연삭 · 제거하고 철근직각절단기를 사용하여 압접단면을 직각이 되게 한다.

㉣ 강풍시 또는 강우시에는 원칙적으로 작업을 하지 않는다.

참고 압접장치

① 수동가스압접 장치의 가열기는 압접표면을 원주방향으로 고르게 가열할 수 있도록 화구는 철근지름에 적합한 8구 이상의 것을 사용하여야 한다.

② 압접기는 철근축방향의 압축력과 철근중심의 조정이 가능한 기구를 사용하도록 하여 작업 중 편심, 휨이 생기지 않도록 충분한 지지능력을 갖고 있어야 한다.

③ 가압기는 압력을 확인할 수 있는 기능을 갖고 있는 전동식 유압기 사용을 원칙으로 하며 가압능력은 철근단면에 대하여 30MPa 이상 가할 수 있는 것으로 한다.

④ 자동가스압접 장치는 가열장치, 가압장치의 동작 및 가스공급을 미리 설정한 압접조건에 의해 제어하고 압접작업을 자동적으로 진행시키는 능력을 갖고 있어야 한다.

③ 가스압접의 가압 및 가열순서 및 방법

㉠ 압접하는 2개의 철근 압접면 사이 간격은 1mm 이하로 한다.

㉡ 압접면의 틈새가 완전히 닫힐 때까지 환원불꽃으로 가열한다.

㉢ 압접면의 틈새가 완전히 닫힌 후 철근의 축방향에 압력을 가하면서 중성불꽃으로 철근의 표면과 중심부의 온도차가 없어질 때까지 정확하게 가열하여 가압한다.

㉣ 압접기의 해체는 철근 가열부분의 불꽃색이 없어진 뒤에 한다.

㉤ 가열 중에 불꽃이 꺼지는 경우, 압접부를 잘라내고 재압접한다.

④ 압접완료시 검사방법

㉠ 검사는 수동가스압접과 자동가스압접에 동일하게 적용되며 검사의 시험편은 발췌검사를 원칙으로 한다.

㉡ 검사결과의 신속성, 공사공정에 미치는 영향, 전수검사 가능성면에서 외관검사 및 초음파탐상검사를 원칙으로 한다.

㉢ 굽힘시험 및 인장검사방법은 외관검사와 초음파탐상 검사방법보다는 보조적으로 설계도서에 지정한 경우에만 적용한다.

참고 가스압접이음의 검사(06 건축공사표준시방서)

항 목	시험방법	시기 및 횟수	판정기준
외관 검사	육안 및 자에 의한 측정	압접작업 완료시 전부	압접부의 부푼 형태, 치수, 철근 중심축의 편심량 및 압접면의 차이에 관하여 규정에 적합한 것
샘플링(발췌) 검사	초음파 탐사법	1검사 로트에 20개소 이상	· 모든 개소가 합격일 것 · 불합격 개소가 1곳인 경우는 20개소 이상 검사하고 전부 합격일 것 · 불합격 개소가 2개소 이상인 경우는 로트 전체를 불합격으로 한다.
	인장 시험법	1검사 로트에 3개 이상의 시험편	· 모든 개소가 합격일 것 · 불합격 개소가 1개소인 경우는 6개 이상의 시험편에 의한 검사를 시행하고 전부 합격일 것 · 불합격 개소가 2개소 이상인 경우는 로트 전체를 불합격으로 한다.

※ 1검사 로트는 1조의 작업반이 하루에 시공하는 압접개소의 수량

(4) 기계식 이음(커플러 이음)

① 기계식 이음은 D29를 초과하는 철근의 이음에 사용한다.

② 철근의 가공은 기계식 이음장치(커플러)에 적합하도록 재축에 직각으로 정확하게 절단하여 가공한다.

③ 이음을 하는 철근과 기계식 이음장치에 유해한 부착물을 완전히 제거하여야 한다.

④ 기계식 이음장치의 재질과 성능은 사용 철근의 성능보다 우수한 것으로 사용하여야 한다.

(5) 철근 이음 및 정착길이

위 치	보통콘크리트	경량콘크리트
큰 압축력 또는 적은 인장력	25d	30d
기타의 부분(큰 인장력)	40d	50d

(6) 철근의 이음 및 정착위치

① 철근의 이음위치(06 건축공사표준시방서)

㉠ 철근의 이음은 큰 응력을 받는 곳을 피하여 잇는다.

㉡ 기둥의 이음범위는 하단에서 500mm 이상부터 상단에서 기둥높이의 1/4하부에서 엇갈리게 한다.(※ 층높이의 2/3하부에서 엇갈리게 한다.)

㉢ 보에서는 인장력 또는 휨모멘트가 최소가 되는 곳에 이음을 한다.

㉣ 보에서는 중앙에서 하부근을, 단부에서 상부근을 이음하지 않는다.

참고 철근 이음 및 정착시 주의사항(06 건축공사표준시방서)

① D29(∅28) 이상의 철근은 겹침이음을 하지 않는다.
(※ 05 KBC 구조기준: D35를 초과하는 철근은 겹침이음을 해서는 안된다.)

② 갈고리의 길이는 이음길이에 포함시키지 않는다.

③ 지름이 다른 철근의 겹침이음은 가는쪽 철근을 기준으로 한다.

④ 보 철근은 기둥 중심선 외측에서 구부림을 둔다.

⑤ 정착 및 이음길이의 허용차는 소정길이의 10% 이내로 한다.

② 철근의 정착위치

㉠ 기둥의 주근은 기초 또는 바닥판에 정착
㉡ 큰 보의 주근은 기둥에 정착
㉢ 보밑 기둥이 없을 때는 보 상호간에 정착
㉣ 벽철근은 기둥, 보, 바닥판에 정착
㉤ 바닥철근은 보 또는 벽체에 정착
㉥ 지중보의 주근은 기초 또는 기둥에 정착

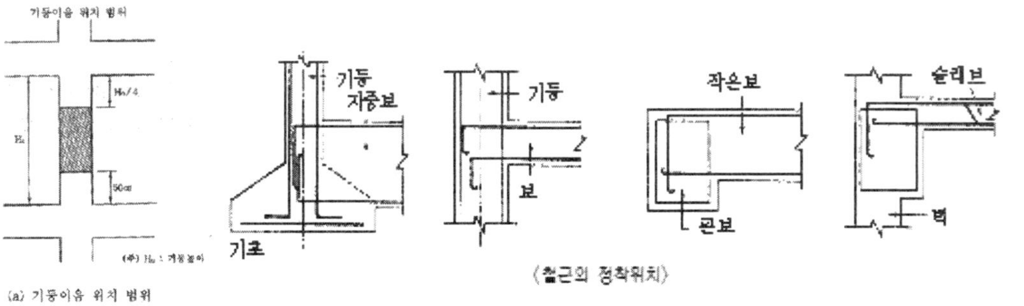

〈기둥의 이음위치〉

4. 철근의 피복두께

(1) 개요

정 의	콘크리트 표면에서 제일 외측에 가까운 철근의 표면까지의 치수
목 적	① 내화성 ② 내구성(방청) ③ 시공상 유동성 확보 ④ 소요의 강도 확보 ⑤ 콘크리트와의 부착력 확보

(2) 피복두께 결정시 고려사항

① 철근콘크리트구조물의 소요 내구성, 내화성 및 구조내력이 얻어질 수 있도록 부재의 종류와 위치별 구조물의 내구연한
② 콘크리트의 종류와 품질
③ 부재가 받는 환경작용의 종류와 강도 등의 폭로조건

④ 특수한 열화외력, 요구내화성

⑤ 구조내력상의 요구 및 시공 정밀도

참고 콘크리트의 내화성

① 화재의 최대온도가 300℃까지는 콘크리트의 손상이 거의 없다.

② 500℃ 이상에서는 콘크리트내의 수산화칼슘이 열분해 되어 알칼리성의 소실로 철근의 방식능력 저감으로 내구성이 현저히 저감.(가열에 의한 강도저하정도나 50% 정도)

③ 600~800℃에서는 시멘트 페이스트의 수축 및 골재파열이 일어난다.(강도저하 80% 정도)

④ 1,000~1,200℃에서는 콘크리트 폭열(파괴)현상, 1,200℃ 이상에서는 용융된다.

(3) 콘크리트의 피복두께(06 건축공사표준시방서)

부 위			최소피복두께(mm)	설계피복두께
흙에 접하지 않는 부위	지붕 슬래브 바닥 슬래브 비내력벽	옥내	20 이상	30
		옥외	30(20) 이상	40
	기둥 보 내력벽	옥내	30 이상	40
		옥외	40(30) 이상	50
	옹벽		40 이상	50
흙에 접한 부위	기둥, 보, 바닥 슬래브, 내력벽		40 이상	50
	기초, 옹벽		60 이상	70
비 고	① ( )는 내구성상 유효한 마감이 있는 경우 두께 ② 설계피복두께는 최소피복두께에 시공에 의한 오차 등을 고려하여 10mm를 더한 값 이상으로 하여야 한다.			

참고 현장치기 콘크리트의 피복두께(03 콘크리트표준시방서)

표면조건	부재	철근	피복두께
옥외 또는 흙에 직접 접하지 않는 콘크리트	슬래브, 벽체, 장선	D35 이하	20mm
		D35 초과	40mm
	보, 기둥	모든철근	40mm
흙에 접하거나 옥외에 직접 노출되는 콘크리트		D16 이하	40mm

	D25 이하	50mm
	D29 이상	60mm
흙에 접하여 콘크리트를 친 후 영구히 흙에 묻혀 있는 콘크리트		80mm
수중에 타설하는 콘크리트		100mm

5. 철근의 방청(부식방지)법

(1) 개요

① 철근과 철근의 표면에 접하는 물질 사이에 생기는 화학반응에 의해, 철근의 표면이 소모해가는 현상을 부식이라 한다.

② 철근의 부식은 일종의 전기화학반응이며, 음극 및 양극 반응으로 분류되어 양 반응이 동시에 진행되므로 이것을 지연하는 것이 방청의 중요점이다.

(2) 부식의 원인 및 대책

구분	내용
원 인	① 염해 ② 중성화 ③ 알칼리 골재반응 ④ 동결융해 ⑤ 온도변화 ⑥ 건조수축 ⑦ 소요단면 부족
대 책 (방청법)	① 철근 표면에 아연도금처리 ② 방청제를 콘크리트에 혼입 ③ 에폭시 코팅한 철근 사용 ④ 해사는 제염하여 사용(제염법) ⑤ 물시멘트비를 적게 하고, 피복두께 확보

II. 거푸집공사

1. 거푸집의 특징

(1) 거푸집의 역할(목적)

① 콘크리트가 굳을 때까지 형상 및 치수 유지

② 콘크리트 경화에 필요한 수분 누출방지

③ 외기에 대한 영향을 최소화하여 콘크리트의 품질을 확보

④ 콘크리트 표면 마무리

⑤ 전체 공사비의 10~15%, 철근콘크리트 공사비의 30%를 차지

(2) 거푸집의 시공상 주의사항(구비조건)

① 형상 · 치수가 정확하고, 처짐 · 배부름 · 뒤틀림 등의 변형이 없을 것(변형성)

② 외력에 충분히 안전할 것(안전성)

③ 조립 · 제거할 때 파손 · 손상되지 않을 것(시공성)

④ 소요자재가 절약되고, 반복사용이 가능할 것(전용성)

⑤ 시멘트 풀이 새지 않게 수밀할 것(수밀성)

⑥ 바닥, 보의 중앙부 치켜 올림은 스팬의 1/300~1/500정도로 할 것(캠버)

2. 거푸집 구성요소

거푸집널 + 지지부재 + 부속철물류

(1) 거푸집널 재료

목재널	① 삼나무, 미송, 육송의 판재를 사용하지만, 최근 거의 사용 안 함. ② 제재한 널재는 적절하게 건조된 것으로 한 면을 기계 대패질하여 사용한다. ③ 목재는 제재, 건조 및 적재 시 콘크리트 표면의 불량경화를 방지하기 위하여 가능한 직사일광을 피하고, 시트 등을 사용하여 보호한다.
합판널	① 얇은 판을 3, 5, 7매 등 홀수로 섬유방향이 직교하도록 접합하여 제조 ② 제물치장 콘크리트용 거푸집널에 사용하는 합판은 내알칼리성이 우수한 재료로 표면 처리한 것으로 한다.
패널(panel)	철제 패널과 알루미늄 패널이 있으나 철제 패널이 많이 보급

(2) 지지부재

장선(띠장)	거푸집널을 지지하고 콘크리트의 측압력을 멍에에 전달시키는 부재
멍 에	장선의 하중을 받침기둥 또는 긴결재에 전달하는 부재
동바리 (지주:support)	바닥거푸집에서 거푸집의 자중과 콘크리트 중량, 작업하중을 지지하며, 바닥구조물이 안전하고, 정확하게 시공되도록 하는 부재

(3) 부속철물류

<table>
<tr><td rowspan="2">간격재(spacer)</td><td colspan="3">철근이 거푸집에 밀착하는 것을 방지하여 피복간격을 확보하기 위한 것(굄재)</td></tr>
<tr><td>종류</td><td colspan="2">① 철판제 간격재 ② 철근제 간격재
③ 모르타르제 간격재 ④ 플라스틱제 간격재</td></tr>
<tr><td rowspan="2">격리재(separator)</td><td colspan="3">거푸집의 간격유지 및 오그라드는 것 방지</td></tr>
<tr><td>종류</td><td colspan="2">① 철제 ② 파이프제 ③ 모르타르제</td></tr>
<tr><td>긴결재(form tie)</td><td colspan="3">거푸집의 형상유지 및 측압에 의한 벌어지는 것 방지</td></tr>
<tr><td rowspan="2">박리제(form oil)</td><td colspan="3">거푸집을 쉽게 제거하기 위해 표면에 바르는 물질</td></tr>
<tr><td>종류</td><td colspan="2">동식물유, 중유, 아마유, 파라핀유, 합성수지 등</td></tr>
<tr><td>와이어 클리퍼
(wire clipper)</td><td colspan="3">거푸집 긴장철선을 콘크리트 경화 후 절단하는 절단기</td></tr>
</table>

〈간격재(spacer) 종류〉

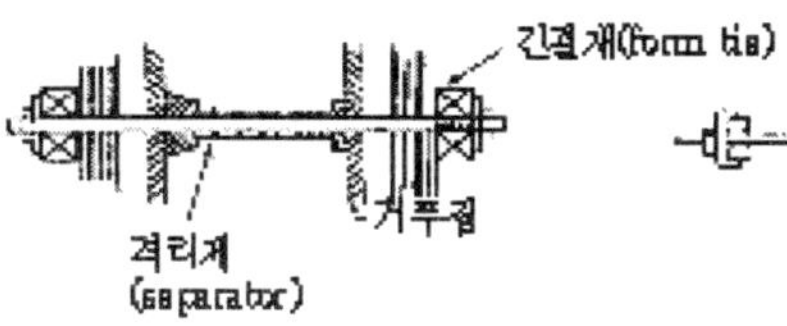

〈철제 격리재〉

〈긴결재〉

〈모르타르제 격리재〉

〈바닥에 사용된 간격재〉

〈기둥에 사용된 간격재〉

〈벽에 사용된 긴결재〉

3. 거푸집 설계

(1) 거푸집 설계시 구조계산

① 거푸집의 강도 및 강성의 계산은 콘크리트 시공시의 수직하중, 수평하중 및 콘크리트의 측압에 대하여 검토한다.

② 콘크리트 시공시의 수직하중은 콘크리트, 철근, 거푸집, 시공기계, 각종 자재 및 작업원 등의 질량으로, 거푸집에 수직방향의 외력으로 가해지는 것을 대상으로 하고 그 값은 현장사정에 따라 정한다.

③ 콘크리트 시공시의 수평하중은 풍압, 콘크리트를 부어 넣을 때의 편심하중 및 기계류의 시동, 정지, 주행 등으로 거푸집에 수평방향의 외력으로 가해지는 것을 대상으로 하고 그 값은 현장사정에 따라 정한다.

④ 부위별 거푸집 고려하중

보, 슬래브 밑면	① 생 콘크리트 중량(2.3t/m^3)	② 작업하중	③ 충격하중
벽, 기둥, 보 옆	① 생 콘크리트 중량(2.3t/m^3)	② 측압	

(2) 거푸집 측압에 영향을 주는 요소

영 향 요 소	측압이 크게 걸리는 경우
① 슬럼프 값 (반죽질기)	슬럼프(slump)값이 클수록 측압은 크다.
② 벽두께 (수평단면)	벽두께가 두꺼울수록 측압은 크다.
③ 대기 중의 습도	습도가 높을수록 측압은 크다.
④ 부어넣기(타설) 속도	속도가 빠를수록 측압은 크다.
⑤ 콘크리트 배합 (시멘트량)	부배합(富配合)일수록 측압은 크다.

⑥ 온도	온도가 낮을수록 경화가 늦으므로 측압은 크다.
⑦ 거푸집의 강성	강성이 클수록 측압은 크다.
⑧ 철골 또는 철근량	철골 또는 철근량이 적을수록 측압은 크다.

(3) 거푸집 측압 산정

① 콘크리트 헤드(concrete head)

정 의		㉠ 콘크리트 타설 윗면에서부터 최대측압이 생기는 지점까지의 거리를 말한다. ㉡ 콘크리트의 타설된 높이에 따라 측압이 증가되다가 일정한 높이에 도달하면 측압이 오히려 감소
부위별 헤드	기둥	위에서부터 1m, 밑에서 측압은 2.5t/m² (≒ 1m×2.3t/m²)
	벽	위에서부터 0.5m, 밑에서 측압은 1t/m² (≒ 0.5m×2.3t/m²)

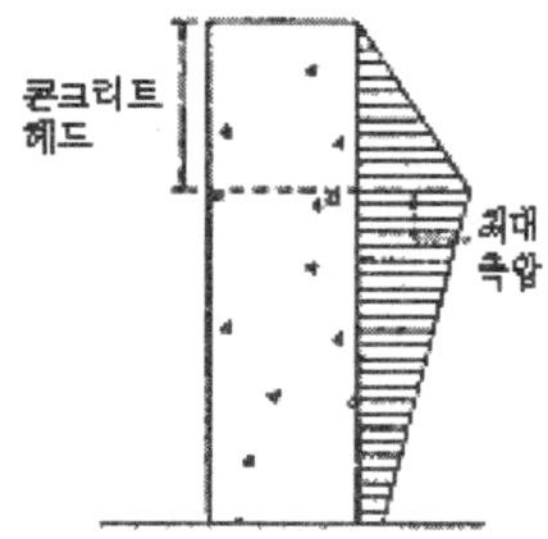

② 거푸집 설계용 측압의 표준값(t/m²)

분 류	기 둥	벽
진동기를 사용하지 않을 때 및 내부 진동기를 사용할 때	3	2
외부 진동기를 사용할 때	4	3

③ 콘크리트 기둥의 측압 산정(06 건축공사표준시방서)

타설속도	타설높이	공 식
10m/h 이하	1.5m 이하	W0×H
	1.5m 초과~4.0m 이하	1.5W0+0.6W0×(H−1.5)
10m/h초과~20m/h 이하	2.0m 이하	W0×H
	2.0m 초과~4.0m 이하	2W0+0.8W0×(H−2)
20m/h 초과	4.0m 이하	W0×H

※ W_0 : 생콘크리트의 단위체적중량(t/m³)
H : 측압을 구하는 위치에서 그 상부의 콘크리트 타설높이(m)

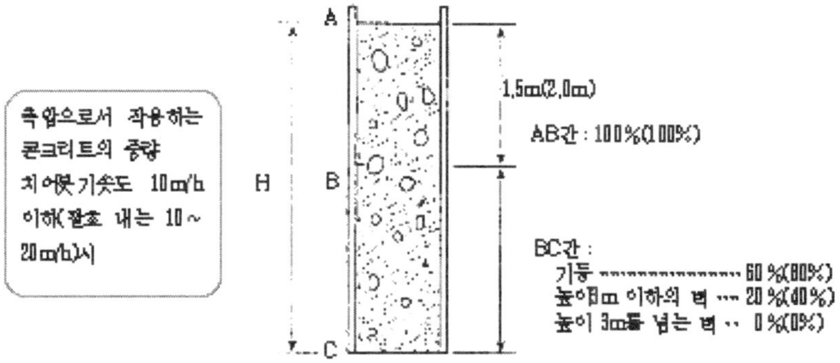

(4) 거푸집 측압 측정방법

① 수압판에 의한 방법	수압판을 거푸집면 바로 밑에 장착하고, 콘크리트와 직접 접촉시켜 측압에 의한 탄성변형에서 측압력 측정하는 방법
② 수압계를 이용한 방법	수압판에 직접 스트레인 게이지(Strain Gauge)를 부착시켜 탄성변형량을 정기적으로 측정하여 실제 수치를 파악하는 방법
③ 죄임 철물의 변형에 의한 방법	거푸집 세퍼레이터나 죄임 본체인 볼트에 스트레인 게이지를 부착시켜 응력변형을 일으킨 양을 정기적으로 파악하여 측압으로 환산하는 방법
④ OK식 측압계	거푸집 죄임 철물의 본체에 유압 잭을 장착하여 전달된 측압을 유압으로 전환시켜 측정하는 방법

참고 바닥거푸집 설계과정

① 설계하중 산정
② 합판의 두께 또는 장선의 간격 결정
③ 장선의 단면 크기 또는 멍에의 간격결정
④ 멍에의 단면 크기 또는 동바리의 간격결정
⑤ 멍에를 지지하는 동바리의 설계

4. 거푸집의 가공 및 조립

(1) 가공 및 조립시 주의사항(06 건축공사표준시방서)

① 배근, 거푸집의 조립 또는 이에 따른 자재의 운반 및 쌓기 등은 이들 하중을 받는

콘크리트가 유해한 영향을 받지 않는 재령에 도달하였을 때 시작한다.

② 각종 배관, 박스, 매설물은 콘크리트를 부어넣을 때 이동하지 않도록 시공도에 표시한 위치에 견고하게 부착시킨다.

③ 동바리는 수직으로 세우고, 상하층의 동바리는 가능한 한 평면상 동일 위치에 세운다.

④ 사전에 조립되는 거푸집은 이동시의 변형과 조작의 간편성 등이 고려되어야 하며 제작대는 수평을 유지하도록 한다.

⑤ 여러 개 층을 단기에 콘크리트 타설시 맨 아래층(1층) 슬래브의 지주(support) 간격은 0.45m, 바로 위층(2층)은 0.65m, 3층은 0.9m로 한다.

⑥ 강관의 받침대는 움직이지 않도록 못으로 고정한다.

⑦ 강관은 횡방향으로 움직이지 않도록 브레이싱 처리한다.

⑧ 강관은 수직하중 1.0t를 충분히 받을 수 있어야 한다.

⑨ 합판은 두께 12mm 이상을 사용한다.

⑩ 강관은 수직도를 유지하되 수직도는 상 · 하 편심이 50mm를 벗어나지 않도록 한다.

(2) 조립순서

전체사항	① 기초 → ② 기둥 → ③ 내벽 → ④ 보(큰보 → 작은보) → ⑤ 바닥 → ⑥ 계단 → ⑦ 외벽 (내부면은 기둥과 동시 또는 기둥 다음에 시공)
세부사항	① 기초 옆 및 지중보 거푸집설치 → ② 기초판 및 지중보 철근 배근 → ③ 기둥철근 기초에 정착 → ④ 기초판(지하실바닥판, 지중보)콘크리트 타설 → ⑤ 기둥철근 배근 → ⑥ 기둥거푸집 및 벽 한쪽 거푸집 설치 → ⑦ 벽의 철근 배근 → ⑧ 벽의 다른 편 거푸집 설치 → ⑨ 보 밑판, 옆판 및 바닥판 거푸집 설치 → ⑩ 보의 철근 배근 → ⑪ 바닥판 철근 배근 → ⑫ 기둥, 벽, 보, 바닥판 콘크리트 타설

(3) 거푸집 공사에서의 기둥 밑잡이

정 의	거푸집 조립시 기둥의 최하부에 설치하여 거푸집이 충격 · 진동에 의해 위치가 이동되지 않도록 고정시키는 역할
설치목적	① 거푸집의 수평 · 수직 유지 ② 시멘트풀 유출 방지 ③ 시공 정밀도 향상 ④ 콘크리트 부착력 향상

설치방법에 의한 분류	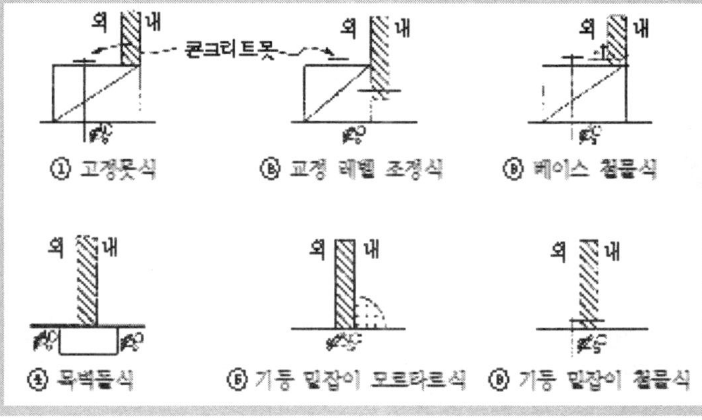

5. 거푸집 철거

(1) 개요

① 존치기간이란 콘크리트 타설 후 소요강도가 확보될 때까지 외력 또는 자중에 영향이 없도록 존치하는 기간을 말한다.

② 거푸집 해체시 고려사항은 시멘트의 종류, 천후, 기온, 보양 등의 여러 조건을 충분히 검토한 후 결정한다.

(2) 거푸집 존치기간

① 콘크리트의 압축강도를 시험할 경우(06 건축공사표준시방서)

㉠ 기초, 보옆, 기둥 및 벽의 거푸집널 존치기간은 콘크리트의 압축강도 5N/mm2 이상에 도달한 것이 확인될 때까지로 한다.

㉡ 바닥슬래브 밑, 지붕슬래브 밑, 보 밑의 거푸집판재는 원칙적으로 받침기둥을 해체한 후에 떼어낸다.

㉢ 받침기둥의 존치기간은 슬래브 밑, 보 밑 모두 설계기준강도의 100% 이상 콘크리트 압축강도가 얻어진 것이 확인될 때까지로 한다.

㉣ 받침기둥을 해체할 경우는 대상으로 하는 부재가 해체 직후, 그 부재에 가해지는 하중을 안전하게 지지할 수 있는 강도를 적절한 계산방법에 따라 구하고, 그 압축강도가 실제의 콘크리트 압축강도보다 상회하는지 확인하여야만 한

다. 다만, 해체 가능한 압축강도는 이 계산결과에 관계없이 최저 12N/mm2 이상이어야 한다.

참고 콘크리트의 압축강도를 시험할 경우(03 콘크리트표준시방서)

해당 거푸집 부분	콘크리트 압축강도
확대기초, 보옆, 기둥, 벽 등의 측면	$5N/mm^2$ 이상 (건축공사표준시방서와 동일)
슬래브 및 보의 밑면, 아치 내면 (받침기둥의 존치기간)	설계기준강도의 2/3 이상 (단, 해체 가능한 압축강도는 최저 $14N/mm^2$ 이상)

② 압축강도를 시험하지 않을 경우(건축공사 · 콘크리트표준시방서 동일)

㉠ 기초, 보옆, 기둥 및 벽의 거푸집널 존치기간 중 평균기온이 10℃ 이상인 경우는 콘크리트의 재령에 나타난 일수 이상 경과하면 압축강도 시험을 하지 않고도 떼어낼 수 있다.

㉡ 거푸집널 존치기간을 정하기 위한 콘크리트의 재령(일)

시멘트 종류 / 평균기온		조강 포틀랜드 시멘트	보통 포틀랜드 시멘트 고로슬래그 시멘트(특급) 포틀랜드포졸란 시멘트(A종) 플라이애시 시멘트(A종)	고로슬래그 시멘트(1급) 포틀랜드포졸란 시멘트(B종) 플라이애시 시멘트(B종)
콘크리트의 재령	20℃ 이상	2일	4일	5일
	20℃ 미만 10℃ 이상	3일	6일	8일

(3) 동바리(받침기둥) 바꾸어 세우기

① 동바리 바꾸어 세우기는 원칙적으로 하지 않는다.
② 부득이 바꾸어 세우기를 할 필요가 발생한 경우는 그 범위와 방법을 정하여 담당원의 승인을 받는다.
③ 바꾸어 세우는 경우 순서는 큰보 → 작은보 → 바닥판(슬래브) 순이다.

(4) 거푸집 제거시 주의사항

① 거푸집은 담당원의 승인을 받아 깨끗하게 해체해야 한다.
② 지주를 바꾸어 세우는 동안 상부의 작업을 제한한다.
③ 거푸집 해체시 건물에 충격을 주지 않도록 한다.
④ 차양 등으로 낙하물의 충격 우려가 있는 것은 존치기간을 연장한다.

6. 거푸집 공법

〈거푸집공법 개념도〉

- 일반거푸집공법 — 목재 거푸집, 합판거푸집, 금속거푸집(metal form), 유로폼(euro form)
- 시스템(대형) 거푸집 공법
  - 벽전용 거푸집
    - gang form(대형 panel form)
    - climbing form : gang form + 비계
    - shuttering form : gang form+비계+shuttering beam
  - 바닥전용 거푸집
    - table form : 수평이동
    - flying shore form : 수평이동 + 수직이동
  - 벽+바닥 거푸집 — tunnel form
    - mono shell form
    - twin shell form
  - 연속공법
    - 수직이동
      - sliding form : 단면 일정
      - slip form : 단면형상 변화 가능
    - 수평이동 — traveling form
  - 무지주공법
    - bow beam : span 일정
    - pecco beam : span 조정이 자유로움
  - 바닥판공법
    - deck plate
    - half slab
    - waffle form
    - W식

(1) 메탈 폼(metal form)

정 의	철제(강철, 금속제) 거푸집으로 표면이 매끄러워 제치장용 거푸집에 사용
장 점	① 내구성 및 수밀성 우수 ② 콘크리트 타설 정밀도 우수 ③ 조립 및 해체 용이 ④ 제치장콘크리트에 유리
단 점	① 중량이므로 취급이 곤란함. ② 평면의 형상이 복잡하면 불리 ③ 철판의 녹이 콘크리트면을 더럽히는 경우가 있다.

(2) 유로 폼(euro form)

정 의	콘크리트 거푸집용 내수코팅합판과 강재틀로 구성된 규격화된 철제 패널 거푸집
장 점	① 일반 합판 거푸집에 비해 시공정밀도가 높다. ② 장비가 불필요하다. ③ 타거푸집 시스템과의 조합이 쉽다. ④ 초기 투자비가 적고 거푸집 손료가 저렴하므로 경제적이다. ⑤ 아파트, 사무소 건물 등 거의 모든 구조물에 적용 가능.
단 점	① 부재의 크기가 작고 해체, 조립을 반복하므로 인력소모가 많다. ② 곡면시공이 어렵다. ③ 높은 측압에는 약하다. ④ 거푸집 이음 부위가 많아 시멘트풀의 누출이 많다.

〈유로폼〉

(3) 갱 폼(gang form = 대형 패널공법)

정 의	사용할 때마다 작은 부재의 조립, 분해를 반복하지 않고 대형화, 단순화하여 한 번에 설치하고 해체하는 거푸집으로 거푸집널과 강관지주로 이루어져 옹벽, 피어기초 등에 사용
장 점	① 조립 분해가 간편하므로 시간과 인력 단축 가능 ② 가설설비가 불필요하므로 가설비, 노무비 절약 가능 ③ 이음부위 감소로 마감 단순화 ④ 기능공의 기능도에 좌우되지 않는다.
단 점	① 중량이므로 대형 양중장비 필요 ② 초기 투자비용 증가

〈갱폼〉

〈클라이밍 폼〉

(4) 클라이밍 폼(climbing form)

정 의	벽체용 거푸집으로 거푸집과 벽체 마감공사를 위한 비계틀을 일체로 조립하여 한꺼번에 인양시켜 설치하는 공법
장 점	① 비계설치가 필요 없다. ② 고소작업시 안전성이 높다. ③ 인력절감, 공기단축이 가능하다.
단 점	① 초기 투자비용 증가 ② 대형 양중장비 필요

(5) 플라잉 폼(Flying shore form ; table form)

정 의	바닥에 콘크리트를 타설하기 위한 거푸집으로서 거푸집판, 장선, 멍에, 서포트 등을 일체로 제작하여 부재화한 거푸집 공법으로 테이블폼(table form)과 거의 같은 공법이다.
장 점	① 조립분해가 간편하므로 설치시간 단축 ② 비교적 넓은 구획의 조립을 간단하게 할 수 있고, 수평이동이 용이 ③ 정밀도가 우수 ④ 처짐, 외력에 대한 안전성 확보
단 점	① 형상의 변화가 많으면 적용이 곤란 ② 중량이므로 대형 양중장비 필요

〈플라잉 폼〉

(6) 터널폼(tunnel form)

정 의	① 대형 형틀로서 한 구획 전체의 슬래브와 벽체의 콘크리트 타설을 일체화하기 위한 것으로 twin shell form (ㄱ자형)과 mono shell form(ㄷ자형)으로 구성되는 거푸집 ② 병실, APT 객실 등 연속 및 반복 구조물에 적용
장 점	① 거푸집의 조립, 해제작업이 용이 ② 인건비 절약, 공기단축이 가능 ③ 콘크리트 노출면이 평활하다.
단 점	① 거푸집과 거푸집 사이에 목재 거푸집으로 연결부 처리가 번거롭다. ② 철제 거푸집이므로 콘크리트 노출면을 오염시킬 수 있다.

〈터널폼〉

(7) 슬라이딩 폼(sliding form)

정 의	수평적 또는 수직적으로 반복된 구조물을 시공 이음 없이 균일한 형상으로 시공하기 위하여 거푸집을 연속적으로 이동시키면서 콘크리트를 타설하여 구조물을 시공하는 거푸집으로 사일로(silo), 교각, 건물의 코어부분, 굴뚝 등에 적합
특 징	① 공기 1/3 정도 단축 ② 연속타설로 일체성 확보 ③ 자재 및 노무의 절약 ④ 주야 연속작업으로 여유인원 확보 ⑤ 야간작업, 고소작업으로 인한 안전 확보 필요

참고 요오크(York)

슬라이딩 거푸집에서 높이 1~1.2m 정도의 거푸집을 일정한 속도로 서서히 끌어 올리는 장치를 말한다.

(8) 슬립 폼(slip form)

정 의	전망탑, 급수탑 등 단면형상에 변화가 있는 수직으로 연속된 콘크리트 구조물에 사용되는 연속화 · 일체화 공법
특 징	① 1회 3~5회 정도 반복 타설 ② 시공시 안전성, 정밀도를 고려하여 주간에만 작업

(9) 트래블링 폼(travelling form)

정 의	① 수평으로 이동이 가능한 대형 시스템화 된 거푸집으로서, 연속하여 콘크리트 타설이 가능하도록 기계적 장치(이동용 비계 · 레일 등)를 이용하여 이동한다. ② 셸, 아치, 돔, 터널, 지하철공사 등에서 적용된다.
특 징	① 연속시공으로 공기단축 ② 최소한의 일량으로 최대한 거푸집 사용 ③ 부재수가 많다. ④ 숙련도를 요하지 않는다.

〈트래블링 폼〉

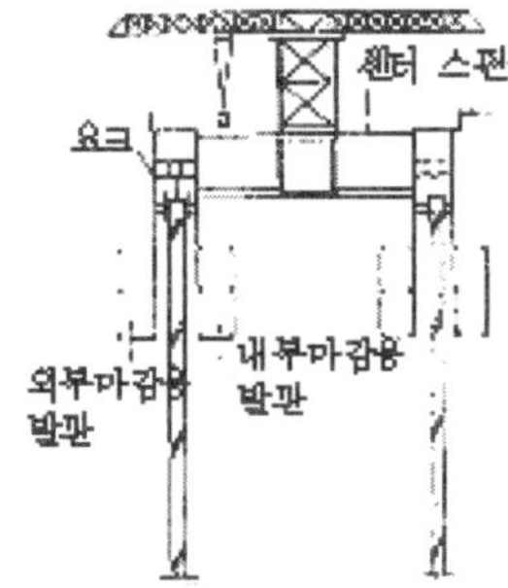

〈silding form〉

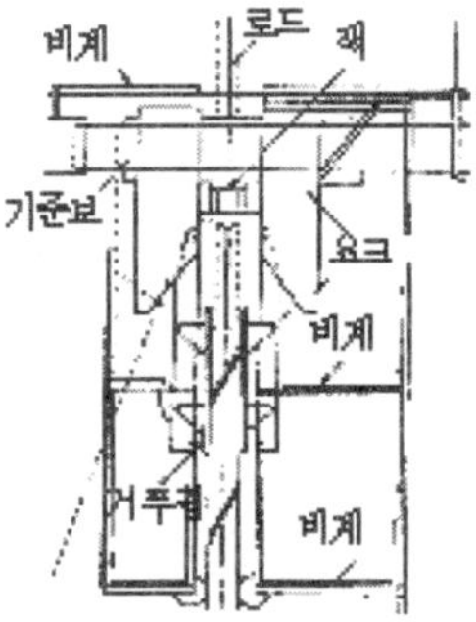

〈slip form〉

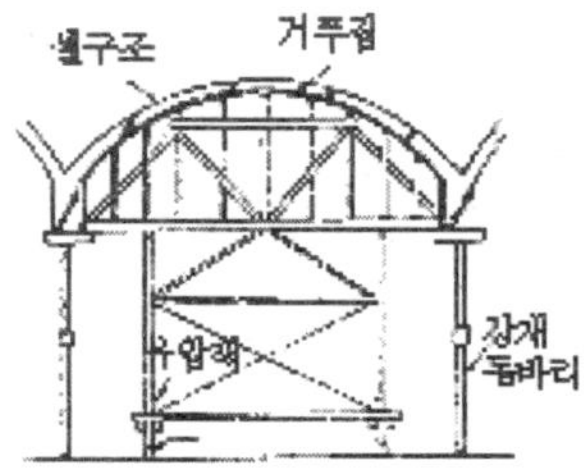

〈travelling form〉

(10) 무지주공법(non support form)

정 의	받침기둥 없이 보를 걸어서 거푸집을 지지하는 방식을 수평지지보라 한다.	
종 류	보우빔 (bow beam)	수평조절이 불가능한 무지주공법의 수평지지보
	페코빔 (pecco beam)	수평조절이 가능한 무지주공법의 수평지지보

〈보우빔 시공장면〉

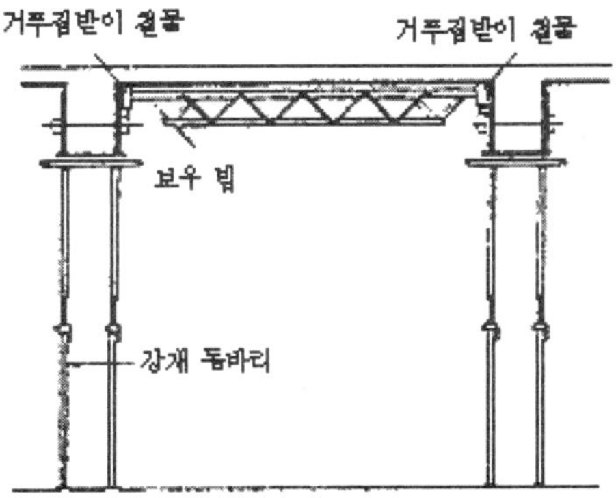

〈보우 빔〉

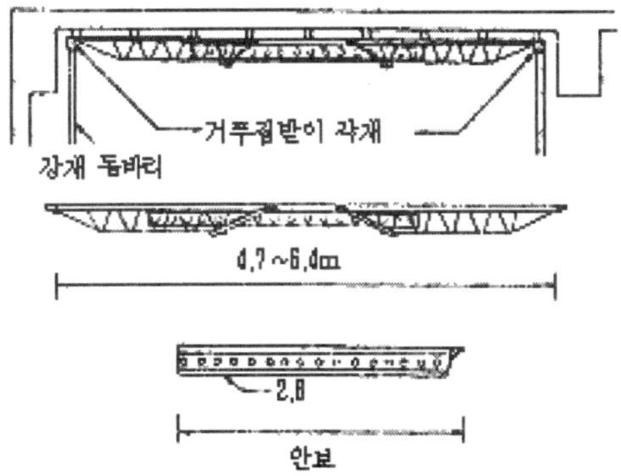

〈페코 빔〉

(11) 데크 플레이트(deck plate)

정 의	철골조의 보에 걸어 지주 없이 사용되는 슬래브용 철판 거푸집이다.
특 징	① 지주가 없기 때문에 하층의 작업이 용이 ② 거푸집의 해체공정이 줄어들어 노무절감 및 공기단축을 기대할 수 있다. ③ 양중 및 설치시 휨이 발생하지 않도록 한다. ④ 보와 접합되는 단부에는 콘크리트 흐름방지를 위한 마구리막이를 설치한다.

〈데크 플레이트〉

(12) 워플 폼(waffle form)

정 의	① 거푸집의 모양이 워플(waffle) 과자같이 생겼다 하여 붙여진 이름이다. ② 무량판 구조 또는 평판 구조에서 2방향 장선(격자보) 바닥판 구조가 가능한 특수 상자모양의 기성재 거푸집
특 징	① 데크 플레이트에 비해 큰 스팬 확보가 가능하다. ② 보가 없으므로 층고를 낮출 수 있다. ③ 격자모양으로 미관상 유리하다. ④ 철근배근은 용이하다. ⑤ 특수형태의 거푸집이므로 전용성이 적다.

〈워플 폼〉

참고 무량판 구조

철근콘크리트 구조방식에서 보를 사용하지 않고 바닥슬래브를 직접 기둥에 지지시키는 구조방식을 말한다.

(13) V.H 분리타설(수직 · 수평 분리타설)공법

정 의	① 보통 half PC 슬래브공법과 병행하여 적용되는 공법으로 기둥 · 벽 등 수직부재를 먼저 타설하고, PC판과 맞물려 현장 콘크리트로 타설한다. ② PC와 현장타설 콘크리트의 장점을 취한 공법이다. (Vertical Horizontal 공법)
종 류	① shuttering form 공법 ② sismo 공법 ③ 목재 거푸집 공법 ④ metal form 공법 ⑤ euro form 공법
특징	① 공기의 단축 ② 인건비의 절감 ③ 타설 접합면의 일체화 ④ 하층의 작업공간 확보 ⑤ slab 거푸집이 불필요 ⑥ 작업공정의 증가

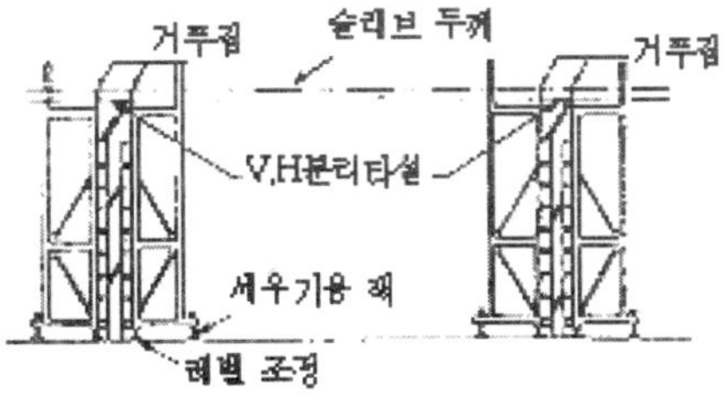

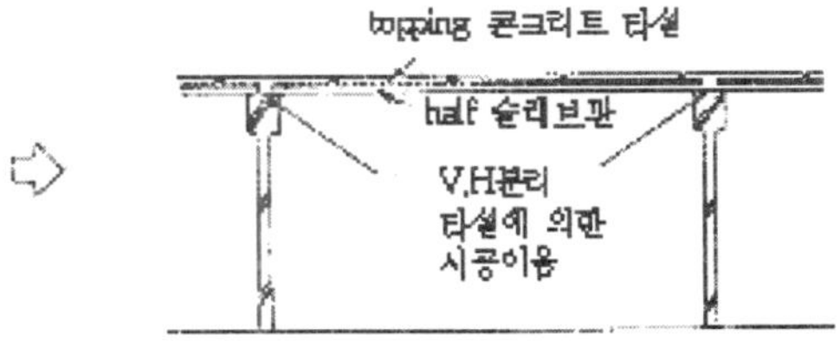

Ⅲ. 콘크리트공사

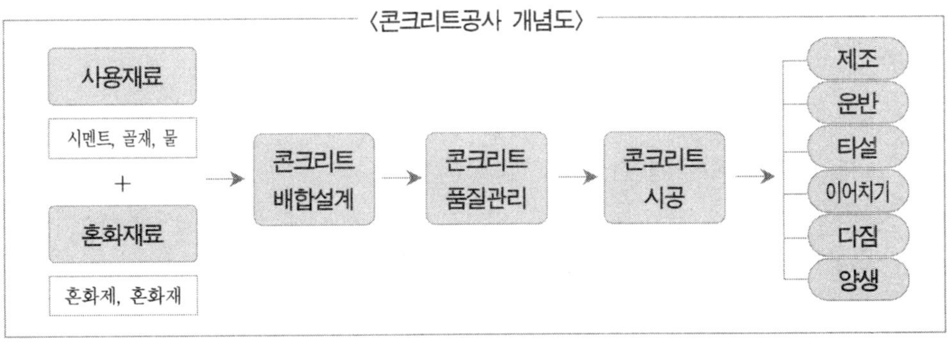

1. 사용재료

(1) 시멘트

① 제조법

원 료		클링커 + 석고(3%)		시멘트
(석회석+점토+산화철)	→ (고온소성)	(석고: 응결지연의 목적)	→ (분쇄)	

② 성분

수화 화합물	특 성	약기법
규산2석회 (2CaO, SiO_2)	㉠ 공기 중 수축 조금 있고, 수중 팽창이 작은 편이다. ㉡ 수화작용이 더디다.(장기강도에 영향)	C_2S
규산3석회 (3CaO, SiO_2)	㉠ 공기 중 수축 적고, 수중 팽창 크다. ㉡ 수화작용이 빠르다.(장 · 단기강도에 영향)	C_3S
알루민산3석회 (3CaO, Al_2O_3)	㉠ 공기 중 수축이 크고, 수중 팽창도 크다. ㉡ 수화작용이 가장 빠르다.(3~7일 초기강도에 영향)	C_3A

③ 성질

㉠ 시멘트의 비중

㉮ 일반적으로 SiO_2(산화규소 ; 실리카), Fe_2O_3(산화제2철)가 많을수록 비중이 커지고, CaO(산화칼슘), Al_2O_3(산화알루미늄 ; 알루미나)가 많으면 비중이 작아진다.

㉯ 시멘트 단위용적중량은 1,500kg/m^3정도이고, 비중은 3.05~3.15(3.05이상)이다.

㉰ 고로시멘트는 2.9정도로 가장 비중이 낮다.

㉡ 시멘트의 분말도

㉮ 분말도는 시멘트입자의 고운정도를 나타내는 것으로 시멘트 수화작용과 강도를 측정하기 위하여 실시한다.

㉯ 분말도 크기 : 조강포틀랜드시멘트 〉 보통포틀랜드시멘트 〉 중용열포틀랜

드시멘트

㉢ 시멘트의 응결

㉮ 수화반응 후 유동성을 상실하고 원형을 유지할 정도로 굳어질 때까지의 과정을 응결이라고 하고, 응결 후 강도발현까지의 과정을 경화라고 한다.

㉯ 온도 20℃±3℃, 습도 80% 이상 상태에서 응결시간은 1~10시간 정도이다.

참고 시멘트 분말도와 응결과의 관계

분말도가 크면	응결이 느린 경우
① 표면적이 커진다. ② 발열량이 커지고, 조기강도가 커진다. ③ 장기강도는 저하된다. ④ 물과의 접촉면이 커지므로 수화작용이 빠르다. ⑤ 시공연도가 좋고, 수밀한 콘크리트가 가능하다. ⑥ 균열발생이 크고 풍화가 쉽다.	① W/C비가 많을수록 응결이 늦다. ② 풍화된 시멘트일수록 응결이 늦다. **응결이 빠른 경우** ① 분말도가 크면 응결이 빠르다. ② 온도가 높고, 습도가 낮을수록 응결이 빠르다. ③ C3A 성분이 많을수록 응결이 빠르다.

㉣ 시멘트의 안정성

㉮ 시멘트가 경화 중 체적이 팽하는 정도를 말한다.

㉯ 팽창을 유발하는 원인은 유리석회, 마그네시아, 무수황산의 함유량으로 이것이 초과하면 팽창으로 인한 균열이 발생한다.

참고 시멘트 각종 시험

① 비중시험 : 루사델리비중병(시멘트의 중량÷비중병의 눈금차이)
② 분말도시험 : 체가름시험(표준체 잔분표시법)과 블레인법(비표면적 시험방법)
③ 응결시험 : 길모아장치와 비이카장치(비이카침에 의한 응결시간 시험방법)
④ 안정성시험 : 오토클레이브(팽창도 시험방법)

④ 시멘트 종류별 특성

㉠ 포틀랜드 시멘트(Portland Cement)

종 류	특 성
보통 P.C	주원료를 분쇄하여 1,450℃의 고온으로 소생하여 얻은 클링커에 소량의 석고를 혼입하여 분쇄해서 제조

조강 P.C	㉮ 조기강도가 크다. ㉯ 수화발열량이 크다. ㉰ 긴급공사, 한중공사, 수중공사에 사용
중용열 P.C	㉮ 수화반응이 늦으므로 발열량이 적고 수축률이 낮다. ㉯ 강도증진은 늦어지나 장기강도는 보통시멘트보다 크다. ㉰ 매스 콘크리트 댐공사, 차폐용 콘크리트 등에 사용
백색 P.C	㉮ 물, 풍우, 서리, 동결 등의 피해에 대한 강한 내구성, 내마모성이 우수 ㉯ 타일줄눈, 테라죠 공사, 교통관계 표식에 사용

ⓛ 혼합시멘트

종 류	특 성
고로시멘트	㉮ 비중이 낮다.(2.9) ㉯ 중성화가 빠르므로 물시멘트비를 줄여준다. ㉰ 동결융해 저항성이 크고, 알칼리골재반응의 방지효과가 있다. ㉱ 해수, 하수, 지하수, 광천 등에 대한 저항성이 크다. ㉲ 건조수축이 작다.
플라이애시 시멘트	㉮ 시공연도 개선 ㉯ 조기강도는 낮으나 장기강도는 증대 ㉰ 내황산염에 대한 저항성, 화학적 저항성을 증진 ㉱ 수밀성 향상
실리카 (포졸란) 시멘트	㉮ 화학적 저항성이 향상되며, 시공연도 개선 ㉯ 성형성이 좋고, 보수성이 좋음. ㉰ 블리딩(bleeding)이 감소하고, 백화현상이 적어짐.

ⓒ 특수시멘트

종 류	특 성
알루미나 시멘트	㉮ 조기강도가 커서 보통 포틀랜드시멘트의 28일 강도를 24시간만에 발현 ㉯ 해수에 대한 저항성이 크다. ㉰ 응결 · 경화시 발열량이 크다. ㉱ 내화성 및 급결성이 강하다. ㉲ 긴급공사, 해안공사, 동기공사에 적합
팽창 시멘트	㉮ 콘크리트의 결점인 수축성을 개선 ㉯ 균열발생이 감소 ㉰ 수밀성으로 인한 강도 중대

> **참고** 시멘트 조기강도 크기순서
>
> Jet 시멘트〉 알루미나 시멘트 〉 조강포틀랜드 시멘트 〉 보통포틀랜드 시멘트 〉 고로 · 실리카 시멘트 〉 중용열 시멘트

(2) 골재

① 골재의 종류

크기	잔골재	㉠ 10mm체를 통과하고, 5mm체를 거의 다 통과하며, 0.08mm체에 거의 다 남는 골재 ㉡ 체 규격 5㎜체에서 중량비로 85% 이상 통과하는 골재
	굵은골재	5㎜체에 중량으로 85% 이상 남는 콘크리트용 골재
비중	경량골재	비중 2.0 이하로 콘크리트의 중량 감소, 단열 등의 목적으로 사용
	보통골재	비중 2.5~2.7 정도의 골재로 보통 콘크리트에 사용
	중량골재	비중 2.7 이상으로 방사선의 차단효과를 높이기 위하여 사용

② 보통골재의 품질

㉠ 골재 품질기준(06 건축공사표준시방서)

종 류	절대건조밀도(g/cm^3)	흡수율(%)	점토량(%)
굵은골재	2.5 이상	3.0 이하	0.25 이하
잔골재	2.5 이상	3.5 이하	1.0 이하

> **참고** 잔골재 흡수율(03 콘크리트표준시방서)
>
> 잔골재로서 사용할 모래의 흡수율은 3.0% 이하의 값을 표준으로 한다.

㉡ 골재 품질 요구조건

㉮ 유해량의 먼지, 흙, 유기불순물, 염화물 등을 포함하지 않아야 한다.

㉯ 소요의 내화성 및 내구성, 내마모성을 가진 것으로 한다.

㉰ 견고하고 강도가 크며, 실적률이 커야 한다.

㉱ 입도가 적당하고 좋아야 한다.

㉲ 표면이 거칠고 둥근 모양인 것이 좋다.

③ 골재 저장시 유의점

㉠ 골재는 잔골재, 굵은골재 및 각 종류별로 분리저장하고, 먼지, 흙 등의 유해물의 혼입을 막도록 한다.

㉡ 골재는 잔 · 굵은 입자가 분리되지 않도록 취급하고, 물빠짐이 좋은 장소에 저장한다.

㉢ 경량골재는 흡수율이 크므로 2~3일 전 살수하여 포면건조내부포수상태로 보관한다.

㉣ 굵은골재의 경우에는 골재알이 부서지지 않도록 설비를 정비하고 취급작업에 주의하여야 한다.

㉤ 여름에 장기간 뙤약볕에 방치된 골재를 그대로 사용하면 콘크리트의 온도가 높아져서 운반이나 취급 중에 워커빌리티가 현저하게 변화를 일으키거나 응결이 몹시 빨라져서 만족스러운 시공을 할 수 없게 될 우려가 있으므로 적당한 씌우개로 덮거나 살수를 하는 등 적절한 시설을 하여 저장하여야 한다.

④ 골재의 염화물 함유량

염화물(Cl-)이 콘크리트에 미치는 영향	㉠ 이상응결(급결) ㉡ 철근부식촉진 ㉢ 균열발생 증가 ㉣ 누수 ㉤ 내구성 약화
염화물(Cl-) 규정 (06 건축공사표준시방서)	㉠ 잔골재의 염분 함유량 : 0.04% 이하(NaCl기준) ※ 염소이온(Cl-)기준시 0.02% 이하 ㉡ 콘크리트에 포함된 염화물량 : 0.3kg/m³ 이하 ㉮ 0.3kg/m³ 초과시 철근방청상 유효한 대책 강구 ㉯ 이 경우에도 염화물량은 0.6kg/m³ 넘어서는 안 된다. ㉰ 상수도물 사용시 염화물 이온량은 0.04kg/m³ 로 보아도 좋다.

참고 혼합물이 콘크리트에 미치는 영향

① 유기물 혼합시 : 콘크리트 강도 및 내구성의 저하
② 점토 덩어리 혼합시 : 강도저하와 균열, 부착력 저하
③ 당분 혼합시 : 응결지연

⑤ 골재의 함수상태

함수량	습윤상태의 골재가 함유하는 전수량
흡수량	표면건조 내부포수상태의 골재 중에 포함되는 물의 양
표면수량	습윤상태의 골재표면의 물의 양(함수량과 흡수량과의 차)
유효흡수량	흡수량과 기건상태의 골재 내에 함유된 수량과의 차

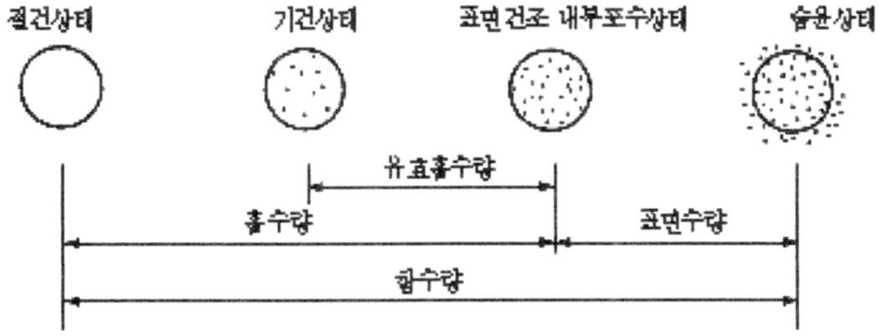

⑥ 골재의 시험방법

혼탁비색법 (유기불순물 시험)	㉠ 잔골재의 유기불순물 유해량을 측정하는 방법 ㉡ 모래시료와 수산화나트륨 3% 용액(NaOH)을 넣고 섞어 24시간 후 표준색과 비교한다. ㉢ 표준색보다 진한 것은 유기불순물을 포함한 것이다.
로스엔젤레스 시험	굵은골재의 마모저항을 시험
체가름 시험 (조립률: Fineness Modulus)	㉠ 골재의 입도와 최대치수를 구하여, 각종의 공사에 사용될 수 있는지를 판단하기 위한 시험 ㉡ 75mm, 40mm, 20mm, 10mm, 5mm, 2.5mm, 1.2mm, 0.6mm, 0.3mm, 0.15mm의 10개 체를 사용 ㉢ $F.M = \frac{\text{각체에 남는 양(\%)의 누계의 합}}{100}$

⑦ 실적율(實積率)과 공극율(空隙率)

㉠ 개요

㉮ 실적율이란 골재의 단위용적(m^3) 중의 실적용적을 백분율(%)로 나타낸 값을 말한다.

㉯ 공극율이란 골재의 단위용적(m^3) 중의 공극을 백분율(%)로 나타낸 값을

말한다.

㉡ 실적율이 클 경우(공극율이 작을 경우) 콘크리트에 주는 영향

㉮ 시멘트 페이스트량이 감소한다.

㉯ 단위수량, 단위시멘트량이 작아져 건조수축과 수화열이 감소된다.

㉰ 콘크리트의 수밀성, 내구성, 내마모성이 증대된다.

㉢ 표준 실적율과 공극율

종 별	실적율(%)	공극율(%)
모래	55~70	30~45
강자갈	60~65	30~40
쇄석(깬자갈)	55~65	37~45

(3) 물

① 물은 유해한 불순물인 기름, 산 알칼리, 염류, 유기물 등을 포함하지 않은 청정한 것이어야 하며 상수도 규정이나 ③의 규정에 적합한 것으로 한다.

② 해수는 철근, PS강선 등을 부식시키므로 철근콘크리트의 혼합수로 하면 안 된다.

③ 레미콘은 KS F 4009 레디믹스트 콘크리트에 따르며 고품질 콘크리트인 경우

㉠ 색도 ㉡ 탁도 ㉢ 수소이온 농도(PH)

㉣ 증발 잔유물 ㉤ 염소이온 농도

㉥ 과망간산칼륨 등의 시험에 합격한 것을 쓴다.

2. 혼화재료

(1) 종류

혼화제(劑)	① 콘크리트의 성질을 개선하기 위해 약품적으로 소량 사용 ② 종류: 표면활성제(AE제, 분산제, AE감수제), 유동화제, 응결경화촉진제, 응결지연제, 방청제, 방동제
혼화재(材)	① 콘크리트의 물성을 개선시키기 위하여 비교적 다량으로 사용 ② 종류: 고로슬래그, 플라이애시, 실리카흄, 착색재, 팽창재

(2) 표면활성제

정 의	표면활성작용에 의하여 콘크리트 속에 미세한 기포를 발생시키거나 시멘트 입자를 분산시켜 콘크리트의 시공연도를 좋게 하는 혼화제		
종 류	① AE제	② 감수제(분산제)	③ AE감수제
작 용	① 기포작용(주로 AE제) : 표면활성제의 용액에 기계적 수단을 가하여 공기를 혼입시키면 용액에 둘러싸인 기포가 생긴다. ② 분산작용(주로 감수제 · AE감수제) : 응집해 있던 시멘트 입자간의 물과 공기를 분산제를 첨가하여 해방시키기 때문에 시멘트에 유동성이 생기게 된다.		

(3) AE(air entraining agent)제

① 정의

㉠ 공기 연행제로서 0.025~0.25mm 정도의 미세한 기포를 고르게 분포시키는 혼화제

㉡ 독립된 공기기포를 균일하게 분포시킴으로써 콘크리트의 시공성을 향상

② 사용목적

㉠ 기포의 볼베어링 역할로 시공연도 증진

㉡ 연행공기의 체적 팽창 압력완화로 동결융해 저항성 증대

㉢ 내구성 및 수밀성 증대

㉣ 단위수(水)량 감소

㉤ 알칼리 골재반응 감소

㉥ 재료분리 저항성, 블리딩 현상 감소

③ 콘크리트 중의 공기량 변화

㉠ AE제의 혼입량이 증가하면 공기량은 증가하지만, 압축강도는 감소한다.

㉡ 시멘트의 분말도 및 단위시멘트량이 증가하면 공기량은 감소한다.

㉢ 잔골재 미립분이 많으면 공기량은 증가하고, 잔골재율이 커지면 공기량은 증가한다.

㉣ 콘크리트의 온도가 낮아지면 공기량은 증가한다.

㉤ 컨시스턴시가 커지면, 즉 슬럼프가 커지면 공기량은 증가한다.

㉥ 진동기 사용시 공기량은 감소한다.

㉦ 기계비빔이 손비빔보다 공기량이 증가한다.

③ 공기량의 종류

인트랩트 에어 (entrapped air)	일반 콘크리트에 자연적으로 상호연속된 부정형의 기포가 1~2% 정도 함유된 것.
인트레인드 에어 (entrained air)	AE제에 의한 독립된 미세한 기포로서 볼베어링 역할을 하는 기포 (=AE 콘크리트의 공기량)

(4) 그 외의 혼화제 특징

고성능감수제	감수제의 성능을 더욱 향상시켜 단위수량을 대폭 감소시킬 수 있는 혼화제
유동화제	단위수량이 적은 콘크리트의 유동성을 일시적으로 증대시킬 수 있는 혼화제
응결경화촉진제	시멘트와 물과의 화학반응을 촉진시켜 조기강도를 증대시키는 것으로 급결제 또는 급경제(急硬濟)라고도 한다.
응결지연제	시멘트와 물과의 화학반응을 늦어지게 하는 것으로 응결을 지연
방청제	염화물에 의한 철근 부식방지
방동제	염화칼슘, 식염 등으로 콘크리트 동결방지

(5) 포졸란(pozzolan)재료

정 의	콘크리트 중의 수산화칼슘과 화합하여 불용성(녹지않는)의 화합물을 만드는 실리카질(SiO_2)재료 ※ 포졸란 반응: 실리카가 콘크리트중의 수산화칼슘과 화합하여 불용성의 화합물을 만드는 반응
종 류	① 천연산: 화산재, 규조토, 규산백토 ② 인공산: 고로슬래그, 소성점토, 플라이애시
성 질	① 시공연도 증진　② 재료분리 감소 ③ 해수에 대한 화학적 저항성 증대　④ 조기강도 감소, 장기강도 증진 ⑤ 발열량이 적어 단면이 큰곳 사용

(6) 플라이애시(fly ash)

정 의	분탄이 화력발전소의 보일러 내에서 연소할 때 부유하는 회분을 전기 집진기로 채집한, 표면이 매끄러운 구형의 미세립 분말
성 질	① 입자가 거의 구형으로 시공연도 향상 ② 수화열이 적음 ③ 장기강도 증진 ④ 내황산염, 화학적 저항성 향상 ⑤ 세공량감소로 수밀성 향상 ⑥ 알칼리 골재반응 억제 효과

(7) 고로 슬래그(slag)

정 의	선철을 제조한 과정에서 발생되는 부유물질인 슬래그를 냉각시켜 분말화 한 것
성 질	① 콘크리트 구조체의 장기강도 증진 ② 수화발열량에 의한 온도상승 ③ 해수, 하수, 지하수, 광천 등에 대한 내침투성이 우수 ④ 재료분리 및 블리딩이 조금 많아짐

(8) 그 외의 혼화재

실리카흄	규소합금을 제조시 발생하는 폐가스를 집진하여 얻어진 규산질(SiO2) 초미립자로 고강도 콘크리트를 제조할 때 사용한다.
팽창재	경화과정에서 팽창을 일으키는 것으로 건조수축균열을 방지
착색재	콘크리트에 색을 가하는 안료이며 내알칼리성 광물질이다. ① 빨강색 : Fe_2O_3(산화제이철) ② 녹색 : Cr_2O_3(산화크롬) ③ 노랑 : 크롬산바륨 ④ 유기안료 ⑤ 검정 : 카본 블랙 ⑥ 백색 : TiO_2(산화 티탄), 백연 ⑦ 갈색 : 이산화망간

3. 배합

(1) 배합의 종류(표시법)

① 절대용적배합 : 콘크리트 $1m^3$ 에 소요되는 재료의 양을 절대용적(l)으로 표시한

배합

② 중량배합 : 콘크리트 1m³ 에 소요되는 재료의 양을 중량(kg)으로 표시한 배합

③ 표준계량용적배합 : 콘크리트 1m³ 에 소요되는 재료의 양을 표준계량용적(1m³)으로 표시한 배합으로, 시멘트는 1,500kg/m³ 으로 한다.

④ 현장계량용적배합 : 콘크리트 1m³ 에 소요되는 재료의 양을 시멘트는 포대수로, 골재는 현장계량에 의한 용적(1m³)으로 표시한 배합

(2) 배합 설계

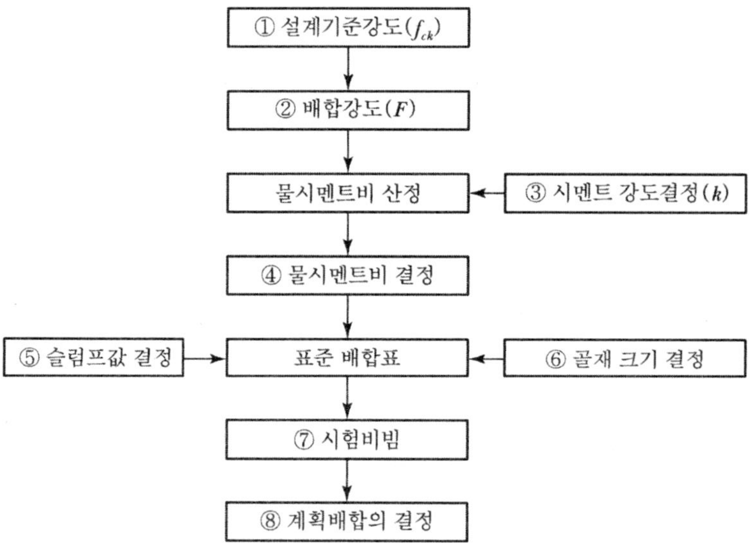

1) 설계기준강도(소요강도 : f_{ck})

① 구조계산에서 요구하는 28일 압축강도를 기준으로 한다.

② f_{ck} = 3×장기허용응력도 = 1.5×단기허용응력도

③ 콘크리트의 허용응력도에 안전율을 곱한 강도

2) 배합강도(F)(2006년 개정 건축공사 표준시방서)

① 표준양생한 공시체의 재령 28일에서 압축강도로 표시한 것으로 한다.

② 구조체 콘크리트의 강도관리 재령에 따른 배합강도 값

콘크리트의 재령	배합강도 값
㉮ 28일인 경우	$F \geq f_{ck} + T + 1.73\sigma$ (N/mm²) $F \geq 0.85(f_{ck} + T) + 3\sigma$ (N/mm²)] 이 중 큰 값
㉯ 28일을 넘고 91일 이내의 n 일 경우	$F \geq f_{ck} + T_n + 1.73\sigma$ (N/mm²) $F \geq 0.85(f_{ck} + T_n) + 3\sigma$ (N/mm²)] 이 중 큰 값
비고	F : 콘크리트 배합강도(N/mm²) f_{ck} : 콘크리트의 설계기준강도(N/mm²) T : 구조체 콘크리트의 강도관리 재령을 28일로 한 경우, 콘크리트의 타설일로부터 28일간의 예상평균기온에 의한 콘크리트 강도의 보정값(N/mm²) T_n : 구조체 콘크리트의 강도관리 재령을 28일을 넘고 91일 이내의 n일로 한 경우, 콘크리트 타설일로부터 n일간의 예상평균기온에 의한 콘크리트강도의 보정값(N/mm²) σ : 사용하는 콘크리트 강도의 표준편차(N/mm²)

Reference

〈배합강도(f_{cr} : 2003년 콘크리트 표준시방서)〉

① 구조물에 사용된 콘크리트의 압축강도가 설계기준강도보다 작아지지 않도록 현장 콘크리트의 품질 변동을 고려하여 콘크리트의 배합강도(f_{cr})를 설계기준강도(f_{ck})보다 충분히 크게 정하여야 한다.

② 배합강도 값 결정

$f_{cr} = f_{ck} + 1.34s$ (MPa)
$f_{cr} = (f_{ck} - 3.5) + 2.334s$ (MPa)] 이 중 큰 값

③ 콘크리트 압축강도의 표준표차(s)는 실제 사용한 콘크리트의 30회 이상의 시험실적으로부터 결정하는 것을 원칙으로 한다. 그러나 압축강도의 시험횟수가 29회 이하이고 15회 이상인 경우는 그것으로 계산한 표준편차에 보정계수를 곱한 값을 표준편차로 사용할 수 있다.

3) 물시멘트비(2006년 개정 건축공사 표준시방서)

① 물시멘트비(W/C)는 부어넣기 직후의 모르타르 또는 콘크리트에 포함된 시멘트풀 속의 시멘트에 대한 물의 중량 백분율

② 물시멘트비는 소요의 강도, 내구성, 수밀성 및 균열저항성 등을 고려하여 정한다.

③ 콘크리트의 강도에 영향을 미치는 가장 큰 요소이며, 압축강도와 물시멘트비

와의 관계는 시험에 의하여 정하는 것을 원칙으로 한다.

④ 내구성을 위한 단위수량은 185kg/m³ 이하로 하며, 단위시멘트량의 최소값은 270kg/m³ 으로 한다.

⑤ 물시멘트비 최대 값(2006년 개정 건축공사 표준시방서)

시멘트 종류		콘크리트 종류				
보통포틀랜드 고로슬래그 특급 포졸란 A종 플라이애시 A종	고로슬래그 1급 포졸란 B종 플라이애시 B종	서머콘	제빙화학제 사용 콘크리트	고강도 수중 동결융해 수밀 차폐용	제치장 프리캐스트 중성화 저항성	한중 경량
65% 이하	60% 이하	43% 이하	45% 이하	50% 이하	55% 이하	60% 이하

4) 슬럼프치

① Slump Test의 목적은 시공연도의 양부를 측정

② 콘크리트의 슬럼프는 180mm 이하로 한다.

③ Slump 값의 표준값(2007년 콘크리트표준시방서)

종류		슬럼프 값(mm)	지정슬럼프와의 허용차	
			슬럼프 값(mm)	허용오차(mm)
철근콘크리트	일반적인 경우	80~150	80 미만	±15
	단면이 큰 경우	60~120	80 이상~180 이하	±25
무근콘크리트	일반적인 경우	50~150	180 초과	±15
	단면이 큰 경우	50~100		

(3) 배합의 일반적인 경향

① 동일한 W/C비, 동일 Slump일 때

㉮ 모래입자가 작을수록 시멘트 사용량이 많아진다.

㉯ 자갈입자가 작을수록 시멘트 사용량이 많아진다.

㉰ 모래입자가 작을수록 자갈의 사용량이 많아진다.

㉱ 자갈입자가 작을수록 모래의 사용량이 많아진다.

㉲ 모래입자가 클수록 모래의 사용량이 많아진다.

㉳ 자갈이 굵을수록 자갈의 사용량이 많아진다.

② 동일 슬럼프일 때 물시멘트비가 작을수록 시멘트 사용량이 많아진다.

③ 감수제를 사용해 W/C 비를 줄이면 시멘트량이 많아진다.

④ 동일 W/C비일 때 슬럼프가 클수록 시멘트 사용량이 많아진다.

4. 콘크리트의 성질

(1) 콘크리트의 압축강도

1) 일반사항

① 시험횟수는 콘크리트의 타설공구(구획)마다, 타설일마다, 또한 타설량 150m³ 또는 그 단수마다 1회로 한다.

② 공시체 시험은 한 콘크리트에 3회 이상 1회에 3개의 공시체로 한다.

㉮ 공시체 : 지름 15cm, 높이 30cm

㉯ 시험방법 : 공시체 3개 이상 시험 후 평균강도 측정(양생은 표준양생으로 한다. 제작 24시간 후 탈형하고 수중양생(20±3℃))

㉰ 압축강도= $\frac{\text{최대하중}(kgf)}{\text{공시체단면적}(cm^2)}$

㉱ 시험재령은 7일, 14일, 28일 기준

2) 합격 판정(2006년 개정 건축공사 표준시방서)

① 공시체의 양생방법이 표준수중양생인 경우에는 재령 28일의 1회의 시험결과가 설계기준강도에 예상평균기온에 의한 콘크리트 강도의 보정값을 더한 값 이상이면 합격으로 하고, 공시체의 양생방법이 현장수중양생인 경우에는 재령 28일의 1회의 시험결과가 설계기준강도 이상이면 합격으로 한다.

② 구조체 콘크리트의 강도관리 재령이 28일을 초과하고 91일 이내의 n일인 경우에는 공시체는 현장봉함양생으로 하고 재령 n일에 있어서 1회의 시험결과가 설계기준강도 이상이면 합격으로 한다.

③ 코어 공시체 압축강도 시험 결과의 3개 이상 평균값이 설계기준강도의 85%에 도달하고, 그 중 하나의 값이 설계기준강도의 75%보다 작지 않으면 합격으로 한다.

(2) 비파괴 시험

타격법 (슈미트해머법)	• Concrete 표면에 타격 시 반발의 정도로 강도를 추정한다. • 시험장치가 간단하고 편리하여 많이 쓰인다.
공진법	물체 간 고유진동 주기를 이용하여 동적 측정치로 강도를 측정한다.
초음파법	• 피측정물을 전달하는 음파의 속도에 의해 강도를 추정한다. • 많이 사용한다.
복합법	타격법+초음파법을 병행해서 강도를 추정하며 가장 믿을 만하고 뛰어난 방법
인발법	• Concrete에 묻힌 Bolt 중에서 강도를 측정한다. • Pre-Anchor법, Post-Anchor법이 있고, PS Concrete에 사용한다.
코어(Core) 채취법	• 시험하고자 하는 Concrete 부분을 Core Drill을 이용하여 채취하여 강도시험 등 재시험을 한다. • Core 채취가 어렵고 측정치에 한계가 있다.

(3) 철근굵기와 철근위치 판별시험방법

① 피복 측정기 ② 감마선 시험법

③ X선 시험법 ④ 레이더 추적법

(4) 굳지 않은 콘크리트의 성질

1) Workability(시공연도)

반죽질기의 여하에 따른 작업의 난이 정도 및 재료분리에 저항하는 정도를 나타내는 굳지 않는 Concrete의 성질(종합적 의미에서의 시공난이 정도)

2) Consistancy(반죽질기)

단위 수량의 다소에 따라 반죽이 묽고 된 정도를 나타내는 콘크리트의 성질(유동성의 정도)

3) Plasticity(성형성)

거푸집에 쉽게 다져넣을 수 있고 거푸집을 제거하면 천천히 형상이 변화하지만

재료가 분리되거나 허물어지지 않는 굳지 않은 콘크리트의 성질

4) Finishability(마감성)

굵은 골재의 최대치수, 잔골재율, 잔골재의 입도, 반죽질기 등에 따르는 마무리하기 쉬운 정도를 말하는 굳지 않은 콘크리트의 성질

5) Pumpability(압송성)

펌프로 콘크리트가 잘 유동되는지의 난이 정도

(5) 시공 연도(Workability)

① 단위 수량, 단위 시멘트량, 시멘트의 성질, 골재의 입도 및 입형, 공기량, 혼화재료 등의 영향을 받는다.
② 시험방법에는 슬럼프시험, 플로우시험, 구관입시험, 리몰딩시험 등이 있다.

(6) 재료의 분리

1) 작업 중 원인

원인	방지대책
① 단위수량이 클 때 ② 골재의 입도 및 입형이 부적당할 때 ③ 단위시멘트량이 적을 때 ④ 비빔시간이 길 때 ⑤ 타설 높이가 높을 때 ⑥ 혼화재료 사용량이 적을 때	① 물시멘트비를 작게 한다. ② 골재입도 및 입형 적당한 것을 사용 ③ 단위시멘트량 증가 ④ 비빔시간 준수 ⑤ 타설높이 1m 이하 ⑥ 적정한 혼화재료 사용

2) 작업 후 원인

① 블리딩(Bleeding) : 재료분리현상의 일종으로, 물이 과다 사용된 시멘트나 모르타르에서 콘크리트 타설 직후 가벼운 물은 상승하고 골재와 시멘트는 침하

하는데 이때 물이 상승하는 현상을 말한다.

② 레이턴스(Laitance) : 블리딩으로 인하여 미세물질이 같이 상승하며 콘크리트 표면에 침전되어 얇은 피막을 형성하며 이때 침전된 것이다.

5. 시공 및 양생

(1) 콘크리트 비빔

1) 기계 비빔(Machine Mixing)

① 콘크리트 비빔은 기계비빔을 원칙으로 하고, 재료투입은 동시투입이 이상적이나, 실제로는 모래+시멘트+물+자갈순이다.

② 비빔시간은 가경식 믹서일 때 최소 1분 30초 이상, 강제식 믹서일 때는 1분 이상 표준, 1시간의 비빔횟수는 최대 20회로 한다.

③ 믹서의 외주 회전속도는 1초에 1m 정도이다.

2) 손비빔

① 재료 투입 순서 : 모래+시멘트+자갈+물

② 건비빔 3회, 물비빔 4회 이상 비빈다.

3) 각종 계량장치

① 물의 계량장치 : 오버플로우식(Over Flow System), 사이펀(Siphon)식, Float System, 양수계식 등이 있고 오버플로우식이 가장 많이 쓰이며 실용적이다.

② 배처플랜트 : 골재, 시멘트, 물을 자동 중량계량하는 장치이다.

③ 디스펜서 : AE제를 계량하는 분배기이다. 자동식, 수동식이 있다.

④ 이넌데이타 : 모래의 용적계량장치로서 모래를 수중에 완전 침수시키면 그 용적이 표준계량일 때와 같아지는 것을 이용한다.

⑤ 워세크리터 : 물시멘트비가 일정한 시멘트풀의 혼합계량장치를 갖춘 계량기이다. Batcher Plant 사용으로 거의 사용하지 않는다.

⑥ 워싱턴미터 : AE제의 공기량 측정

⑦ 에어미터 : 콘크리트 속에 함유된 공기량 측정

(2) 운반

1) 콘크리트 타워(H)

$$H = h + \frac{l}{2} + 12\,(\mathrm{m})$$

h : 부어넣을 콘크리트 최고높이　　l : 타워에서 호퍼까지 수평거리

① 최고높이 H ≦ 70m 이하, 15m마다 4개의 버팀줄로 지지시킨다.

② 믹서 → 버킷 → 타워 → 타워호퍼 → 슈트 → 플로어호퍼 → 손차 → 타설 순이다.

③ 슈트의 길이는 10m 이내, 경사는 4/10~7/10

2) 콘크리트 펌프(펌프 콘크리트)

① 콘크리트를 관을 통하여 압송하는 방식이다.

② 피스톤 압송식, 스퀴즈(Squeeze)식, 압축공기식 등이 있으며, 주로 피스톤과 스퀴즈식이 사용된다.

③ 수평 100~600m, 수직 30~100m까지 가능하다.

④ 펌프는 수송관의 지름, 압송거리, 콘크리트의 된비빔 정도에 따라 시험 후 사용한다.

⑤ 호퍼 내의 콘크리트가 단절되지 않도록 압송속도를 조절하고, 압송 중에는 펌프를 정지시키지 않는다.

⑥ 압송 전후의 콘크리트 슬럼프값은 일반적으로 2cm 정도, 공기량은 1% 정도가 저하되므로 압송전 콘크리트 배합에 주의하여 결정한다.

⑦ 수송관이 무겁고 진동이 있으므로 거푸집, 철근콘크리트에 유해한 영향을 주지 않도록 설치한다.

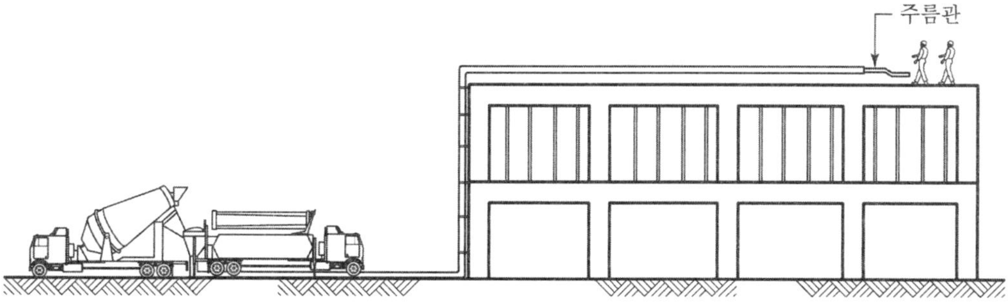

[현장에서의 콘크리트 타설 전경]

3) 기타 운반기구

① 벨트 컨베이어(Belt Conveyer)

② 콘크리트 카트(Concrete Cart) : 운반 중에 재료 분리경향이 있으므로 주의한다.

(3) 부어넣기(2006년 개정 건축공사 표준시방서)

① 콘크리트를 부어넣기 전 배근, 배관, 거푸집 등을 점검하고 청소 및 물축이기를 한다.

② 비빔장소나 플로어 호퍼(Floor Hopper)에서 먼 곳부터 가까운 곳으로 부어넣으며, 될 수 있으면 위치하는 장소에 가능한 가까운 곳에서 타설한다.

③ 낮은 곳에서 높은 곳, 즉 기초→기둥→벽→계단→보→바닥판의 순서로 부어나간다.

④ 부어넣기 전에 미리 계획된 구역 내에서는 연속적인 붓기를 하며, 한 구획 내에서는 콘크리트 표면이 수평이 되도록 부어넣는다.

⑤ 벽 또는 기둥과 같이 높이가 높은 콘크리트를 연속해서 타설할 경우에는 쳐 올라가는 속도는 단면의 크기, 콘크리트의 배합, 다지기방법 등에 따라서 다르나 일반적으로 30분에 1~1.5m 정도로 하는 것이 적당하다.

⑥ 계속 타설 중의 이어붓기 시간간격의 한도는 외기온이 25℃ 미만일 때는 150분, 25℃ 이상에서는 120분으로 한다.

⑦ 타설한 콘크리트를 거푸집 안에서 횡방향으로 이동시켜서는 안 된다. 특히, 내부 진동기를 써서 콘크리트를 이동시켜서는 안 된다.

⑧ 기둥은 한 번에 부어넣지 말고, 벽은 수평으로 부어넣고, 보는 양단에서 중앙부로 부어넣는다.

(4) 이어붓기

1) 이어붓기 계획

① 구조물의 강도에 영향이 적은 곳에 둔다.
② 이음길이가 짧게 되는 위치에 둔다.
③ 시공순서에 무리가 없는 곳에 둔다.
④ 이음위치는 대체로 단면이 작은 곳에 두어 이어붓기 면은 짧게 하고, 또 응력에 직각방향 또는 수직, 수평으로 한다.

2) 이어붓기 위치

① 보, 바닥판의 이음은 그 간 사이(Span)의 중앙부에 수직으로 한다.
② 바닥판은 그 간 사이의 중앙부에 작은 보가 있을 때에는 작은 보 너비의 2배 정도 떨어진 곳에 둔다.
③ 기둥은 기초판, 연결보 또는 바닥판 위에서 수평으로 한다.
④ 벽은 개구부 등 끊기 좋고 또한, 이음자리 막기와 떼어내기 편리한 곳에 수직 또는 수평으로 한다.
⑤ 아치의 이음은 아치축에 직각으로 설치한다.
⑥ 캔킬레버는 이어붓지 않는 것을 원칙으로 한다.

3) 콘크리트 줄눈의 종류

① 시공이음(Construction Joint) : 콘크리트를 한번에 붓지 못할 때 생기는 줄눈
② 신축이음(Expansion Joint) : 온도팽창, 기초의 부동침하에 대해 부재의 신축이 자유롭게 되도록 설치하는 줄눈
③ 조절줄눈(Control Joint) : 지반 위에 있는 바닥판이 수축에 의하여 표면에 균열이 생기는 것을 막고, 균열을 전체부분 중의 일정한 곳에만 일어나도록 유도

하는 줄눈

④ 콜드조인트(Cold Joint) : 시공과정 중 휴식시간 등으로 응결하기 시작한 콘크리트에 새로운 콘크리트를 이어칠 때 일체화가 저해되어 생기는 줄눈

(5) 진동다짐(2006년 개정 건축공사 표준시방서)

1) 진동다짐 목적

콘크리트를 거푸집 구석구석까지 충전시키고, 밀실한 콘크리트를 얻기 위한 것이다.

2) 진동기 종류

① 내부 진동기 : 막대식(꽂이식, 봉상) 진동기로 가장 많이 사용한다.
② 거푸집 진동기 : PC 공장에서 거푸집의 외부에 진동을 가하는 것(기둥, 벽)
③ 표면 진동기 : Slab 콘크리트 표면에 직접 진동시키는 것으로, 도로공사 등에 사용된다.

3) 진동다짐 기계(Vibrator)의 사용 원칙

① Slump 150mm 이하의 된비빔 콘크리트에 사용함을 원칙으로 한다.
② 콘크리트 다지기에는 내부진동기의 사용을 원칙으로 하나, 얇은 벽 등 내부진동기의 사용이 곤란한 장소에서는 거푸집 진동기를 사용해도 좋다.

4) 진동기 수

① 1일 콘크리트 작업량 $20m^3$ 마다 1대, 3대 사용시 예비 진동기 1대 준비
② 1대의 내부진동기로 다지기는 콘크리트의 용적은 현장의 사정에 의해서 다르나, 일반적으로 소형은 1시간에 4~$8m^3$, 2명이 취급하는 대형은 1시간에 $30m^3$ 정도이다.

5) 사용방법

① 내부진동기는 수직으로 찔러 넣으며, 그 간격은 진동이 유효하다고 인정되는

범위의 지름 이하로서 일정한 간격으로 하며, 삽입 간격은 일반적으로 0.5m (개정 전 60cm) 이하로 중복되지 않게 한다.

② 철근 및 철골에 직접 닿지 않게 한다.

③ 진동다지기를 할 때에는 내부진동기를 하층의 콘크리트 속으로 0.1m 정도 찔러 넣는다.

④ 내부진동기의 1개소당 진동시간은 5~15초(개정 전 30~40초)로 한다.

⑤ 내부진동기는 콘크리트로부터 천천히 빼내어 구멍이 남지 않도록 한다.

⑥ 재진동을 할 경우에는 콘크리트에 나쁜 영향이 생기지 않도록 초결이 일어나기 전에 실시하여야 한다.

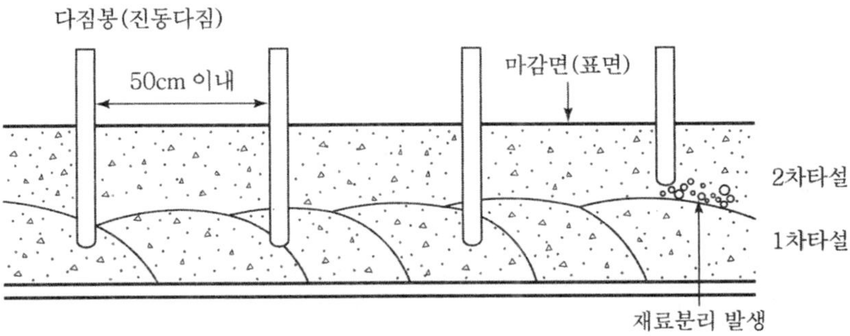

(6) 양생(2006년 개정 건축공사 표준시방서)

1) 목적

부어넣은 콘크리트가 수화작용을 충분히 발휘시킴과 동시에 건조 및 외력에 의한 균열 발생을 방지하고, 오염 · 변형 · 파괴 등을 보호하는 것으로 보양이라고도 한다.

2) 주의사항

① 콘크리트는 타설이 끝난 직후로부터 시멘트의 수화 및 콘크리트의 경화가 충분히 진행하기까지의 사이에 급격한 건조, 급격한 온도변화, 진동 및 외력의 나쁜 영향을 받지 않도록 양생하여야 한다.

② 기온이 높거나 직사광선을 받는 경우에는 콘크리트면이 건조하지 않도록 충분히 양생하도록 한다.

③ 콘크리트를 부어넣은 후 시멘트의 수화열에 의하여 부재단면에 있어 중심부의 온도가 외기 온도보다 25℃ 이상 높아질 염려가 있는 경우에는 거푸집을 장기간 존치하여 중심부의 온도와 표면부의 온도차이를 될 수 있는 대로 적게 해야 한다.

④ 콘크리트를 부어넣은 후 1일간은 원칙적으로 그 위를 보행하거나 공사기구 및 기타 중량물을 올려놓아서는 안 된다. 불가피하게 보행이나 작업을 해야 하는 경우에는 담당원의 지시를 받는다. 또한, 그 후에도 경화중인 콘크리트에 해로운 충격 등을 주지 않도록 주의하여야 한다.

⑤ 콘크리트를 부어넣은 후에는 7일 이상 거적 또는 시트 등으로 덮어 물뿌리기 또는 기타의 방법으로 수분을 보존하여야 한다. 다만, 조강 포틀랜드 시멘트를 사용할 경우의 습윤양생 기간은 3일 이상으로 한다.

Reference

습윤양생기간의 표준(2003년 콘크리트 표준시방서)

일평균기온	보통포틀랜드 시멘트	고로슬래그시멘트 플라이애시시멘트 B종	조강포틀랜드 시멘트
15℃ 이상	5일	7일	3일
10℃ 이상	7일	9일	4일
5℃ 이상	9일	12일	5일

3) 양생방법

① 습윤양생(Moist Curing) : 수중 · 살수보양, 대중적인 방법으로 충분하게 살수하고 방수지를 덮어서 봉합 양생한다.

② 증기양생(Steam Curing) : 단시간에 강도를 얻기 위해 고온 · 고압 양생, 한중기 콘크리트, PS 부재에 적합하다.

③ 전기양생(Electric Curing) : 저압교류에 의해 전기저항의 발열을 유발하고, 전기유출로 철근부식과 부착강도가 저하될 우려가 있으며, 한중콘트리트에 이용된다.

④ 피막양생(Membrane Curing) : 피막양생제 살포는 수분증발을 방지한다.

⑤ 고주파 양생 : 거푸집과 콘크리트 윗면에 철판을 놓고 고주파를 흘려 양생

⑥ 압증기 양생(오토크레이브 양생) : 대기압이 넘는 압력용기 오토크레이브 가마에서 양생

(7) 콘크리트의 내구성 저하 요인

1) 중성화(콘크리트 : 中性化)

① 철근콘크리트 내구연한은 중성화와 관계가 깊다.

② 중성화란 콘크리트중의 알칼리와 대기 중 탄산가스가 반응하여 수분이 증발되고 콘크리트가 노화되어 가는 현상으로 탄산화라고도 한다.

③ 반응식

$$Ca(OH)_2 + CO_2 \xrightarrow{\text{Cabonation}} CaCO_3 + H_2O \uparrow$$

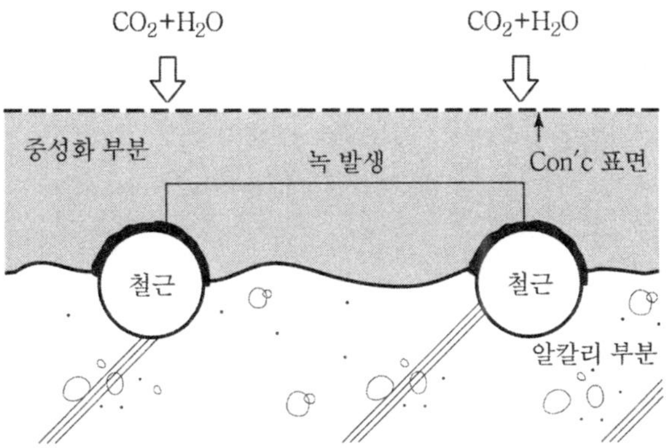

④ 영향을 주는 요소 : 시멘트의 종류, 골재의 종류, 혼화재, 물시멘트비, 온도 등

⑤ 중성화의 문제점

문제점	중성화 속도
• 강도 저하 • 철근 부식(녹이 슨다). • 2.5배까지 철근 체적 팽창 • 균열 발생 후 누수 • 콘크리트 내구성에 심각한 우려	• 단기 재령일수록 빠르다. • 중용열, 혼합시멘트는 빠르다. • 경량 골재는 기공이 많아서 빠르다. • AE제, 감수제, 유동화제는 중성화를 억제한다. • W/C비가 높을수록 온도가 높을수록 빠르다.

⑥ 중성화 판정 : 페놀프탈레인 1%의 에탄올 용액(알코올용액)을 스프레이로 뿌려 색깔의 변화로 판정. 중성화 안 된 부분은 적자색으로 나타난다.

2) 알칼리 골재반응(Alkali Aggregate Reaction : AAR)

① 정의

시멘트의 알칼리 성분과 골재 중의 실리카, 탄산염 등의 광물이 화합하여 알칼리 실리카 겔이 생성되고 이것이 팽창하여 균열, 조직붕괴 현상을 일으키는 것을 말한다.

② 반응의 종류

알칼리-Silica 반응	시멘트의 알칼리 금속이온(Na^+, K^+)과 수산이온(OH^-)이 실리카 사이에서 실리카 겔이 형성되어 수분을 계속 흡수 팽창한다.
알칼리-탄산염 반응	점토질의 돌로마이트 석회석과 시멘트 알칼리와의 유해한 반응. 실리카겔 형성 없고, 점토질이 수분을 흡수, 팽창한다.
알칼리 실리케이트 반응	운모를 함유하는 암석과 알칼리가 수분과 결합 팽창한다. 겔 생성이 적다.

③ 알칼리 골재반응과 문제점 및 대책

골재반응의 문제점	대책
• 균열 · 이동 등 성능저하 발생 • 무근 콘크리트는 거북이등 균열(Map Crack) 발생 • 철근콘크리트는 주근방향 균열발생 • 동결융해, 화학적 침식의 저항성 악화 • 철근부식 후 내구성 저하	• 반응성 골재사용을 금한다. • 저알칼리 시멘트 사용(알칼리 함량 0.6%) • 고로 시멘트, 플라이애시 등을 사용한다. (양질의 포졸란에 의해 반응이 억제된다.) • 방수제를 사용하여 수분을 억제한다.

(8) 콘크리트 균열에 대한 보수 및 보강법

① 표면처리방법(표면을 Seal하는 방법)

② 충전 및 주입 공법

③ 강재(鋼材) 및 앵커 긴결방법 : 구조적인 보강방법

④ 프리스트레스공법

6. 콘크리트의 종류

(1) 수중 콘크리트

① 물이 많이 나고 배수가 불가능한 지하층이나 기초공사 등의 콘크리트 공사에 사용

② 모르타르 양 50% 증가시켜 슬럼프를 13~18cm 정도 되게 한다.

③ 물속에 콘크리트를 부어넣을 때 물이 정지상태가 되도록 하며 철판이나 밀폐된 버킷을 이용한다.

(2) 서중(暑中) 콘크리트(2006년 개정 건축공사 표준시방서)

1) 일반사항

① 서중콘크리트는 일평균 기온이 25℃를 초과하는 경우에 적용한다.

② 고온의 시멘트는 사용하지 않으며, 물 및 골재는 되도록 낮은 온도의 것을 사용한다.

③ 배합은 소요의 콘크리트 품질이 얻어지는 범위 내에서 비빔, 운반 및 부어넣기의 조건에 따라 단위수량 및 단위시멘트량이 될 수 있는 한 적게 되도록 한다.

④ 콘크리트의 소요 슬럼프는 공사시방서에 따르고, 공사시방서에 정한 바가 없을 때에는 180mm 이하로 한다.

2) 시공 시 주의사항

① 콘크리트는 비빈 후 되도록 빨리 타설하는 것이 바람직하며, 지연형 감수제를 사용하는 등의 일반적인 대책을 강구한 경우라도 1.5시간 이내에 타설하여야 한다.

② 콘크리트를 타설할 때의 콘크리트 온도는 35℃ 이하여야 한다.

③ 콘크리트는 부어넣은 후 수분의 급격한 증발이나 직사광선에 의한 온도상승을 막고 습윤상태를 유지하면서 양생한다.

Reference

〈양생조건(2003년 콘크리트 표준시방서)〉

타설 후 적어도 24시간은 노출면이 건조하는 일이 없도록 습윤상태로 유지하여야 하며, 양생은 적어도 5일 이상 실시하는 것이 바람직하다.

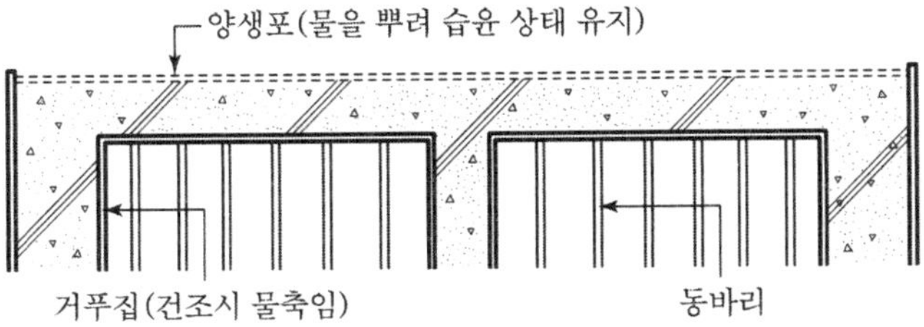

(3) 한중(寒中) 콘크리트(2006년 개정 건축공사 표준시방서)

1) 일반사항

① 한중콘크리트는 일평균 기온이 4℃ 이하에서 시공하는 콘크리트에 적용한다.

② 한중콘크리트의 시공방법은 기온이 0~4℃에서는 간단한 주의와 보온으로 시공하고, −3~0℃에서는 물 또는 물과 골재를 가열할 필요가 있는 동시에 어느 정도의 보온이 필요하다.

③ 한중콘크리트의 배합은 소정의 설계기준강도가 소정의 재령에서 얻어지고, 초기동해의 방지에 필요한 압축강도 5N/mm² 가 초기 양생기간 내에 얻어지도록 정한다.

④ 물시멘트비는 60% 이하로 하고, 단위수량은 콘크리트의 소요성능이 얻어지는 범위 내에서 될 수 있는 한 적게 한다. 또한, AE제, AE감수제 및 고성능 AE감수제 중 어느 한 종류는 반드시 사용한다.

⑤ 적산온도방식에 의한 배합강도 및 물시멘트비는 적산온도가 210° D · D (degree day) 이상일 경우에 적용하고, 구조체 콘크리트의 강도관리 재령은 91일 이내에서 또한 적산온도는 420° D · D 이하가 되는 재령으로 한다.

2) 시공 시 주의사항

① 재료를 가열하는 경우, 물을 가열하는 것을 원칙으로 하며, 시멘트는 어떤 방법

에 의해서도 가열해서는 안 되고, 골재는 직접 불꽃에 대어 가열해서는 안 된다.

② 가열한 재료를 사용할 경우 시멘트를 넣기 직전의 믹서 내의 골재 및 물의 온도는 40℃ 이하로 한다.

③ 부어넣을 때의 콘크리트 온도는 10℃ 이상 20℃ 미만으로 한다.

Reference

〈콘크리트 부어넣기 온도(2003년 콘크리트 표준시방서)〉

부어넣을 때의 콘크리트 온도는 5~20℃로 한다.

④ 콘크리트 타설 후 압축강도가 5N/mm² 가 될 동안에는 타설한 콘크리트는 어느 부분에서도 그 온도가 5℃ 이상으로 하여 초기양생을 실시한다.

3) 양생 시 주의사항

① 매스콘크리트의 초기양생은 단열 보온양생에 준하여 부어넣을 때의 콘크리트 온도, 시멘트의 종류, 시멘트량, 혼화제의 종류, 부재의 주변온도 등에 따라 콘크리트의 중심온도가 과도하게 높아지지 않도록 하고, 또한 부재 중의 온도 차이가 크지 않도록 계획한다.

② 가열 보온양생 종료 후는 콘크리트가 급격히 건조 및 냉각되지 않도록 한다. 특히, 콘크리트 노출면은 시트, 기타 적절한 재료로 틈새 없이 덮어 양생을 계속한다.

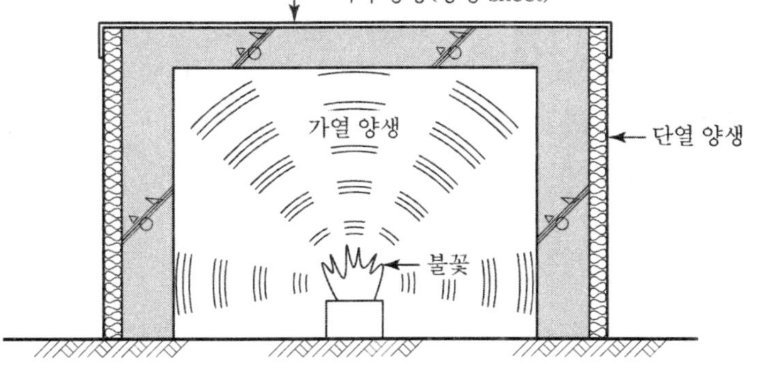

(4) AE콘크리트

1) 일반사항

① AE제(공기 연행제 : Air Entraining Agent)의 사용으로 시공연도를 증진시키고, 단위수량을 감소시키며 내구성, 수밀성이 향상된 콘크리트

② AE제 사용시 0.03~0.3mm 정도의 미세기포가 발생하여 시공연도를 증진시킨다.

③ 공기량이 많을수록 슬럼프가 증대된다.

④ 공기량 1% 증가 시 압축강도 3~5% 저하되며, 이로 인해 물시멘트비를 적게 하여 동일 강도를 낸다.

⑤ AE제는 계량의 정확을 기하기 위해 10~20배 정도 희석하여 사용한다.

2) 특성

① 워커빌리티가 좋아진다.

② 단위수량이 감소하고 용적침하가 적다.

③ 내구성, 수밀성, 내동결성이 증가한다.

④ 압축강도 및 부착강도가 감소한다.

(5) 쇄석 콘크리트(깬자갈 콘크리트)

① 깬자갈 콘크리트는 보통 강자갈 대신에 인공적으로 부순(깬자갈)을 사용한 것으로 안산암이 많이 사용된다.

② 원석은 현무암, 안산암, 석회암, 경질사암, 경석 등이 이용된다.

③ 대소립자가 적당히 혼합된 것이 좋다.(5~20mm 이내 범위)

④ 최소 실적률 55% 이상(55% 이하는 시공연도가 극도로 나빠진다.)

⑤ 깬자갈 콘크리트는 강자갈콘크리트보다 강도가 10~20% 크게 된다.

⑥ AE제 등의 표면 활성제 사용(유동성 부족 때문에)

(6) 경량 콘크리트

1) 일반사항

① 경량 콘크리트는 설계기준강도가 15N/mm² 이상, 24N/mm² 이하로서, 기건단위용적질량이 1.4~2.0t/m³ 의 범위에 들어가는 것으로 한다.

② 슬럼프값은 180mm 이하로 한다.

③ 단위시멘트량의 최소값은 300kg/m³, 물시멘트비의 최대값은 60%로 한다.

④ 인공경량 굵은골재의 최대치수는 공사시방서에 따르고, 정한 바가 없을 때에는 15mm 또는 20mm로 한다.

Reference

〈굵은골재의 최대치수(2003년 콘크리트 표준시방서)〉

인공경량 굵은골재의 최대치수는 20mm로 한다.

2) 시공 시 주의사항

① 경량골재는 배합 전에 충분히 흡수시키고, 표면건조 내부포수상태에 가까운 상태로 사용하는 것을 원칙으로 한다.

② 공기량은 질량법이나 용적법으로 측정하는 것을 원칙으로 하며, 5%를 표준으로 한다.

③ 경량콘크리트의 철근 피복두께는 보통 콘크리트 피복두께에 대하여 필요에 따라 10mm를 더한 것으로 한다.

3) 경량 콘크리트의 특성

① 건물 자중을 경감할 수 있다.

② 콘크리트 운반이나 부어넣기 노력을 절감시킬 수 있다.

③ 열전도율이 낮고, 방음효과, 내화성, 흡음성이 좋다.

④ 강도가 낮고, 건조수축이 크다.

⑤ 시공이 번거롭고, 재료처리가 필요하다.

(7) 중량 콘크리트(차폐용 콘크리트)

① 원자로 관련시설, 의료용 조사실 등에 사용되는 것으로 방사선을 주로 생체방호를 위하여 차폐하는 데 사용되는 콘크리트이다.
② 슬럼프는 150mm 이하로 한다.
③ 물시멘트비는 50%(개정 전: 60%) 이하를 원칙으로 한다.
④ 골재는 50mm 이하의 중정석, 자철광을 사용한다.

(8) 레디믹스트 콘크리트(Rready Mixed Concrete)

1) 일반사항

① 콘크리트 제조설비를 갖춘 공장(배처플랜트)으로부터 구입할 수 있는 굳지 않은 콘크리트를 말한다.
② 공기량은 보통콘크리트의 경우 4.5%이며, 경량콘크리트의 경우 5%로 하되, 그 허용오차는 ±1.5%로 한다.
③ 콘크리트 중 모르타르와 단위용적 중량의 차는 0.8%이고, 콘크리트 중 단위 굵은골재량의 차는 5% 이다.

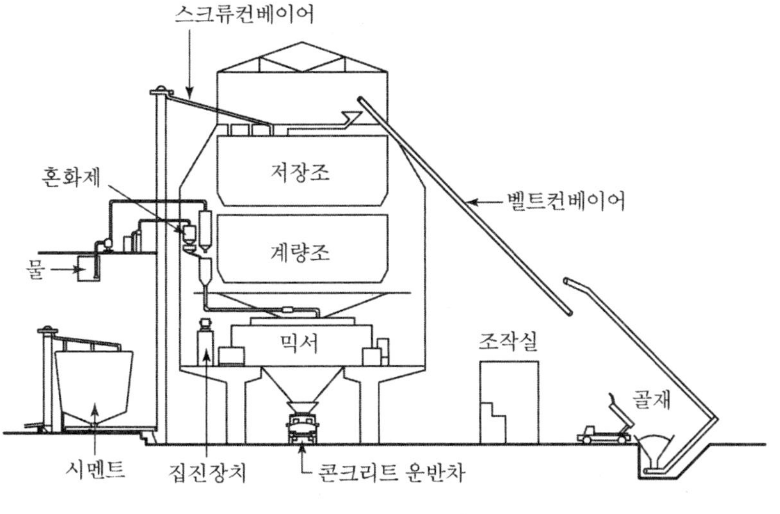

2) 운반 시 주의사항

① 레디믹스트 콘크리트는 슬럼프시험, 공기량시험, 강도시험, 염화물함유량시험, 단위용적 질량시험, 용적시험을 하여야 하며, 시험횟수는 1일 1회 이상, 구조물별 150㎥ 마다 1회의 비율로 하여 시험을 실시한다.

② 압축강도시험은 1회의 시험결과는 구입자가 지정한 호칭강도의 85% 이상이어야 하고, 3회의 시험결과의 평균치는 구입자가 지정한 호칭강도의 값 이상이어야 한다.

③ 믹서는 고정믹서로 한다.

④ 콘크리트 운반차는 트럭믹서 또는 트럭애지데이터의 사용을 원칙으로 하고, 슬럼프가 25mm 이하의 낮은 콘크리트를 운반할 때는 덤프트럭을 사용할 수 있다.

3) 종류

① 센트럴 믹스트 콘크리트(Central Mixed Concrete) : 믹싱 플랜트에서 고정믹서로 비빔이 완료된 콘크리트를 트럭애지데이터 또는 트럭믹서로 휘저으며 현장까지 운반하는 것

② 슈링크 믹스트 콘크리트(Shrink Mixed Concrete) : 믹싱플랜트의 고정믹서에서 어느 정도 비빈 것을 트럭믹서에 실어, 운반도중에 완전히 비벼서 현장에 반입하는 것

③ 트랜싯 믹스트 콘크리트(Tansit Mixed Concrete) : 트럭믹서에 모든 재료가 공급되어 운반도중에 비벼서 현장에 반입하는 것

4) 특성

① 협소한 현장에 재료 적재 및 비빔작업이 불필요하다.

② 공사 추진이 정확하고, 품질이 균일하다.

③ 부어넣는 수량에 따라 조절할 수 있다.

④ 운반시간에 제한을 받으며, 운반도중 재료분리가 우려된다.

(9) 프리팩트 콘크리트

1) 일반사항

① 굵은골재를 먼저 거푸집에 넣고 그 사이에 특수모르타르를 압력으로 주입하는 콘크리트를 말한다.

② 사용용도는 지수벽, 수중콘크리트, 보수공사, 기초파일 등에 사용된다.

③ 모르타르 믹서는 균일하고 소요의 품질을 갖는 주입 모르타르를 5분 이내에 비빌 수 있는 것으로 한다.

④ 굵은골재는 그 최소치수가 15mm 이상의 것으로 하고, 거푸집에 충전했을 때의 공극률이 가급적 적게 되는 것을 사용한다.

⑤ 주입 모르타르는 재료분리가 적고, 유동성이 좋은 것으로 한다.

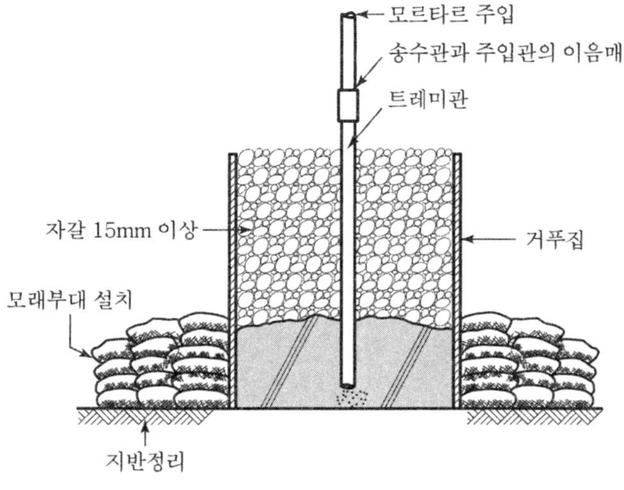

2) 시공 시 주의사항

① 주입관을 수직방향으로 설치할 때에 그 수평간격은 2m 정도를 표준으로 한다.

② 주입관을 수평으로 설치할 때에 그 수평간격은 2m 정도, 상하 간격은 1.5m 정도를 표준으로 한다.

③ 주입은 시공부분 중에서 얕은 위치로부터 시작하고, 모르타르면이 수평으로 상승하도록 하여야 한다.

④ 모르타르면의 상승속도는 0.3~2.0m/hr 정도로 제어한다.

3) 특성

① 재료분리 및 건조수축이 보통콘크리트에 비해 1/2 정도 적다.
② 수밀성이 크고, 염류에 대한 내구성이 크다.
③ 부착력이 크므로 수리 및 개조에 유리하다.
④ 조기강도는 작으나 장기강도는 보통콘크리트와 거의 같다.

(10) 프리스트레스트 콘크리트(Prestressed Concrete)

1) 정의

콘크리트의 인장응력이 생기는 부분에 PS 강재를 긴장시켜 프리스트레스를 부여함으로써 콘크리트에 미리 압축력을 주어 인장강도를 증가시켜 휨저항을 크게 한 것이다.

2) 공법의 종류

① 프리텐션(Pre-tension)방식 : PS 강재에 인장력을 가한 상태에서 콘크리트를 타설하고 경화한 후에 긴장을 풀어주는 방법
② 포스트텐션(Post-tension) : 콘크리트를 타설하고 경화한 후에 미리 묻어둔 시스관 내에 PS강재를 삽입하여 긴장시킨 후 정착하고 그라우팅하는 방법

3) 특성

① 설계하중 내에서 균열이 생기지 않는다.
② 내구성, 복원성이 크다.
③ 고도의 기술이 필요하며, 내화성에 주의해야 하며, 진동하기 쉽다.
④ 자중을 줄이고 스팬을 길게 할 수 있다.

4) 계획 배합

28일 압축강도	프리텐션 방식	35N/mm² 이상
	포스트텐션 방식	30N/mm² 이상

슬럼프	표준 50±20mm정도이고, 80mm 이하로 한다.	
물시멘트비	45% 이하	
단위시멘트량	프리텐션 방식	350kg/m³ 이상
	포스트텐션 방식	300kg/m³ 이상

(11) 매스 콘크리트(Mass Concrete)

① 부재 단면 최소치수가 80cm 이상이고, 내·외부 온도차가 25℃ 이상일 때의 콘크리트를 말한다.

② 수화열이 작은 시멘트를 사용한다.(내부온도 감소)

③ 굵은 골재의 최대치수를 크게 하고, 잔골재율을 작게 한다.(내부온도 감소)

④ 가능한 슬럼프를 작게 하고, 감수제 및 AE 감수제를 사용하여 내부온도의 강하를 서서히 한다.

(12) 진공 콘크리트(Vacuum Concrete)

① 콘크리트를 타설한 직후 진공매트(Vacuum Mat)를 씌워, 수분을 제거하고 다짐으로써 초기강도를 크게 한 콘크리트

② 초기강도 증가, 장기강도, 내마모성, 동해저항 등이 증가하여 주로 바닥 포장용에 많이 사용된다.

(13) 제치장 콘크리트

1) 정의

콘크리트 면에 미장 등을 하지 않고 직접 노출시켜 마무리한 것으로 모양의 간소함, 탐미, 고도의 강도 추구, 재료절약, 건물자중 경감, 공사내용을 단일화하여 안전하고 경제적인 건물을 만드는 데 목적이 있다.

2) 일반사항

① 거푸집은 이음의 틈이 없게 하고, 가능한 금속제를 사용한다.

② 피복두께는 1~3cm 더 크게 한다.

③ 시멘트는 동일 회사, 동일 공장제품을 사용한다.

④ 콘크리트는 부배합, 된비빔 진동다짐으로 한다.

⑤ 부어넣기 할 때 슈트에 의하지 않고 손차로 운반하여 비빔판에 받아 각삽으로 떠서 넣는다.

⑥ 벽, 기둥은 한번에 꼭대기까지 부어넣어야 한다.

(14) 수밀 콘크리트(2006년 개정 건축공사 표준시방서)

1) 정의

콘크리트 자체의 밀도를 높이고, 내구적, 방수적으로 만들어 물의 침투를 방지하는 데 사용되는 콘크리트로서 시멘트풀의 양을 적게 하거나, 페이스트 자체를 수밀성이 있는 밀실한 것으로 하는 2가지를 고려해야 한다.

2) 일반사항

① 배합은 콘크리트의 소요품질이 얻어지는 범위 내에서 단위수량 및 물시멘트비를 가급적 적게 하고, 단위굵은골재량을 가급적 크게 한다.

② 콘크리트의 소요 슬럼프는 가급적 적게 하고 180mm를 넘지 않도록 하며, 타설이 용이할 때는 120mm 이하로 한다.

③ 혼화제를 사용하는 경우라도 공기량이 4% 이하가 되게 한다.

④ 물시멘트비는 50%(개정전: 55%) 이하를 표준으로 한다.

3) 시공 시 주의사항

① 콘크리트의 다짐을 충분히 하며, 가급적 이어붓기를 하지 않아야 한다.

② 이어붓는 경우의 연속 부어넣기 시간간격은 외기온이 25℃ 미만일 때는 90분 이내로 한다.

③ 양생기간은 콘크리트를 부어넣은 후에는 9일(개정 전 : 7일) 이상 거적 또는 시트 등으로 덮어 물뿌리기 또는 기타의 방법으로 수분을 보존하여야 한다. 다만, 조강포틀랜드 시멘트를 사용할 경우의 습윤양생 기간은 5일 이상으로

한다.

(15) 고강도 콘크리트(2006년 개정 건축공사 표준시방서)

1) 정의

① 20층 이상의 철근콘크리트 구조물이나 안정성, 내구성 등에 고강도를 필요로 하는 구조물에 사용되는 콘크리트를 말한다.

② 고강도 콘크리트의 설계기준강도는 보통 콘크리트에서는 $40N/mm^2$ 이상, 경량 콘크리트에서는 $27N/mm^2$ 이상으로 한다.

2) 일반사항

① 고강도 콘크리트에 사용되는 굵은골재의 입도분포는 굵고, 가는 골재들이 골고루 섞이어 공극률을 줄임으로써 시멘트풀이 최소가 되도록 하는 것이 좋다.

② 고강도 콘크리트에 사용되는 골재의 최대크기는 40mm 이하로서 가능한 25mm 이하를 사용하도록 하며, 철근 최소 수평간격의 3/4, 그리고 부재 최소 치수의 1/5 이내의 것을 사용하도록 한다.

③ 고강도에 사용하는 굵은골재는 단단하고 견고하여야 하며, 열팽창계수가 시멘트페이스트와 현저하게 다른 것은 피하여야 한다.

④ 물시멘트비는 50% 이하로 한다.

⑤ 기상의 변화가 심하거나 동결융해에 대한 대책이 필요한 경우를 제외하고는 공기연행제를 사용하지 않는 것을 원칙으로 한다.

⑥ 단위시멘트량, 단위수량, 잔골재율은 소요 워커빌리티 및 강도를 얻을 수 있는 범위 내에서 가능한 한 적게 되도록 시험에 따라 정하여야 한다.

⑦ 단위수량은 $180kg/m^3$ 이하로 한다.

⑧ 슬럼프치는 150mm 이하로 한다. 다만, 유동화 콘크리트로 할 경우에는 210mm 이하로 한다.

3) 시공 시 주의사항

① 콘크리트의 부어넣기의 낙하고는 1m 이하로 한다.

② 낮은 물시멘트비를 가지므로 습윤양생을 실시하여야 하며, 부득이한 경우 현장봉함양생 등을 실시할 수 있다.

(16) 숏크리트(Shot Crete)

① 건나이트(Gunite)라고도 하며 모르타르를 압축공기로 분사하여 바르는 것이다.

② 종류 : 시멘트 건(Cement Gun), 본 닥터(Bon Ductor), 제트 크리트(Jet Crete)

③ 여러 재료의 표면에 시공하며 밀착이 잘 되고 수밀성, 강도, 내구성이 크다.

④ 균열이 생기기 쉽고 다공질이며 외관이 좋지 않은 단점이 있다.

(17) 유동화 콘크리트

① 유동화 콘크리트는 베이스콘크리트에 유동화제를 첨가하여 제조하는 콘크리트이다.

② 베이스 콘크리트의 슬럼프는 보통 콘크리트일 경우 150mm 이하, 경량 콘크리트일 경우는 180mm 이하이고, 유동화 콘크리트의 슬럼프는 보통 콘크리트, 경량 콘크리트 모두 210mm 이하이다.

③ 베이스 콘크리트의 단위수량은 185kg/m³ 이하로 한다.

④ 유동화 콘크리트의 공기량은 공사시방서에 따르고, 정한 바가 없을 때에는 보통 콘크리트 4.5%, 경량 콘크리트는 5%를 표준으로 한다.

⑤ 공사현장에서 유동화를 실시하는 경우, 유동화시키는 장소는 콘크리트를 부어넣는 장소에 될 수 있는 한 가까운 곳으로 하고, 유동화 후 즉시 부어넣도록 한다.

⑥ 유동화제는 원액으로 사용하고, 미리 정한 소정량을 한 번에 첨가하는 것을 원칙으로 한다.

(18) 섬유보강콘크리트(Fiber Reinforced Concrete)

1) 정의

섬유보강콘크리트란 보통콘크리트의 단점인 인장 · 휨강도를 증대시키고 취성적 성질을 보완하기 위해 탄소섬유, 강섬유, 유리섬유, 비닐섬유 등을 넣어 일반 콘크리트의 성질을 개선한 콘크리트를 말한다.

2) 일반사항

① 강섬유 혼입으로 발생하는 반죽질기의 저하와 재료분리에 유의한다.
② 섬유보강콘크리트 중 유리섬유는 알칼리골재반응에 유의해야 한다.

3) 특징

① 인장강도와 휨강도가 증대된다.
② 성형성이 우수하다.
③ 불연성, 내충격성, 동결융해에 대한 저항성이 크다.
④ 플라스틱재의 성질이 건조수축에 의한 균열을 방지한다.

4장 철골공사

Ⅰ. 개요

1. 재료

(1) 강재

① 형상이 바르고 곧으며 흠, 뒤틀림, 휨, 갈라짐이 없는 것으로서 KS D 3503(일반구조용 압연강재), KS D 3513(용접구조용 압연강재)에 합격한 것을 사용한다.
② 강재의 종류에는 봉강, 평강, 형강, 강판, 리벳, 볼트, 너트(Nut) 등이 있다.

(2) 리벳 · 볼트

① 리벳 : 둥근머리 리벳, 민머리 리벳, 평머리 리벳 등이 있다.
② 볼트 : 6각 볼트, 6각 너트로서 KS규격에 합격한 것을 사용한다.

(3) 고장력 볼트(H.T.B)

고탄소강 또는 합금강을 열처리하여 만든 항복점 $7t/cm^2$ 이상, 인장강도 $7t/cm^2$ 이상으로 한다.

(4) 강의 성질

① 압축강도는 인장강도와 거의 같으나, 탄소량이 0.85% 이상이 되어도 강도는 내려가지 않고 오히려 증가한다.
② 전단강도는 인장강도와 매우 밀접한 관계가 있으며, 인장강도의 0.65~0.8배가 된다.
③ 굴곡성은 탄소량이 적을수록 커진다.
④ 탄소량 0.1% 이하의 것은 접어서 두 겹으로 밀착시킬 수 있으며, 0.2% 정도의 것은 안쪽에 약간의 틈새를 만들어 180° 로 구부릴 수 있다.
⑤ 경도는 브리넬(Brinell) 경도로 표시하는데, 인장강도 값의 약 2.8배가 된다.

2. 재료시험

(1) 강재시험

① 상온에서 행하여 단면이 다를 때마다, 또한 중량으로 20ton이 넘을 때마다 1개씩 시험
② 종류 : 인장시험, 굴곡(휨)시험, 경도시험

(2) 리벳시험

① 기계시험을 하며 리벳직경이 다를 때마다, 또한 중량으로 2ton이 넘을 때마다 1개씩 시험
② 종류 : 인장시험, 굴곡(휨)시험, 경도시험

Ⅱ. 공장작업

1. 공장가공 순서

원척도 작성 → 본뜨기 → 변형바로잡기 → 금매김 → 절단 및 가공

구멍뚫기 → 가조립 → 리벳치기 → 검사 → 녹막이칠 → 운반

※ 원 - 본 - 변 - [금 - 절 - 구 - 가 - 리] - 검 - 녹 - 운

2. 원척도

(1) 정의

설계도 및 시방서에 따라 공장 원척소의 바닥 위에 각부 상세 및 재의 길이 등을 원척(Full Size)으로 그린다.

(2) 기입사항

높이, 총 길이, 스팬(Span), 강재치수, 형상, 물매, 중도리의 배치, 리벳 수 및 간격, 게이지라인, 클리어런스

(3) 주의사항

① 층높이 · 기둥높이 · 기둥중심간의 치수, 보와 바닥마무리재의 관계치수 등을 정확히 한다.

② 강재의 형상 · 치수 · 물매 · 구부림 정도

③ 파이프 · 철근 등의 관통개소, 보밑 치켜올리기

④ 잣대(Steel Tape Rule) · 그림쇠(定規) 등의 공장용과 현장의 것을 대조하여 틀림을 확인한다.

⑤ 볼트의 사용은 원척도를 작성할 때 검토하여 리벳의 사용 곤란한 개소에만 쓰고, 될 수 있으면 피하는 것이 좋다.

3. 본뜨기 및 변형 바로잡기, 금매김

(1) 본뜨기

원척에서 얇은 강판으로 본뜨기를 하여 본판을 정밀하게 작성한다.

(2) 변형 바로잡기용 공구

① 강판 : 플레이트 스트레이닝 롤(Plate Straining Roll)

② 형강 : 스트레이닝 머신(Straining Machine), 프릭션 프레스(Friction Press), 파워 프레스(Power Press), 짐 크로(Jim Craw)

③ 경미한 것 : 모루(Anvil) 위에서 쇠메(Hammer)치기

(3) 금매김

① 본판 및 리벳간격을 그린 자를 사용하여 강재면에 강필로 가공부위를 그리는 일

② 금매김 치수는 제작 중에 발생하는 수축, 변형 및 마무리 손실을 고려한 수치로 한다.

4. 절단 및 가공

(1) 절단

① 전단절단 : 판두께 13mm 이하(표준시방서에 근거)의 강판절단 시 Sheaving Machine 등으로 절단

② 톱절단 : 형강이나 정밀절단시 Hack Saw, Friction Saw 등으로 절단

③ 가스(Gas)절단 : 주위 3mm 정도 변형되므로 여유 있게 자동 가스절단기로 절단

(2) 절단의 흠

① 뒤꺾임(Burr) : 전단 또는 톱절단 등의 기계 절단 시 생기는 꺾임
② 거치렁이(Notch) : Gas 절단 시 절단면이 곧지 못하고 결국 자국이 난 것
③ 절단 시의 흠은 그라인더 또는 망치로 제거 수정한다.

(3) 가공

① 휨가공은 상온가공, 가열가공으로 한다.
② 가열가공의 경우는 적열상태(800~900℃)에서 하고, 청열취성역(200~400℃)에서 가공해서는 안 된다.
③ H형 단면 단부의 개선가공과 스캘럽가공에서 스캘럽의 원호의 곡선은 플랜지와 필렛부분이 둔각이 되도록 가공한다.
④ 조립작업에서 뒷댐재를 사용하는 경우, 판두께는 9mm 이상을 원칙으로 하며, 6mm 이상으로 하는 경우에는 담당원의 승인을 받는다.

5. 구멍뚫기

(1) 종류

1) 펀칭(Punching)

① 부재두께가 볼트, 리벳 직경의 +3mm 이하 시 가능
② 보통 부재두께 13mm 미만, 리벳지름 9mm 이하 시 사용
③ 예정직경보다 3mm, 6mm 적게 sub punch 하고, 리머로 넓힌다.(균열제거)

2) 송곳뚫기(Drilling)

① 부재두께가 13mm 이상일 때
② 주철재일 때(펀칭으로 하면 균열발생)
③ 수밀성 요구시(물탱크, 기름탱크) 또는 두께 13mm 미만이라도 세밀가공 시
④ 부재두께가 리벳지름 +3mm 초과 시

3) 구멍가심(Reaming)

① 조립 시 구멍 위치가 다를 때 리머(Reamer)로 구멍가심한다.

② 구멍지름의 허용오차 ±1.5mm 이하이다.

(2) 구멍지름의 허용치(2006년 개정 건축공사 표준시방서)

명칭	지름(d)	구멍뚫기 직경
리벳	20mm 미만	d+1.0mm
	20mm 이상	d+1.5mm
고력볼트	27mm 미만	d+2.0mm
	27mm 이상	d+3.0mm
볼트	보통 볼트	d+0.5mm
	앵커 볼트	d+5.0mm

6. 가조립

(1) 일반사항

각 부재는 1~2개의 볼트일 때는 핀으로 가조립하고, 드리프트 핀(Drift Pin)으로 부재를 당겨 구멍을 일치시킨다.

(2) 세우기용 가볼트 조임 수

① 접합부 전 리벳 수의 20~30%

② 현장치기 리벳 수의 1/5 이상

※ 현장치기 리벳 수 : 전 리벳 수의 1/3(30%)

7. 본조립

(1) 리벳접합

1) 리벳치기

① 가열온도 : 개정된 표준시방서 기준 900~1,000℃(600℃ 이하는 타격금지)

② 인원

㉮ 3명이 1조(달구기, 받침대기, 해머공)

㉯ 1일 타설량은 500~700개 타정

㉰ 철골의 ton당 리벳수 : 보통 300~400개

③ 공구(기구) : 죠리벳터(공장), 뉴매틱해머(현장), 쇠메, 리벳홀더, 스냅

④ 작업순서 : 접합부 → 가새 → 귀잡이 순으로 타정

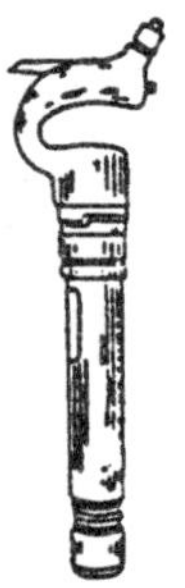

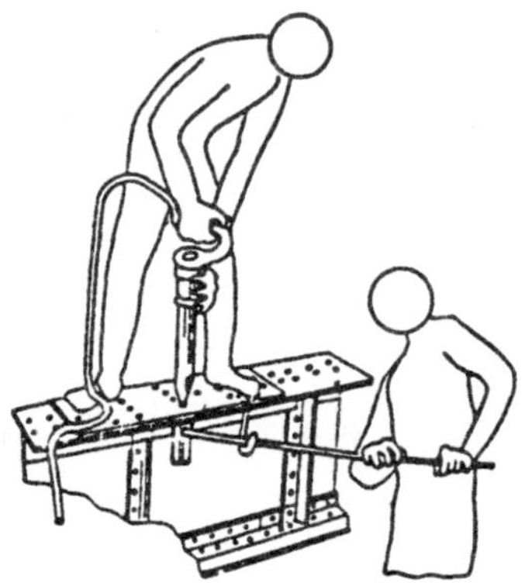

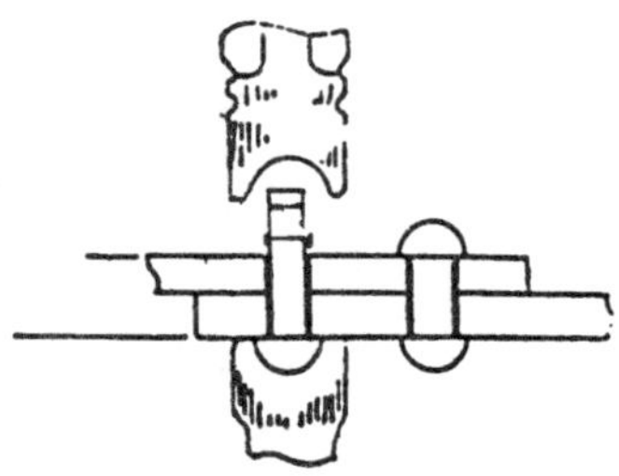

2) 리벳접합 시 주의사항

① 리벳지름에 따른 구멍 지름크기를 정확하게 뚫는다.

② 리벳치기 시 가열온도는 900~1,000℃ 정도를 유지한다.

③ 리벳배치에 따른 간격, 게이지, 클리어런스, grip 등을 지켜야 한다.

3) 리벳간격

최소피치	표준피치	최대피치	
		인장재	압축재
2.5d	4.0d	12d, 30t 이하	8d, 15t 이하

※ 여기서, d : 리벳지름, t : 가장 얇은판의 두께

4) 리벳검사 및 불량리벳

① 검사

외관관찰, 타격음 검사로 판정하고 불량리벳 발견시 머리를 따내고 다시 친다.

② 불량리벳의 종류

불량리벳의 종류	불량리벳 제거용 기구
㉮ 건들거리는 것 ㉯ 머리모양이 틀린 것 ㉰ 머리와 축선이 일치하지 않는 것 ㉱ 머리가 갈라진 것 ㉲ 머리가 강재에 밀착되지 않은 것 ㉳ 강재 간에 틈이 있는 것	㉮ 치핑해머(chipping hammer) ㉯ 리벳커터(rivet cutter) ㉰ 드릴(drill)

5) 리벳관련 용어

리머(reamer)	리벳구멍 주위 가심질 공구
드리프트 핀(drift pin)	리벳구멍 중심 맞춤 공구
게이지 라인(gauge line)	한 열의 리벳중심을 통하는 선
게이지	게이지 라인과 게이지 라인 사이의 거리
피치(pitch)	리벳, 볼트의 상호 구멍 중심간 직선거리
연단거리	리벳구멍, 볼트구멍 중심에서 부재 끝단까지의 거리
클리어런스(clearance)	리벳과 수직재면과의 거리, 일반적으로 작업여유거리
그립(grip)	리벳으로 접합하는 판의 총두께

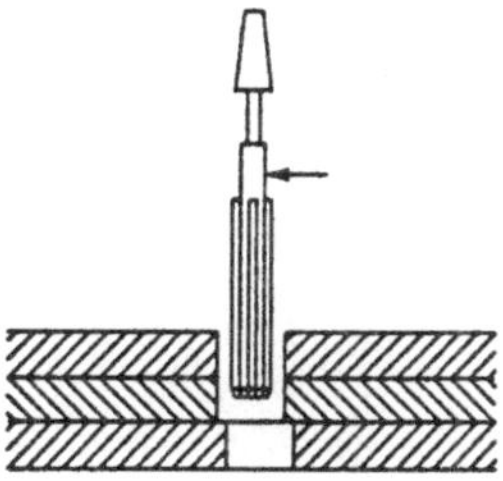

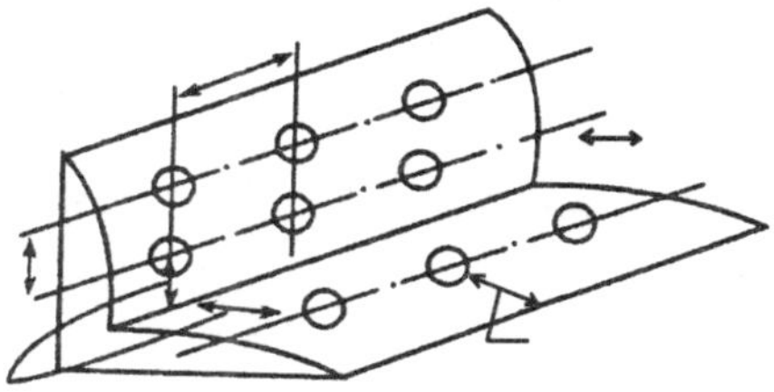

(2) 일반볼트접합

1) 일반사항

① 볼트와 구멍 간 이완이 크기 때문에 총 10ton 이하의 건물에만 사용 가능
② 볼트 구멍지름은 지름보다 0.5mm 이상 크게 해서는 안 된다.

2) 볼트의 너트가 풀리는 것을 방지하기 위한 방법

① 이중 너트를 사용한다.
② 스프링 와셔(Spring Washer)를 사용한다.
③ 너트를 용접한다.
④ 콘크리트에 묻는다.

(3) 고장력볼트접합

1) 특징

① 볼트가 풀리지 않는다.
② 노동력이 절약되고 공기(工期)가 단축된다.
③ 마찰접합으로 접합부 강성이 크다.
④ 소음이 작다.
⑤ 재해의 위험이 적다.
⑥ 피로강도(疲勞强度, Fatigue Limit, Endurance Limit)가 높다.
⑦ 현장 시공설비가 간편하다.

2) 부재 접합 시 마찰면 처리의 유의사항

① 마찰면 및 와셔가 닿는 면의 들뜬 녹, 먼지, 기름, 도료, 용접 스패터 등은 제

거한다.

② 마찰면에는 클램프 자국 등 요철이 없어야 한다.

③ 이음판을 부재에 임시 고정시키는 경우에는 기름이 묻지 않는 가볼트를 사용한다.

④ 블라스트 후에 볼트구멍 주위를 그라인더로 정리하는 경우 이 부분은 붉은녹 상태가 되도록 한다.

⑤ 두께 6mm 미만의 경량형강을 사용하여 설계상 미끄럼계수를 0.45/2(0.23)로 한 경우, 마찰면은 검정 녹 그대로 두어도 좋다.(단, 들뜬 검정 녹은 제거한다.)

3) 일반사항

① 고장력볼트의 조임은 표준볼트장력을 얻을 수 있도록 1차 조임, 금매김, 본조임의 순으로 하고, 볼트군에서 중앙부에서 주변부로 조인다. 조임은 토크관리법 또는 너트회전법에 따른다.

② 고장력볼트의 조임은 고장력볼트에 이상이 없는 것을 확인한 후 볼트의 머리쪽과 너트쪽에 와셔 1장씩 끼우고 너트를 회전시켜서 조인다.

③ 너트는 표시기호가 있는 쪽이 바깥쪽이고, 와셔는 면치기가 있는 쪽이 바깥쪽이므로 볼트접합부에 사용할 때에는 반대로 사용하지 않도록 주의한다.

④ 고장력볼트의 끼움에서 본조임까지의 작업은 같은 날 이루어지는 것을 원칙으로 한다.

⑤ 토크관리법에 의한 본조임은 표준볼트장력을 얻을 수 있도록 조정된 조임기기를 이용하여야 하고, 너트회전법에 의한 본조임은 1차 조임 완료 후를 기점으로 해서 너트를 120° 회전시킨다.

⑥ 볼트 조임은 1차 조임과 2차 조임으로 나누어 하며, 1차 조임의 장력은 표준값의 80%로 한다.

4) 조임형태에 의한 분류

① TC 볼트식(볼트축 전단형) : 볼트축 끝부분에 홈을 내서 너트가 일정한 죔응력에 달하면 더 이상 조여지지 않고 핀테일(Pintail)이 홈 위치로부터 전단력에 못 이겨 떨어져 나가는 방식

② PI식(너트 전단형) : 2개가 붙어 있는 특수너트를 조여 일정한 토크치에 달하면 상하 2개의 너트가 어긋나므로 조임이 끝나는 방식

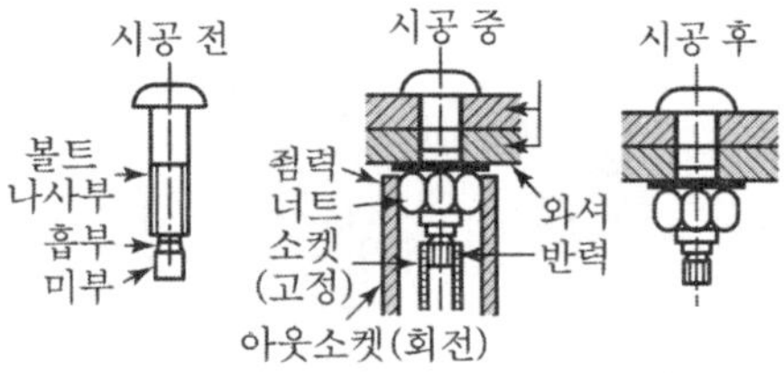

[TC 볼트식]

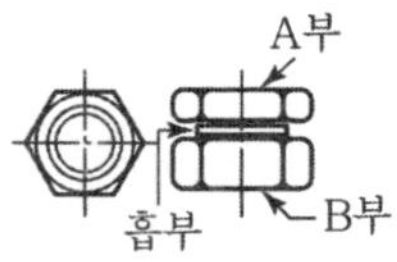

[PI 너트식]

③ 그립(Grip)볼트 : 너트 대신 칼러(Coller)를 사용하여 핀테일에 반력을 받게 하되, 죔기구는 핀테일을 붙잡고 동시에 칼러를 밀어넣게 작용하며, 일정압력에 달하면 핀테일이 떨어지게 된 것과 그렇지 않은 것이 있다.

④ 지압형 볼트 : 볼트의 나사부분보다 축부(Shank)가 굵게 되어 있어서, 좁은 볼트구멍에 때려 박으면 구멍에 빈틈이 남지 않도록 고안된 것

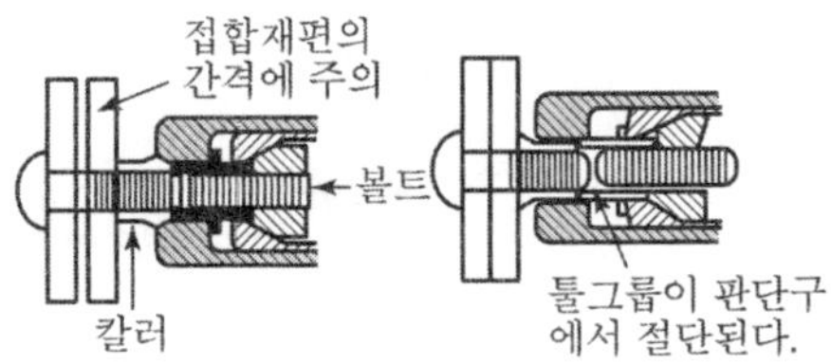

[그립볼트]

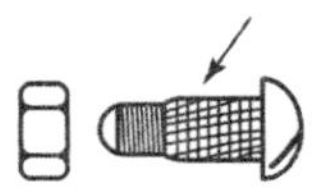

[지압형 볼트]

(4) 용접접합

1) 용접의 장단점

장점	단점
① 강재량의 절약 ② 건물의 경량화 ③ 소음, 진동이 없음 ④ 응력의 전달 확실 ⑤ 수밀성 유지	① 숙련공이 필요 ② 용접 결함에 대한 검사가 어려움 ③ 모재의 재질에 따라 응력상의 영향 큼 ④ 용접열에 의한 변형 발생

2) 용접접합의 종류

<table>
<tr><td rowspan="2">아크용접</td><td>직류</td><td>① 일하기 쉽다. ② 공장용접에 많이 쓰인다.</td></tr>
<tr><td>교류</td><td>① 고장이 적다. ② 가격이 싸다.
③ 현장용접에 많이 쓰인다.</td></tr>
<tr><td colspan="2">가스압접</td><td>주로 철근을 이을 때 1200~1300℃의 열을 가하면서 압착시키는 접합방식</td></tr>
<tr><td colspan="2">일렉트로 슬래그 용접</td><td>슬래그의 전기저항열로 모재와 용접봉을 녹여서 접합하는 방식</td></tr>
<tr><td colspan="2">플러시 버트 용접</td><td>전기저항열로 접촉부를 용융시켜 접합하는 전기저항 압접방식</td></tr>
<tr><td colspan="2">가스용접</td><td>가스와 산소의 혼합물인 연소열을 이용하여 접합하는 방식</td></tr>
</table>

3) 용접 접합부의 종류

① 맞댐 용접

㉮ 접합하는 두 부재 간의 사이를 트이게 하여(홈 : Groove), 그 사이에 용착금속으로 채워 용접하는 것으로 홈용접이라 한다.

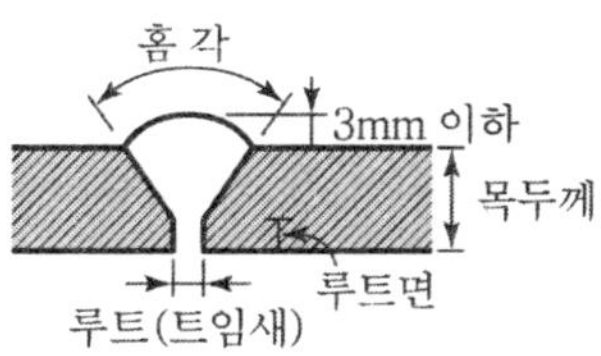

[홈단면의 각부 명칭]

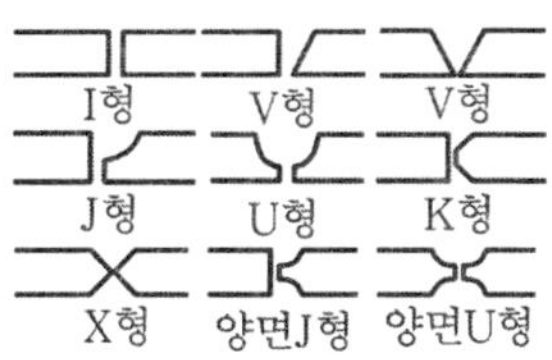

[홈용접의 단면상 형식]

㉯ 유효 목두께는 얇은 재의 판두께로 한다.

㉰ 보강 살붙임은 3mm를 초과하지 못한다.

㉱ 판두께가 다를 때에는 낮은 편에서 높은 편으로 용접을 이행한다.

㉲ 맞댐용접 시 양측용접을 하는 경우, 배면 초층 용접 전에 표면쪽 용접의 건전한 용접금속 부분이 나타날 때까지 가우징한다.

㉳ 완전용입용접의 맞댐접합부 용접덧살 높이는 0mm 이상으로 하고, T접합부 용접덧살 높이는 맞대는 판두께의 1/4 이하로 하고, 판두께가 40mm를 초과하는 경우는 10mm로 한다.

㉴ 부분용입 맞댐용접의 유효목두께는 피복 아크용접과 가스실드 아크용접에

서 개선각도 60° 미만의 베벨형, K형, V형, X형 개선의 경우 개선깊이로부터 3mm를 감한 값으로 한다. 60° 이상에서는 유효목두께를 개선깊이로 해도 된다.

② 모살용접

㉮ 목두께의 방향이 모재의 면과 45°, 또는 용접부분의 두 부재의 경사각의 허용값은 60~120° 이하로 한다.

㉯ 유효 단면은 유효 목두께에 유효 용접길이의 곱으로 한다.

㉰ 보통 목두께는 다리길이의 0.7배이다.

㉱ 부등변 모살용접이면 짧은 변 길이를 각장(다리길이)로 한다.

㉲ 보강 살붙임은 0.1S+1mm 또는 3mm 이하로 한다.(S : 모살치수)

㉳ 유효 용접길이는 실제 용접길이에서 모살치수의 2배를 감한 것으로 유효길이는 다리 길이의 10배 이상으로 한다.

4) 용접부의 결함

① Crack : 용착금속과 모재에 생기는 균열로서 용접결함의 대표적인 결함

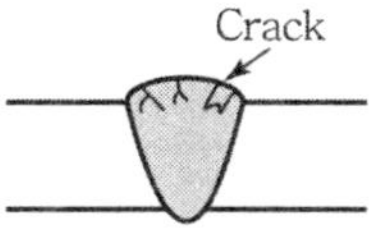

② Blow Hole : 용융금속 응고 시 방출가스가 남아 길쭉하게 된 구멍이 남아 혼입되어 있는 현상

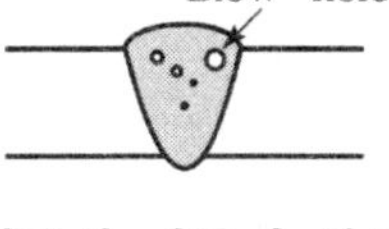

③ Slag 감싸들기 : 용접봉의 피복제 심선과 모재가 변하여 Slag가 용착금속 내 혼입된 것

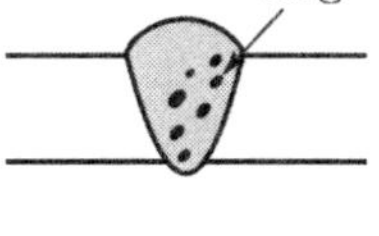

④ Crater : 용접시 Bead 끝에 항아리 모양처럼 오목하게 파인 현상

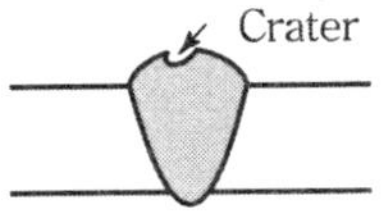

⑤ Under Cut : 과대전류 혹은 용입불량으로 모재표면과 용접표면이 교차되는 점에 모재가 녹아 용착 금속이 채워지지 않는 현상

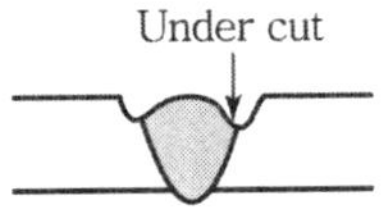

⑥ Pit : 작은 구멍이 용접부 표면에 생기는 현상

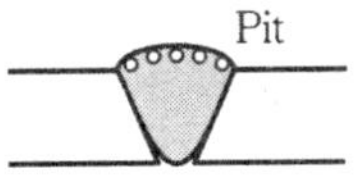

⑦ 용입불량 : 용입깊이가 불량하거나, 모재와의 융합이 불량한 것

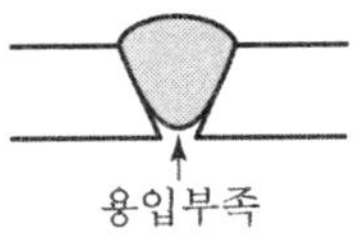

⑧ Fish Eye : Blow Hole 및 혼입된 Slag가 모여서 둥근 은색반점이 생기는 결함현상

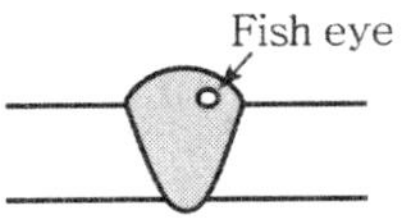

⑨ Over Lap : 겹침이 형성되는 현상으로서 용착금속의 가장자리에 모재와 융합되지 않고, 겹쳐지는 것

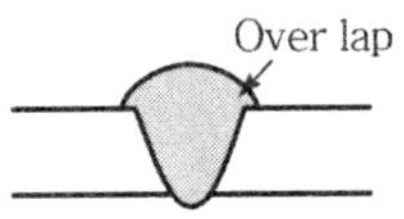

⑩ Throat(목두께) 불량 : 용접단면에 있어서 바닥을 통하는 직선으로부터 용접의 최소두께가 부족한 현상

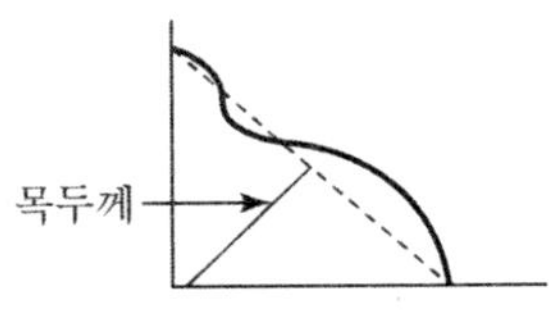

5) 용접에 사용되는 용어

① 루트(Root) : 용접부 단면에서의 밑바닥(맞댐 용접에서 트임새 끝의 최소간격)

② 비드(Bead) : 용착금속이 모재 위에 열상을 이루고 이어지는 용접층

③ 위빙(Weaving) : 용접봉을 용접방향에 대하여 서로 엇갈리게 움직여서 용착금속을 녹여 붙이는 운봉방법

④ 플럭스(Flux) : 자동용접 시 용접봉의 피복재 역할을 하는 분말상 재료

⑤ Scallop : 철골 부재의 접합(다른 부재의 연결 : 보+기둥 등) 및 이음(동일부재 연결 : 보+보, 기둥+기둥) 중 용접에 의한 방법으로 접합할 때 H형강의 용접부가 재용접되어 열영향부(Heat Affected Zone)의 취약화를 방지하기 위해서 모따기를 하는 것을 Scallop이라 한다.

⑥ 뒷댐재(Back Strip) : 맞댐 용접 시 루트부에 완전 용입을 얻을 수 있도록 뒤쪽에 대는 보조 강판재

⑦ 앤드탭(End Tab) : 용접 결함이 생기기 쉬운 용접 비드(Bead)의 시작과 끝 지점에 용접을 정확히 하기 위하여 모재의 양단에 부착하는 보조 강판

⑧ 가우징(Gouging) : 양쪽용접을 하는 경우 충분한 용입을 얻기 위하여 배면용접 전에 용접 금속부분이 나타날 때까지 홈을 파는 것

6) 용접 시 주의사항(2006년 개정 건축공사 표준시방서)

① 용접할 소재는 수축 변형 및 마무리에 대한 고려로 치수에 여분을 두어야 한다.

② 기온이 −5℃ 이하의 경우는 용접해서는 안 된다. 기온이 −5~5℃인 경우에는 접합부로부터 100mm 범위의 모재 부분을 적절하게 가열하여 용접할 수 있다.

③ 바람이 강한 날은 바람막이를 하고 용접한다. 비가 올 때나 특히 습도가 높은 때는 비록 실내이더라도 모재의 표면 및 틈새 부근에 수분이 남아 있지 않은 것을 확인 후 용접한다. 가스실드 아크 반자동용접에 있어 풍속이 2m/s 이상인 경우에는 용접을 해서는 안 된다.

④ 용접 중에 균열 등의 결함이 발견된 경우에는 그 부분을 완전히 제거한 다음

용접해야 한다.

⑤ 일렉트로 슬래그 용접의 용접자세는 수직으로 하고, 용접은 중단하면 안 된다.

⑥ 스터드 용접은 아크 스터드 용접으로 하고, 하향자세로 하고, 전원은 전용전원으로 한다.

8. 녹막이칠(2006년 개정 건축공사 표준시방서)

(1) 일반사항

① 현장 반입 전 녹막이칠 1회를 한다.

② 공장조립 시 맞댐면이나 조립 후 칠할 수 없는 부분에는 조립 전에 2회 칠하여 조립한다.

(2) 녹막이칠을 하지 않은 부분

① 콘크리트에 밀착되거나 매입되는 부분

② 조립에 의하여 맞닿는 면

③ 현장용접하는 부위 및 그 곳에 인접하는 양측 100mm 이내, 그리고 초음파 탐상검사에 지장을 미치는 범위

④ 고장력볼트 접합부의 마찰면

⑤ 밀착 또는 회전하는 기계깎기 마무리면

⑥ 폐쇄형 단면을 한 부재의 밀폐된 면

⑦ 도장작업 장소의 온도가 5℃ 이하, 또는 상대습도가 80% 이상일 때

⑧ 도장작업시 또는 도막이 마르기 전에 눈, 비, 강풍, 결로 등에 의하여 수분이나 분진 등이 도막에 부착될 우려가 있을 때

⑨ 기온이 높아 강재 표면온도가 50℃ 이상이 되어 도막에 기포가 생길 우려가 있을 때

Ⅲ. 현장작업

1. 현장 철골 세우기

(1) 세우기 작업순서

① 중심먹매김→② 앵커볼트 설치→③ 기초상부 고름질→④ 철골세우기→⑤ 가조립(가조임)→⑥ 변형 바로잡기→⑦ 정조립 (정조임)→⑧ 리벳접합(현장리벳치기)→⑨ 접합부 검사→⑩ 도장

(2) 세우기 주의사항

① 기둥의 베이스 플레이트는 중심선 및 높이를 정확히 설치하고 앵커볼트로 완전히 조인다.

② 기둥은 독립되지 않고 반드시 보로 연결하여 한 간사이마다 가볼트로 충분히 조인다.

③ 가볼트 수는 접합부의 전 리벳 수의 20~30% 정도, 현장치기 리벳수의 1/5 이상을 표준으로 한다.

④ 세운 철골에 달아올리는 철골이 충돌되지 않게 한다.

⑤ 데릭을 설치하는 철골부분은 리벳조임을 하거나 볼트조임을 완전히 하고 필요할 때에는 그 부분을 보강한다.

⑥ 접합부－가새－귀잡이의 순서로 조립한다.

2. 기초 앵커볼트 매입공법

종류	정의	특징
고정 매입법	기초철근 조립시 동시에 앵커볼트를 기초 상부에 정확히 묻고 콘크리트를 타설하는 공법	① 대규모 공사에 적합 ② 구조 안정도가 양호 ③ 불량시공시 보수가 어려움
가동 매입법	고정 매입공법과 유사하나 앵커볼트 상부부분을 조정할 수 있도록 콘크리트 타설 전 사전 조치 해두는 공법	① 중규모 공사에 적합 ② 시공오차의 수정용이 ③ 부착강도 저하
나중 매입법	앵커볼트 위치에 콘크리트 타설 전 볼트를 묻	① 경미한 공사에 적합

	을 구멍을 조치해두거나 콘크리트 타설 후 코어장비로 천공하여 나중에 고정하는 공법	② 시공이 간단하고 보수가 쉬움 ③ 기계기초에 사용

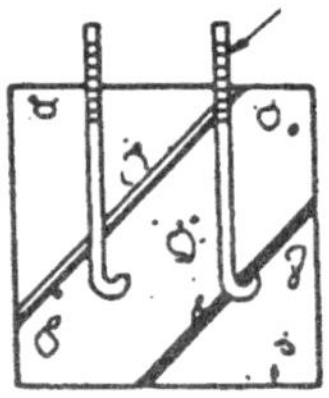

[고정매입공법]

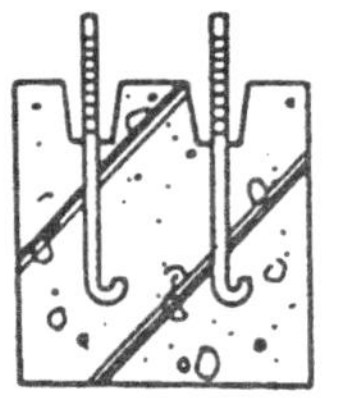

[가동매입공법]

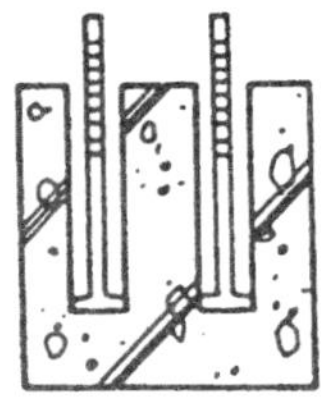

[나중매입공법]

3. 기초 상부 고름질

종류	정의	특징
전면바름 마무리법	기둥 저면의 주위보다 3cm 이상 넓게 하고 레벨 검토한 후에 된비빔 1 : 2 모르타르를 다져넣는 방법	① 시공이 간단 ② 시공시 높은 정밀도 요구 ③ 일반적으로 경미한 구조물에 사용
나중채워넣기 중심바름법	기둥 저면의 중심부만 지정높이만큼 수평으로 바르고 기둥을 세운 후 사방에서 모르타르를 다져넣는 방법	① 수정할 때 작업이 용이 ② 레벨 조절이 쉬움 ③ 대규모 공사에 적합
나중채워넣기 십자(+)바름법	기둥 저면에서 대각선방향 +자형으로 지정높이만큼 모르타르를 바르고 기둥을 세운 후 그 위에 모르타르를 다져넣는 방법	① 고층 철골시공시 적용 ② 중앙부에+자형 패드 모르타르 설치 ③ 그라우팅시 공극발생 쉬움
나중채워넣기법	베이스 플레이트 중앙에 구멍을 내고 4귀에 철판을 괴어 수평조절하고 기둥을 세운 후 모르타르를 다져넣는 방법	① 경미한 공사에 적합 ② 너트로 레벨 조절 가능 ③ 베이스 플레이트 중앙부에 공기구멍 확보

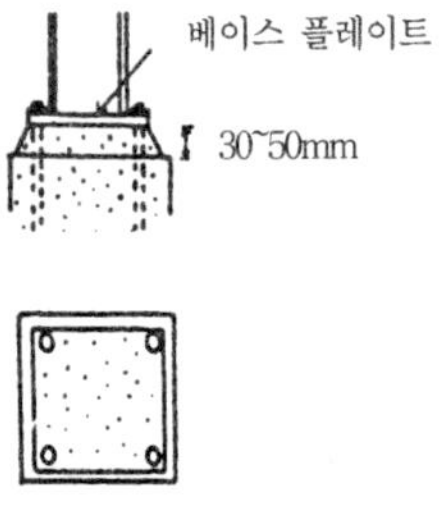

[전면바름 마무리법]

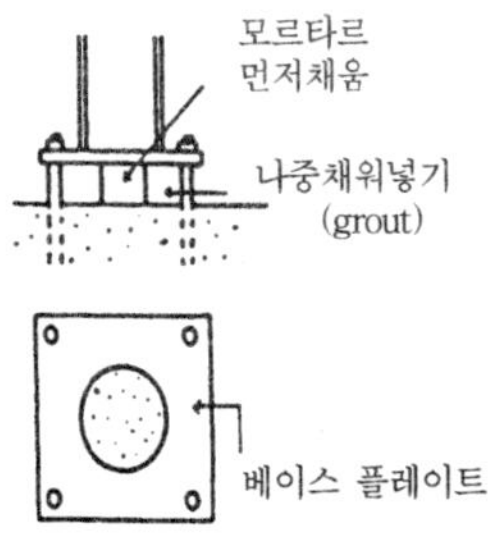

[나중채워넣기 중심바름법]

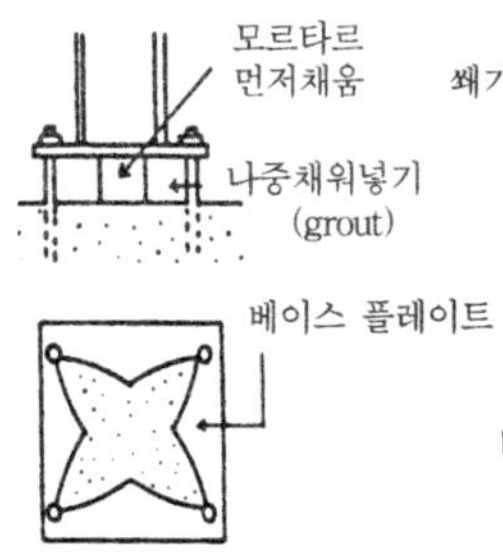

[나중채워넣기 십자바름법]

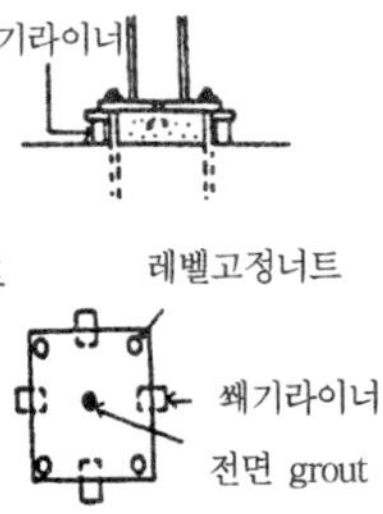

[나중채워넣기법]

4. 내화 피복

(1) 공법의 종류

습식공법	뿜칠공법	콘크리트나 모르타르와 같이 물을 혼합한 재료를 타설 또는 미장 등의 공법으로 부착하는 내화피복공법
	타설공법	
	미장공법	
	조적공법	
건식공법	성형판붙임공법	각종 성형판을 접착제나 연결철물을 사용하여 부착하는 내화피복 공법
	멤브레인공법	
합성공법	이종재료적층공법	2종류의 내화피복재료를 조합(이종재료를 적층하거나 이질재료를 접합)시킨 내화피복공법
	이질재료접합공법	
복합공법		하나의 제품으로 2개의 기능을 충족시키는 내화피복공법으로 내화피복과 커튼월이나 천장판 등의 복합적인 기능을 갖게 하는 공법

(2) 검사 및 보수

① 미장공법, 뿜칠공법의 경우 시공 시에는 시공면적 5m² 당 1개소 단위로 핀 등을 이용하여 두께를 확인하면서 시공한다.

② 뿜칠공법의 경우 시공 후 두께 및 비중은 코어를 채취하여 측정한다.

③ 뿜칠공법의 경우 측정빈도는 각층마다 또는 바닥면적 1,500m² 마다 각 부위별 1회를 원칙으로 하고, 1회에 5개로 한다.

④ 조적공법, 붙임공법, 멤브레인 공법의 경우는 재료반입시 재료의 두께 및 비중을 확인하고, 그 빈도는 각층마다 바닥면적 1,500m² 마다 각 부위별 1회로 하며, 1회에 3개로 한다.

⑤ 불합격의 경우는 덧뿜칠 또는 재시공에 의하여 보수한다.

5. 세우기용 장비

(1) 가이데릭(Guy Derrick)

① 가장 많이 쓰이는 기중기의 일종으로 능력이 크고 5~10ton정도의 것이 많다.

② Guy의 수 : 6~8개

③ 붐(Boom)의 회전범위 : 360°

④ 붐의 길이는 주축(Mast)보다 3~5m 짧게 한다.

(2) 스티프레그 데릭(Stiff-Leg Derrick)

① 가이데릭에 비해 수평이동이 가능하므로 층수가 낮고 긴 평면인 학교건물에 유리

② 회전범위 270° (작업범위 180°)

(3) 그 외 장비

① 트럭 크레인 : 넓은 장소에서 기동력 있는 작업이 가능하다.

② 진폴(Gin Pole) : 소규모 철골공사에 사용되며 옥탑 등의 돌출부에 쓰이고, 중량 재료를 달아올리기에 편리하다.

③ 타워 크레인(Tower Crane) : 고층 건설용으로 초중량물 처리가 가능하다.

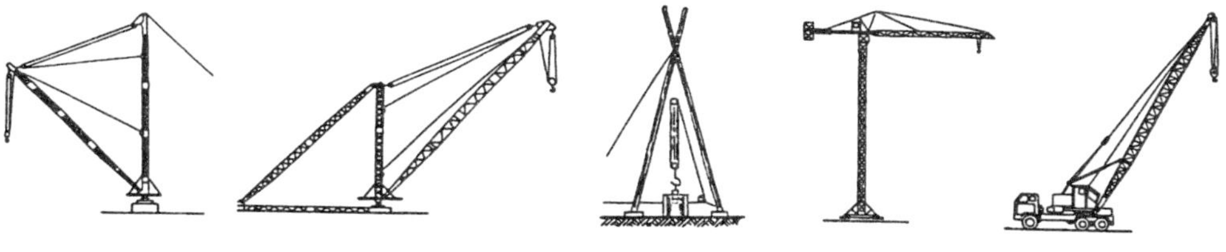

[가이 데릭] [스티프레그 데릭] [진폴] [타워 크레인] [트럭 크레인]

Ⅳ. 경량 철골 및 특수 철재공사

1. 경량 철골공사

(1) 정의

두께가 얇은 강판을 너비가 일정한 슬리터(Slitter)로 만들어 냉간성형한 것으로 1.6~4.0mm 두께의 종류가 쓰인다.

(2) 특징

① 플랜지가 크기 때문에 단면적에 비해 단면2차반경이 크다.
② 강재량은 적으면서도 휨강도와 좌굴강도는 크다.
③ 판두께가 얇기 때문에 국부좌굴, 국부변형, 부재의 비틀림이 생기기 쉽다.
④ 부식 방지에 특별한 주의를 요한다.

(3) 가공순서

재료반입 → 절단 → 용접조립재 시공 → 녹막이칠

2. 파이프 구조

(1) 특징

① 경량이며 외관이 경쾌하고 미려하다.
② 폐쇄 단면이므로 어느 방향에 대해서도 강도가 균일하다.
③ 국부좌굴에 대하여 강하다.
④ 살두께를 작게 하면서도 휨 효과가 크다.
⑤ 접합부의 절단가공이 어렵다.
⑥ 접합부분이 복잡해진다.

(2) 조립 순서

가공원척도 → 본뜨기 → 금매김 → 절단 → 조립 → 세우기

3. Space Frame

(1) 정의

사각뿔형태의 단위구조물(Unit)을 원형접합부를 통해 현장조립하여 구조체를 구

성하는 구법체이다.

(2) 특징

① 높이를 50%까지 낮게 할 수 있다.

② 철재의 양을 25% 절약할 수 있다.

③ 동일부재를 반복하여 조립하므로 작업이 용이하다.

④ 지진 기타 수평외력에 대한 저항이 크다.

⑤ 절판 또는 곡면 구조로도 응용할 수 있다.

5장 조적공사

Ⅰ. 벽돌공사

1. 벽돌의 크기

(1) 온장

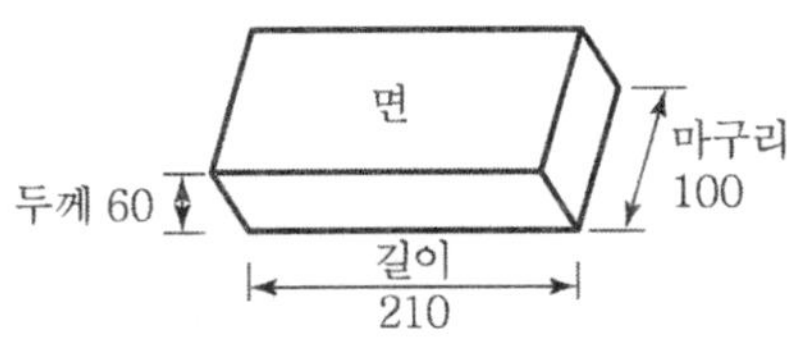

구분		길이	너비	두께
표준형	치수(mm)	190	90	57
기존형	치수(mm)	210	100	60
허용값(%)		±5%	±3%	±2.5%

(2) 마름질

벽돌을 사용크기에 맞춰 자르는 일

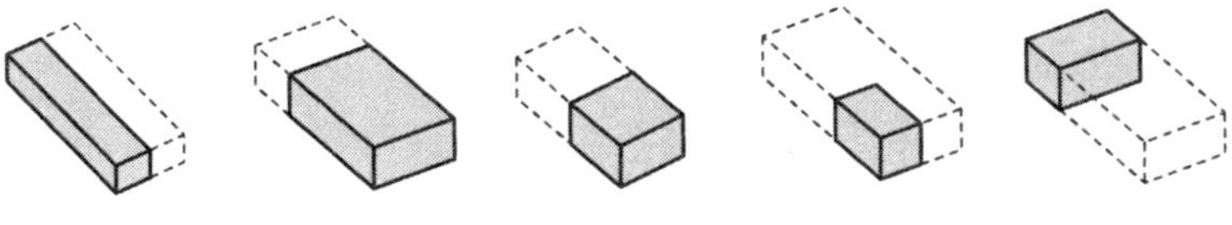

2. 벽돌의 종류

(1) 붉은 벽돌(점토 제품)

1) 과소벽돌

① 구조용, 치장용, 잘 구어져 강도가 크고 흡수율이 적다.

② 두드리면 금속성의 청음이 나며, 자색, 검붉은 빛깔로 모양이 나쁘고 치수차가 많다.

2) 점토벽돌의 강도 및 흡수율(2008년 개정 KS L 4201)

구분	1종	2종	3종
흡수율(%)	10 이하	13 이하	15 이하
압축강도(N/mm^2)	22.54 이상	20.59 이상	10.78 이상

(2) 시멘트(콘크리트) 벽돌(KS F 4004)

구분	A종	B종	C종	
			1급	2급
압축강도(N/mm^2)	$8N/mm^2$	$12N/mm^2$	$16N/mm^2$	$8N/mm^2$
흡수율(%)	-	-	7	10

(3) 내화벽돌

① 내화점토를 소성한 것으로 주성분은 규산점토, 알루미나 등의 산성점토, 마그네사이트의 염기성 점토, 크롬 청광 등으로 기경성이다.

② 내화벽돌은 형상이 바르고 심한 갈라짐이나 흠이 없어야 한다.

③ 크기는 230×114×65이다.

④ 굴뚝, 보일러, 난로에 사용된다.

⑤ 내화 벽돌의 내화도

등급	S.K-NO	내화도
저급	26~29	1,580℃~1,650℃
보통	30~33	1,670℃~1,730℃
고급	34~42	1,750℃~2,000℃

※ 제게르콘(S.K : Seger Keger Con) : 세모뿔형으로 된 노중의 고온도(600~2,000℃)를 측정하는 온도계

(4) 경량 벽돌

① 원료로 분탄, 톱밥을 섞어 공극이 생기게 한 것이며, 못치기 및 절단이 용이하고 경미한 칸막이벽, 방열, 방음, 단순 치장재이다.

② 중공 벽돌과 다공질 벽돌 등이 있다.

(5) 포도용 벽돌

흡수율이 적고 마모성과 강도가 큰 것

3. 모르타르 및 줄눈

(1) 모르타르

① 용적 배합비는 조적용=1 : 3~1 : 5, 아치용=1 : 2, 치장용=1 : 1(시멘트 : 모래)

② 모르타르 강도는 벽돌강도 이상의 것을 사용한다.

③ 모르타르 응결경화속도는 1시간~10시간이므로 1시간 이내에 사용하는 것을

원칙으로 한다.

④ 동절기공사에는 내한제를 섞어쓰고, 내화벽돌에는 내화용 모르타르를 사용한다.

(2) 줄눈

① 줄눈은 10mm를 표준으로 한다.(내화벽돌은 6mm)

② 조적조의 줄눈은 막힌 줄눈을 원칙으로 한다.

③ 보강블록조와 치장용은 통줄눈이 원칙이다.

(3) 치장 줄눈

① 벽돌 쌓기 직후 줄눈 모르타르가 굳기 전에 줄눈 누르기를 한다.

② 벽면에서 8~10mm 정도로 줄눈파기로 한다.

③ 배합 1 : 1 모르타르를 상부에서 하부로 수밀하고 줄바르게 마무리한다.

④ 보통 많이 사용되는 줄눈은 평줄눈이다.

[평줄눈] [볼록줄눈] [엇빗줄눈] [내민줄눈]

[민줄눈] [오목줄눈] [빗줄눈] [둥근줄눈]

4. 시공 방법

(1) 시공순서

바탕처리 → 물축이기 → 건비빔 → 세로규준틀 설치 → 벽돌나누기 → 규준쌓기 → 수평실치기 → 중간부 쌓기 → 줄눈누름 → 줄눈파기 → 치장줄눈 → 보양

1) 물축이기

① 시멘트 벽돌 : 쌓으면서 물축이기

② 붉은 벽돌 : 쌓기 2~3일 전에 미리 물축이기

③ 시멘트 블록 : 모르타르 접합부만 물축이기

④ 내화 벽돌 : 건조상태(물축임을 하지 않는다.)

2) 세로 규준틀

① 뒤틀리지 않고 곧으며 건조한 목재(10cm)를 2면 이상 대패질하여 벽돌줄눈을 기입

② 벽돌개수, 창문틀, 아치, 나무벽돌, 앵커볼트의 위치를 기입하여 건물의 모서리나 구석벽 또는 중앙부에 위치가 견고하고 정확하게 설치한다.

3) 벽돌 나누기

① 벽돌쌓기에 앞서 도면상으로 혹은 실제 위치에 벽돌 나누기를 해본다.

② 실제 위치에서 나누어 볼 때에는 벽돌길이와 줄눈을 기입한 자를 이용하면 편리하다.

4) 규준 쌓기 및 줄눈파기

① 벽돌쌓기는 먼저 모서리, 구석 또는 중간요소에 규준이 되는 벽돌을 서너 켜 쌓는다.

② 하루 일이 끝날 무렵에 깊이 10mm 정도로 줄눈파기를 한다.

(2) 시공 시 주의사항

① 반입한 벽돌은 검사하여 불합격품은 곧 장외 반출한다.

② 벽돌은 품질 등급별로 정리하여 사용하는 순서별로 쌓아둔다.

③ 다림추, 규준틀을 이용하여 수직면을 잡아 기준 쌓기를 먼저 한다.

④ 벽돌의 1일 쌓기 높이는 보통 1.2m(18켜), 최대 1.5m(22켜) 이하로 한다.

⑤ 쌓기 모르타르의 강도는 쌓기 벽돌의 강도보다 작으면 안되고 굳기 시작한 모르타르는 사용하지 못한다.

⑥ 모르타르 배합시의 모래는 입자가 굵은 것을 사용하여 부배합으로 한다.

⑦ 벽돌 벽면에서의 수장일을 위해 나무벽돌을 묻을 시 나무벽돌은 물축이기를 하여 쓴다.

⑧ 벽돌 쌓기가 끝나면 벽면 청소를 하고 줄눈 파기를 한 후 가급적 빠른 시일 내에 치장 줄눈 시공을 한다.

⑨ 쌓기 작업이 끝난 후에는 거적 등을 씌워 12시간 동안은 등분포하중이, 3일 동안은 집중하중이 실리면 안된다.

5. 벽돌 쌓기법

(1) 형태별 쌓기 종류

1) 길이 쌓기

① 벽돌은 길게 나누어 놓아 길이 면이 내보이도록 쌓는다.

② 가장 얇은 벽쌓기이며 1장 길이쌓기의 벽두께를 0.5B라 한다.

2) 마구리 쌓기

마구리 쌓기의 벽두께를 1.0B라 한다.

3) 세워 쌓기

길이면이 내보이도록 벽돌 벽면을 수직으로 쌓는 것

4) 옆세워 쌓기

마구리면이 내보이도록 벽돌 벽면을 수직으로 쌓는 것

5) 영롱 쌓기

난간벽(Parapet)과 같이 상부 하중을 지지하지 않는 벽에 있어서 장식적인 효과를 기대하기 위해 벽체에 구멍을 내어 쌓는 것

6) 엇모 쌓기

담 또는 처마 부분에 내쌓기를 할 때 45° 각도로 모서리가 면에 나오도록 쌓는 것으로 비교적 시공도 간단하며 외관을 장식하기에 좋은 방법이다.

(2) 나라별 쌓기 종류

종류	특징	비고
영식쌓기 (english bond)	한켜는 길이, 한켜는 마구리쌓기, 벽모서리 끝벽 마구리에 반절이나 이오토막 사용	가장 튼튼한 쌓기로 내력벽에 사용
화란식(네덜란드) 쌓기 (dutch bond)	영식쌓기와 거의 같지만, 길이켜의 모서리와 끝벽에는 칠오토막 사용	일하기 쉽고, 비교적 견고, 가장 많이 쓰인다.
불식(프랑스식) 쌓기 (flemish bond)	입면상 매 켜에 길이와 마구리가 번갈아 나온다. 구조적으로 튼튼하지 못하다.	벽돌담 등 치장용
미식쌓기 (american bond)	5켜는 치장벽돌로 길이쌓기 다음 한켜는 마구리쌓기로 본 벽돌에 물리고 뒷면은 영식쌓기 한다.	외부 붉은벽돌, 내부 시멘트벽돌을 쌓는 경우

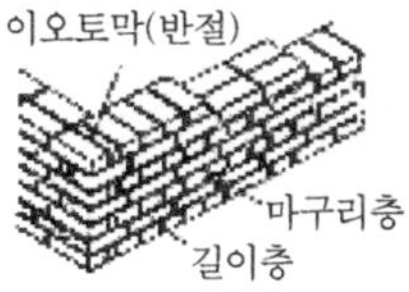

[영식쌓기]

[화란식쌓기]

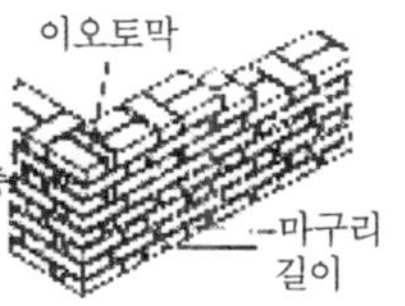

[불식쌓기]

[미식쌓기]

(3) 각 부 쌓기

종류	특징
기초쌓기	기초 콘크리트판 위에 1/4B씩 한 켜 또는 두 켜씩 내어쌓고 기초 맨 밑의 너비는 두 켜 쌓기로 벽두께의 2배가 되게 한다.
내쌓기	① 벽면에서 내쌓기 : 한 켜 1/8B, 두 켜 1/4B ② 내미는 한도 : 2.0B 이하 ③ 내쌓기는 마구리쌓기로 하는 것이 강도, 시공상 유리
켜걸름 들여쌓기	벽돌벽의 교차부에서 벽돌 한 켜걸름으로 1/4~1/2B를 들여 쌓는 방법
층단떼어쌓기	긴 벽돌벽의 쌓기에서 벽 중간 일부를 쌓지 못하게 될 때 점점 쌓는 길이를 줄여오는 방법

공간쌓기	① 목적 : 방습, 방한, 방음 ② 공간간격 : 5~7cm 정도 ③ 연결재 배치 · 거리 간격 : 수직거리 40cm이하, 수평거리 90cm이하 ④ 물빠짐 구멍 : 1cm 파이프로 2m이내 간격으로 설치

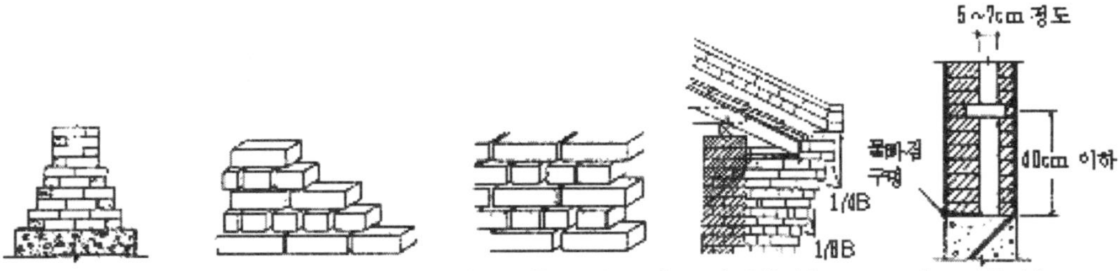

[기초쌓기] [층단 떼어쌓기] [켜걸름 들여쌓기] [내쌓기] [공간쌓기]

(4) 개구부 쌓기

1) 창문틀 세우기

① 먼제세우기 : 문틀까지 쌓고 1일 경과 후 창문세우고 옆벽을 쌓는다.

② 나중세우기 : 조적중 60cm 간격으로 나무벽돌, 연결철물을 묻고, 나중에 끼운다.

2) 창대쌓기

① 창대벽돌은 윗면을 15° 내외로 경사지어 옆세워 쌓는다.

② 문위는 1/8B~1/4B 내쌓거나 벽면에 일치 시킨다.

3) 창문틀 옆쌓기

창문틀은 수직 · 수평 위치 정확히 설치하고 고정용 쐐기, 못박는 간격은 60cm 이내이다.

4) 창문틀이 빠지지 않도록 하는 방법

① 가새, 버팀대 등을 사용하여 틀을 보강하고 견고히 고정

② 창문틀 중간에 60cm 간격으로 꺾쇠나 볼트, 대못으로 고정

③ 긴결철물을 이용하여 옆벽에 물려쌓기하고 사춤을 철저히 한다.

④ 쌤블록을 이용하여 쌓기 한다.

(5) 아치쌓기

1) 내용

아치는 상부에서 내려오는 수직압력이 아치의 축선을 따라 좌우로 나누어져 밑으로 압축력만 전달되게 하여 부재의 하부에 인장력이 생기지 않는 구조로 줄눈의 방향은 아치의 중심에 모이게 한다.

2) 종류

본 아치	아치벽돌을 주문 제작한 것을 이용한 아치
막만든 아치	보통벽돌을 쐐기모양으로 다듬어 만든 아치
거친 아치	보통벽돌을 쓰고 줄눈을 쐐기모양으로 변화시켜 만든 아치
층두리 아치	아치너비가 클 때에 아치를 겹으로 둘러 튼 아치

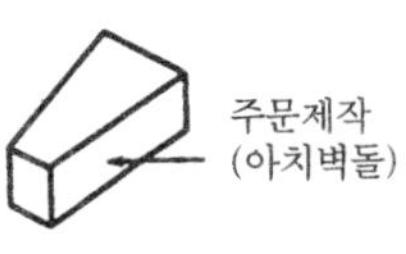

[본아치]

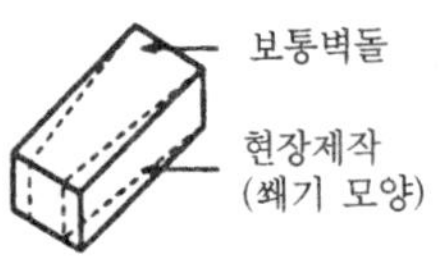

[막만든아치]

[거친아치]

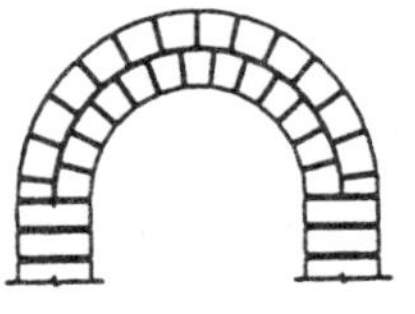
[층두리아치]

3) 형태에 따른 아치명

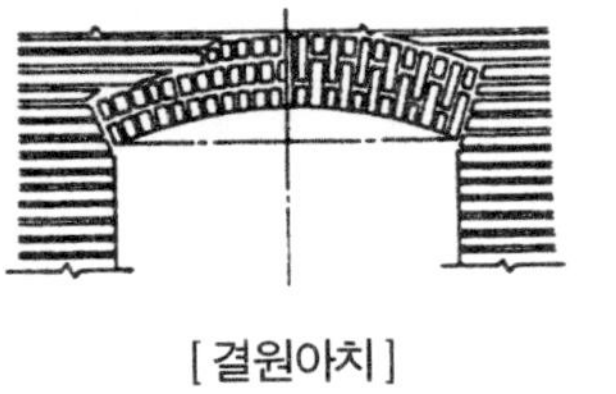
[결원아치]

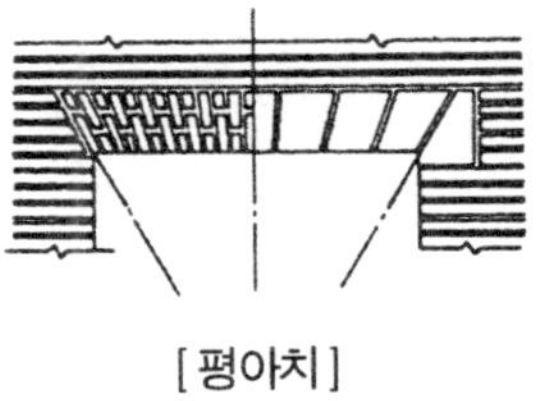
[평아치]

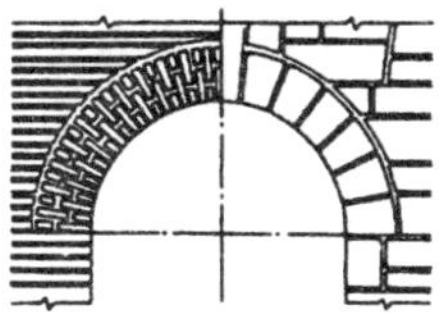

[반원아치]

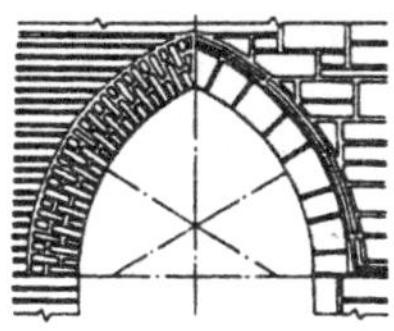

[고딕아치]

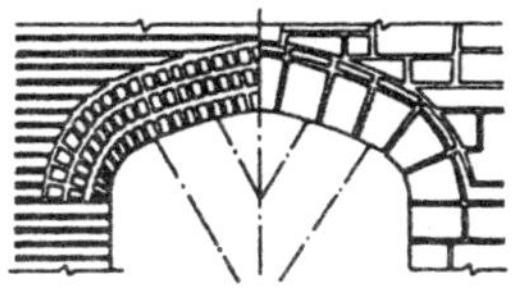

[뾰족아치]

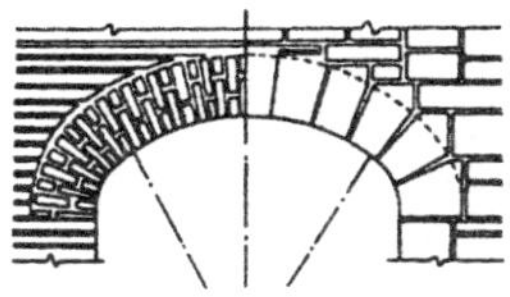

[타원아치]

6. 벽돌벽의 균열원인

(1) 계획 설계상의 미비

① 기초의 부동침하

② 건물의 평면, 입면의 불균형 및 벽의 불합리한 배치

③ 불균형 하중, 큰 집중하중, 횡력 및 충격

④ 벽돌벽의 길이 · 높이 · 두께에 대한 벽돌 벽체의 강도부족

⑤ 문꼴 크기의 불합리 및 불균형 배치

(2) 시공상의 결함

① 벽돌 및 모르타르의 강도부족

② 재료의 신축성(온도 및 흡수에 의한)

③ 이질재와의 접합부

④ 콘크리트 보밑의 모르타르 다져 넣기의 부족(장막벽의 상부)

⑤ 모르타르, 회반죽바름의 신축 및 들뜨기

7. 백화 현상

(1) 원인

벽표면에서 침투하는 빗물에 의해 모르타르의 석회분이 유출하여 모르타르 중의 석회분이 수산화석회(Ca(OH)2로 되어 표면에 유출될 때 공기 중의 탄산가스 또는 벽돌의 유황성분과 결합하여 생긴다.

(2) 방지법

① 잘 구워진 양질의 벽돌을 사용할 것(소성이 잘된 벽돌)
② 줄눈 모르타르에 방수제를 혼합한다.
③ 빗물이 침입하지 않도록 벽면에 비막이 설치
④ 벽돌 표면에 파라핀 도료를 발라 염류의 유출을 막는다.

II. 블록공사

1. 일반사항

(1) 종류

1) 형태상

① BI형 : 미국에서 개발된 것으로 우리나라에서 제일 많이 사용되고 있다.
② BM형 : BI형보다 치수를 크게 하여 줄눈이 덜 들게 한 것
③ BS형 : BI형보다 두께가 크며 ㄴ자형, ㄷ자형 등과 같이 사용

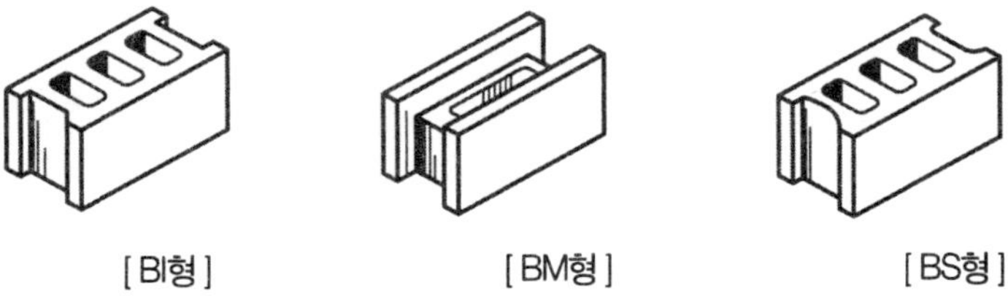

[BI형] [BM형] [BS형]

2) 특수 블록

① 창대 블록 : 창문틀의 밑에 쌓는 블록으로 창대모양으로 된 블록
② 창쌤 블록 : 창문틀의 옆에 창문틀이 끼워지도록 만들어진 블록
③ 인방 블록 : 개구부 상단에 설치하는 인방보를 만들기 위한 블록

(2) 형상과 치수

① 치수

형상	치수			허용값	
	길이	높이	두께	길이 · 두께	높이
기본형 블록	390	190	190, 150, 100	± 2%	± 3%

② 블록 셸(Block Shell)의 두께는 보통 25mm 정도이고, 전면 셸(Face Shell)은 25mm이상으로 한다.
③ 빈 속의 최소 지름은 60mm 이상으로 한다.

(3) 제작

① 골재알의 크기는 셸두께의 1/3 이하로 한다.
② 용적 배합비는 시멘트 : 골재 = 1 : 7 이내로 한다.
③ 물시멘트비(W/C)는 40% 이하로 한다.
④ 습도 100%의 실내에서 500℃ · h, 야적 시 통산 4,000℃ · h(상온에서 10일 정도) 이상을 양생한다.

(4) 강도(KS F 4002)

구분	압축강도	비고
A종	4MPa(N/mm²)	강모래, 강자갈 사용
B종	6MPa(N/mm²)	강자갈 사용
C종	8MPa(N/mm²)	–

2. 블록쌓기

(1) 시공도 작성

① 블록나누기 및 블록의 종류 선택

② 벽 간격의 중심 치수

③ 창문틀 등 개구부의 안목 치수

④ 철근의 삽입 및 이음 위치, 철근의 지름 및 개소

⑤ 나무 벽돌, 앵커 볼트, 배수관, 전기 배선관의 위치

(2) 블록쌓기

① 일반 블록쌓기는 막힌 줄눈, 보강 블록조는 통줄눈으로 한다.

② 기초, 바닥판 윗면, 블록 모르타르 접합면을 적당히 물축이기 한다.

③ 블록은 살두께가 두꺼운 쪽이 위로 가게 정확히 쌓는다.

④ 1일 쌓기 높이는 1.2m~1.5m 이내로 한다.(6켜~7켜)

⑤ 블록쌓기 직후 줄눈을 누르고, 줄눈파기하고 치장줄눈한다.

(3) 인방보 및 테두리보

1) 인방보

① 인방블록은 좌우 벽면에 20cm 이상 걸치고 철근은 40d 이상 정착시킨다.

② 기성콘크리트 인방보도 인방보의 양끝을 20cm 이상 걸친다.

2) 테두리보

① 춤은 벽두께의 1.5배 이상으로 한다.

② 철근 정착은 40d 이상하고, 콘크리트 사춤을 한다.

(4) 보강 콘크리트 블록조

① 세로근은 잇지 않고 기초보 하단에서 테두리보 상단까지 40d 이상 정착시킨다.
② 철근 굵기는 D10 이상으로 하고, 내력벽 끝부분이나 모서리는 D13 이상으로 한다.
③ 가로근, 세로근의 간격은 80cm 이내로 한다.
④ 가로근의 이음은 25d 이상으로 하고 정착길이는 40d 이상이다.
⑤ #8~#10 철선을 용접하여(와이어 메시) 블록 2~3단마다 배치한다.
⑥ 세로근과 세로줄눈 부분의 사춤 모르타르는 윗면에서 5cm 밑에 두어 사춤한다.
⑦ 철근의 피복두께는 2cm 이상으로 하고, 굵은 철근보다 가는 철근을 사용한다.

Ⅲ. 석공사

1. 개요

(1) 석질의 종류와 특성

암석의 종류		용도	특징
화성암(火成岩)	화강암	조적재, 구조재, 건축내·외장재	① 조직이 균일 ② 경도, 강도, 내마모성, 색채, 광택이 우수 ③ 내화성이 약하다.
	안산암	구조재, 장식재	① 경도, 강도, 내구성, 내화성이 있음. ② 색조 일정치 않고 절리에 의해 가공용이 ③ 큰재를 얻기가 어렵다.
	현무암	판석재로 많이 사용	
수성암(水成岩)	사암	외벽재, 내장재, 경량구조재	① 조직치밀, 규산질 사암 등 경질의 것은 내구성이 있음 ② 석회질 사암은 가공성 좋음 ③ 석회질 사암, 철분사암은 흡수율이 높고 내구성이 약함
	석회암	시멘트의 원료	용도가 매우 광범위하다.
	점판암	지붕재료, 비석, 바닥	① 재질이 치밀, 흡수성이 작고 강함 ② 색상이 미려함
변성암	대리석	실내장식재,	① 강도가 크며 실외 사용 드물고 실내장식용

(變成岩)		조각재	② 내화, 내산성이 약하고, 풍화되기 쉽다.
	석면	단열재, 마감재	단열, 보온, 흡음이 우수하고 내화적이다.

(2) 석재 사용상 주의사항

① 산출량을 조사하여 공급에 차질이 없도록 한다.

② 취급상 $1m^3$ 이하로 가공한다.(사용 최대 치수를 정한다.)

③ 예각을 피한다.

④ 내화 구조물은 강도보다 내화성에 주의한다.

⑤ 높은 곳, 특히 돌출부에서의 석재 사용은 가급적 피한다.

⑥ 구조체 사용 석재의 품질은 압축강도 $5N/mm^2$ 이상, 흡수율 30% 이하로 한다.

(3) 석재의 가공

순서	석공구	내용
혹두기(메다듬)	쇠메	원석의 두드러진 면과 큰 요철만 없앤다.
정다듬	정	혹두기면을 정으로 쪼아 평평하게 다듬는 것
도드락다듬	도드락 망치	정다듬 면을 도드락 망치로 더욱 평탄하게 다듬는 것
잔다듬	날망치	날망치로 처음 두 번은 직교방향, 1번은 평행방향으로 마무리하는 것
물갈기	숫돌, 금강사	잔다듬면을 숫돌이나 금강사로 갈아서 광택나게 하는 것

[쇠메] [정] [도드락망치] [날망치] [숫돌]

(4) 석재의 표면 마무리(특수공법)

모래분사법 (Sand Blasting)	석재면에 고압공기의 압력으로 모래를 분출시켜 면을 다듬는 방법
화염분사법 (Burner Finish)	버너로 석재표면을 달군 다음 급랭시켜 표면의 박리층을 제거하여 거친면으로 다듬는 방법
착색돌 마감	석재의 흡수성을 이용하여 석재의 내부까지 착색시키는 방법

2. 돌쌓기

(1) 돌쌓기 종류

① 거친돌 막쌓기 : 막생긴 거친돌을 맞댐면을 다듬지 않고, 그대로 또는 거친 다듬 정도로 하여 쌓는다.

② 다듬돌 쌓기 : 돌의 모서리나 맞댐면을 일정한 모양으로 다듬어 줄눈을 바르게 쌓는 방법이다.(가장 튼튼하고 외관이 좋다.)

③ 허튼층 쌓기 : 줄눈이 규칙적으로 되지 않는 것으로 막쌓기라고도 한다.

④ 바른층 쌓기 : 돌 한 켜 한 켜가 수평직선으로 되게 쌓는 것이다. 층지어 쌓기는 허튼층 쌓기로 하되, 3켜 정도마다 수평줄눈을 일직선으로 통하게 한 것이다.

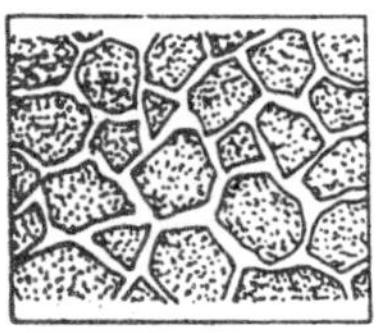

[거친돌 막쌓기]

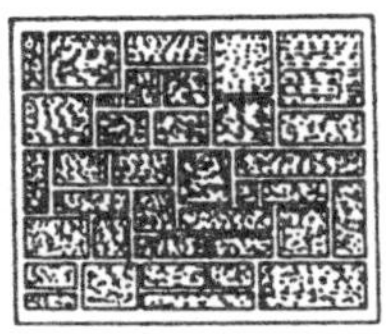

[다듬돌쌓기]

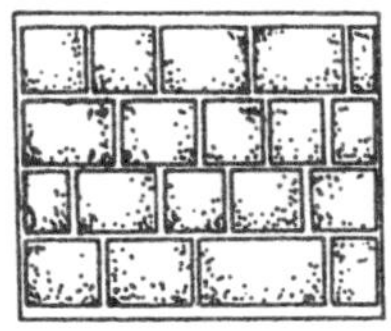

[바른층쌓기]

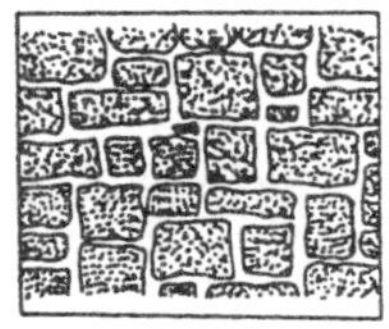

[허튼층쌓기]

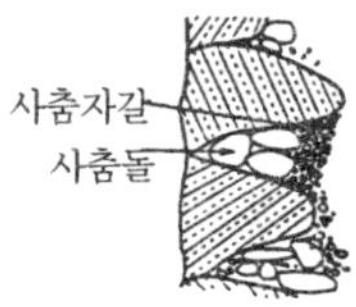

[건쌓기]

[사춤쌓기]

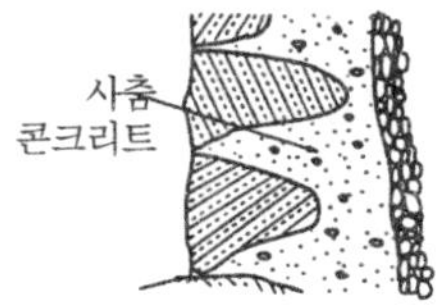

[찰쌓기]

(2) 돌쌓기

① 규준틀의 돌 나누기에 따라 줄눈, 개구부, 철물 위치 등을 기입하고 수평실을 친다.

② 먼저 모서리 또는 구석, 중간요소 등에 규준이 되는 돌을 설치한다.

③ 돌은 나무쐐기 등을 이용하여 가설치하고 수직, 수평, 각도 등을 확인한다.

④ 다음으로 깔 모르타르를 다져 넣어 완전히 설치한다.

⑤ 뒷면에 1 : 3 모르타르를 부어 넣고 인접 돌 사이에 줄눈두께 쐐기를 끼워 고정한다. 이때 나무쐐기 사용 시는 1~2일 후 모르타르 경화 후 제거한다.

⑥ 사춤 모르타르는 1 : 2로 높이의 1/3 정도 된비빔하고, 어느 정도 굳은 후 묽은비빔 모르타르를 부어 넣는데 이때 헝겊을 끼우고 1~2시간 후 제거한다.

⑦ 1일 시공단수는 3~4단으로 하되, 돌 높이 50cm 내외는 2단 이하로 한다.

⑧ 돌의 접합은 첫 켜가 설치되고 사춤모르타르가 경화되면 은정, 꺾쇠, 촉 등의 철물을 연결 고정한다.

(3) 치장줄눈

돌쌓기가 완료된 후 줄눈 나누기를 하고 어느 정도 굳은 다음 1~1.5cm 정도의 깊이로 줄눈파기하여 만든다.

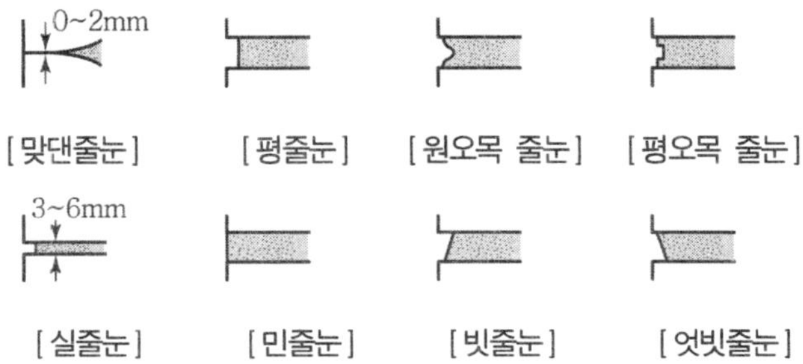

(4) 보양 및 청소

① 물 씻기를 원칙적으로 하되, 부득이한 경우 묽은 염산을 쓰고 즉시 물씻기를 한다.

② 돌면은 호분, 백지 등을 발라 보양하고, 모서리나 돌출부는 널판을 댄다.

3. 돌 붙이기

(1) 석재 붙임 공법

- 석재 붙임 공법
  - 습식 공법
  - 건식 공법
    - Anchor 긴결 공법
    - 강재 truss 지지 공법
    - GPC 공법

습식공법	① 구체와 석재 사이를 연결철물과 모르타르 채움에 의해 일체화시키는 공법 ② 종류 : 전체주입공법, 부분주입공법, 절충주입공법
Anchor 긴결공법	구조체에 각종 앵커를 사용하여 석재를 붙여 나가는 공법
강재 truss 지지공법	미리 조립된 강재 truss에 석판재를 지상에서 짜맞춘 후 조립으로 설치해 나가는 공법
GPC 공법	석재와 콘크리트를 일체화시킨 PC를 제작하여 건축물의 외벽에 부착하는 공법

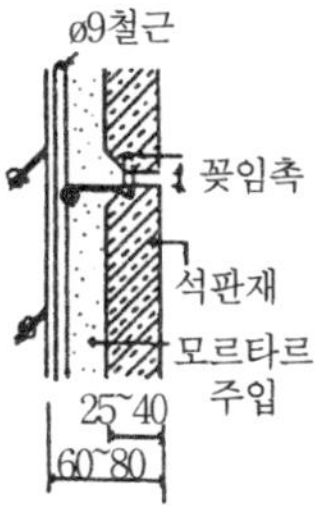

[습식공법]

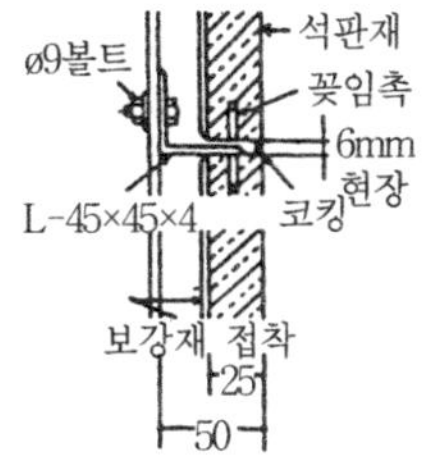

[앵커 긴결공법]

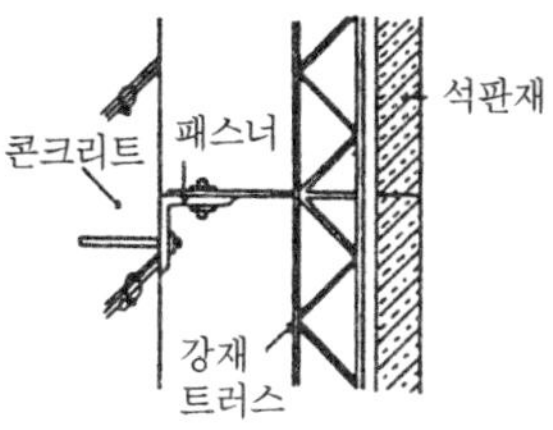

[강재 트러스 지지공법]

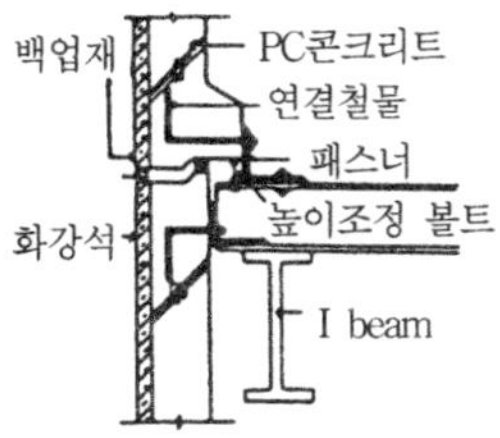

[G.P.C 공법]

(2) 대리석 붙이기

① 대리석 붙이기용 모르타르는 1:1(시멘트:석고) 배합으로 한다.

② 돌 뒷면과 벽체 사이는 돌 뒷면이 일정한 두께로 평평할 때는 30mm가 표준이고, 일반적으로 10~50mm 정도는 되어야 한다.

③ 대리석은 창문틀이 완료되고 미장공사에 선행하여 시공하는 것이 원칙이다.

④ 연결철물은 대리석 1장당 2~4개소에 2.8~4.2mm의 황동선을 사용하여 고정한다.

⑤ 화강암 표면에 붙은 시멘트풀을 제거하기 위해 염산을 사용할 경우 즉시 깨끗이 닦아낸다.

⑥ 줄눈은 맞댐줄눈으로 하는 것이 원칙이다.

Ⅳ. 타일공사 및 테라코타

1. 타일공사

(1) 타일 종류

1) 성분

종류	흡수성	제품	소성온도
토기	20~30%	붉은 벽돌, 토관, 기와	700~900℃
도기	15~20%	내장타일	1,000~1,300℃
석기	8% 이하	클링거 타일	1,300~1,400℃
자기	1% 이하	외장타일, 바닥타일, 모자이크 타일	1,300~1,450℃

2) 크기에 따른 분류

① 대형 외부(벽돌형)타일
② 대형 내부(각형)타일
③ 소형 타일
④ 모자이크 타일

3) 용도에 의한 분류

① 외부용 : 흡수성이 적고 외기에 대한 저항이 큰 것
② 내부용 : 아름답고, 위생적인 것
③ 바닥용 : 마모에 강하며 미끄러지지 않는 것

(2) 모르타르

① 사용모래는 2.5mm체에 100% 통과하는 것으로 사용된다.
② 모르타르는 건비빔 한 후 3시간 이내에 사용하며, 물을 부어 반죽한 후 1시간 이내에 사용하고, 1시간 이상 경과한 것은 사용하지 아니한다.

③ 붙임 모르타르의 배합비는 경질일 때 1 : 2, 연질일 때 1 : 3으로 한다.

(3) 타일 선정 시 주의사항

① 치수, 빛깔, 형상, 흠집 등을 엄선한다.
② 유약이 묻지 않은 부분은 동절기에 수분이 흡수되어 결손되기 쉽다.
③ 색조가 같은 것을 몰아 붙이지 말고 분산하여 붙인다.

(4) 타일 검사 및 시험 항목

KS L 1001 규정시험	도면, 시방서 지정시험
① 치수검사 · 흡수율 시험 ② 외관검사 · 오토 클레이브 시험	① 마모 동결 시험 ② 내산시험

(5) 타일시공법(2006년 개정 건축공사 표준시방서)

타일처리 → 재료조정 → 타일나누기 → 타일붙이기 → 치장줄눈 → 정리/보양

1) 바탕처리

① 들뜸, 균열 등을 검사하여 불량부분을 보수한다.
② 불순물을 제거하고 청소한 다음 적당한 물을 축인다.
③ 흡수성이 있는 타일에는 적당히 물을 뿌려서 사용한다.

2) 타일 나누기 및 일반사항

① 벽체타일이 시공되는 경우 바닥타일은 벽체타일을 먼저 붙인 후 시공한다.
② 타일붙이기는 온장이 원칙이며, 벽타일 붙이기에서 타일 측면이 노출되는 모서리 부위는 코너타일을 사용하거나, 모서리를 가공하여 측면이 직접 보이지 않도록 한다.
③ 벽체는 중앙에서 양쪽으로 타일 나누기를 하여 타일 나누기가 최적의 상태가

될 수 있도록 조절한다.

④ 바탕 모르타르를 바른 후 타일을 붙일 때까지는 여름철(외기온도 25℃ 이상)은 3~4일 이상, 봄 · 가을(외기온도 10℃ 이상, 20℃ 이하)은 1주일 이상의 기간을 두어야 한다.

⑤ 바닥면의 모르타르 바탕은 물고임이 없도록 구배를 유지하되, 1/100을 넘지 않도록 한다.

⑥ 여름에 외장타일을 붙일 경우에는 하루 전에 바탕면에 물을 충분히 적셔 둔다.

⑦ 줄눈나비

타일	대형(외부)	대형(내부일반)	소형	모자이크
줄눈나비	9mm	6mm	3mm	2mm

3) 벽타일 붙이기

① 압착붙이기

㉮ 붙임 모르타르의 두께는 타일두께의 1/2 이상으로 하고, 5~7mm 정도를 표준으로 하여 붙임바탕에 바르고 자막대로 눌러 표면을 평탄하게 고른다.

㉯ 타일의 1회 붙임면적은 모르타르의 경화속도 및 작업성을 고려하여 1.2m^2 이하로 하고, 붙임시간은 모르타르 배합 후 15분 이내로 한다.

㉰ 한 장씩 붙이고, 나무망치 등으로 두들겨 타일이 붙임 모르타르 속에 박히도록 하고, 타일의 줄눈 부위에 모르타르가 타일 두께의 1/3 이상 올라오도록 한다.

② 개량압착 붙이기

㉮ 붙임 모르타르를 바탕면에 3~6mm 정도로 바르고 자막대로 눌러 표면을 평탄하게 고른다.

㉯ 바탕면 붙임 모르타르의 1회 바름면적은 1.0m^2 이하로 하고, 붙임시간은 모르타르 배합 후 30분 이내로 한다.

㉰ 타일 뒷면에 붙임 모르타르를 3~4mm 정도로 평탄하게 바르고, 즉시 타일을 붙이며 나무망치 등으로 충분히 두들겨 타일의 줄눈 부위에 모르타르가 타일 두께의 1/2 이상이 올라오도록 한다.

③ 동시줄눈 붙이기

㉮ 1회 붙임면적은 1.2m^2 이하로 하고 붙임시간은 15분 이내로 한다.

㉯ 붙임 모르타르의 두께는 5~8mm를 평탄하게 바른다.

㉰ 타일은 한 장씩 붙이고 반드시 타일면에 수직하여 충격공구로 좌우, 중앙의 3점에 충격을 가해 붙임 모르타르 안에 타일이 박히도록 하며 타일의 줄눈부위에 붙임 모르타르가 타일두께의 2/3 이상 올라오도록 한다.

㉱ 줄눈의 수정은 타일 붙임 후 15분 이내에 행하고, 붙임 후 30분 이상 경과했을 때에는 그 부분의 모르타르를 제거하여 다시 붙인다.

④ 접착 붙이기

㉮ 내장공사에 한하여 적용한다.

㉯ 붙임바탕면을 여름에는 1m^2 이하 1주 이상, 기타 계절에는 2주 이상 건조시킨다.

㉰ 접착제의 1회 바름면적은 2m^2 이하로 하고 접착제용 흙손으로 눌러 바른다.

㉱ 접착 붙이기에 쓰이는 타일의 무게는 한 장이 200mm 이하 또는 판형인 경우는 판형당 1,300mm 이하이어야 한다.

4) 바닥 붙이기

① 바탕처리는 마감면에서 2mm 정도 높게 여유를 두어 된비빔한 모르타르를 약 10mm 정도로 깔며 필요에 따라 물매를 잡는다.

② 붙임 모르타르의 1회 깔기 면적은 6~8m^2 로 한다.

③ 판형 붙이기는 붙임작업이 끝난 후 3시간이 경과한 다음 줄눈 갓둘레와 기타 부분의 모르타르를 제거하고, 헝겊이나 톱밥 등으로 타일면을 청소한다.

5) 치장줄눈

① 치장줄눈은 타일을 붙이고, 3시간이 경과한 후 줄눈파기를 하여 줄눈부분을 충분히 청소하며, 24시간이 경과한 뒤 붙임 모르타르의 경화 정도를 보아, 작업 직전에 줄눈 바탕에 물을 뿌려 습윤케 한다.

② 신축줄눈에 대하여 도면에 명시되어 있지 않을 때에는 이질바탕의 접합부분이나 콘크리트를 수평방향으로 이어붓기한 부분 등 수축균열이 생기기 쉬운 부

분과 붙임면이 넓은 부분에는 담당원의 지시에 따라 그 바탕에까지 닿는 신축 줄눈을 약 3m 간격으로 설치하여야 한다.

③ 치장줄눈의 너비가 5mm 이상일 때에는 고무흙손으로 충분히 눌러 빈틈이 생기지 않게 하며 2회로 나누어 줄눈을 채운다.

6) 보양 및 청소

① 한중공사 시에는 시공면을 보호하고 동해 또는 급격한 온도변화에 의한 손상을 피하도록 외기의 기온이 2℃ 이하일 때에는 타일작업장 내의 온도가 10℃ 이상이 되도록 임시로 가설 난방 보온 등에 의하여 시공부분을 보양하여야 한다.

② 타일을 붙인 후 3일간은 진동이나 보행을 금한다.

③ 줄눈을 넣은 후 경화 불량의 우려가 있거나 24시간 이내에 비가 올 염려가 있는 경우에는 폴리에틸렌 필름 등으로 차단 보양한다.

④ 줄눈넣기가 완료된 후 7일 동안은 바닥에 설치된 타일 위를 보행하거나 동행해서는 안 된다.

⑤ 청소하기 위해 공업용 염산 30배 희석용액을 사용하였을 때에는 물로 산성분을 완전히 씻어낸다.

(6) 시공 검사(2006년 개정 건축공사 표준시방서)

1) 두들김 검사

① 붙임 모르타르의 경과 후 검사봉으로 전면적을 두들겨 본다.

② 들뜸, 균열 등이 발견된 부위는 줄눈 부분을 잘라내어 다시 붙인다.

2) 접착력 시험

① 타일의 접착력 시험은 600m² 당 한 장씩 시험한다.

② 시험할 타일은 먼저 줄눈 부분을 콘크리트 면까지 절단하여 주위의 타일과 분리시킨다.

③ 시험할 타일을 부속장치의 크기로 하되 그 이상은 180×60mm 크기로 콘크리

트면까지 절단한다.(단, 40mm 미만의 타일은 4매를 1개조로 하여 부속장치를 붙여 시험한다.)

④ 시험은 타일 시공 후 4주 이상일 때 행한다.

⑤ 시험결과의 판정은 접착강도가 0.39N/mm^2 (개정 전 : 4kg/cm^2) 이상이어야 한다.

(7) 타일의 동해 방지

① 소성온도가 높은 타일을 사용한다.

② 흡수율이 낮은 타일을 사용한다.

③ 줄눈누름을 충분히 하여 우수의 침투를 방지한다.

④ 모르타르의 단위수량을 적게 한다.

⑤ 바탕면과 접착모르타르의 접착성을 좋게 한다.

Reference

Open Time(붙임 시간)

접착모르타르나 접착제가 바탕면 또는 타일면에 발라 타일 시공에 적당한 상태가 유지되기까지의 시간으로 Open Time이 길어지면 타일의 탈락원인이 되며 보통 15분 이내로 한다.

2. 테라코타공사

(1) 일반사항

① 고급점토와 흙을 소성한 속이 빈 점토제품

② 구조용 : 칸막이벽 등에서 사용하는 공동 벽돌

③ 장식용 : 난간벽, 주두, 돌림띠, 창대 등에 사용

(2) 특징

① 석재보다 가볍고, 색이 다양하다.

② 압축강도는 80~90N/mm² 로 화강암의 1/2 정도이다.

③ 대리석보다 풍화에 강하다.

④ 현장절단, 구멍뚫기가 불가능하므로 미리 연결구멍을 뚫어 제작한다.

(3) 시공

① 바탕면과 테라코타는 습윤하게 한다. ② 공법은 벽돌, 타일공사에 준한다.

③ 시공순서

바탕청소 → 바탕면 물축이기 → 줄눈나누기 → 수평실치기 → 테라코타의 위치에 따라 귀모서리 맞추어 붙이기 → 줄눈넣기

Ⅴ. A.L.C(Autoclaved Lightweight Concrete)

1. 개요

(1) 정의

강철제 탱크 속에 석회질 또는 규산질 원료와 발포제를 넣고 고온·고압하에서 15~16시간 양생하여 만든 다공질의 경량기포 콘크리트를 총칭하여 A.L.C라 한다.

(2) 종류

① A.L.C 패널(Pannel) ② A.L.C 블록(Block)

(3) 특징

① 경량성(기건비중이 콘크리트의 1/4 정도)

② 단열성(열전도율이 콘크리트의 1/10 정도)

③ 불연성, 내화성이 뛰어나다.

④ 흡음성이 뛰어나다.(흡음률이 10~20% 정도)

⑤ 건조 수축이 작고, 균열발생이 적다.

⑥ 흡수율이 높아 동해에 대한 방수·방습처리가 필요하다.

2. 시공(벽쌓기)

(1) 일반사항

① 비내력벽 시공 시의 공사에 적용한다.

② 슬래브는 작업 전 청소를 하고 도면에 따라 바닥이 균일하지 않은 곳은 시멘트 모르타르로 수평을 맞춘다.

③ 블록벽체의 개구부와 개구부 사이는 60cm 이상으로 한다.

④ 모든 창호에 안방보를 설치하는 것이 좋으나, 개구부의 폭이 90cm 미만인 경우에는 인방보를 설치하지 않아도 무방하다.

(2) 쌓기 시 주의사항

① 슬래브나 방습턱 위에 고름 모르타르를 10~20mm 두께로 깐 후 첫 단 블록을 올려 놓고 고무망치 등을 이용하여 수평을 잡는다.

② 블록의 제작치수 중 높이에 대한 편차가 KS F 2701에서 규정한 높이에 대한 허용차 범위 +1mm, -3mm를 초과하는 경우 인접블록과 높이 편차를 맞춘 후 쌓기 모르타르를 사용하여 조적한다.

③ 쌓기 모르타르는 블록의 두께와 동일한 폭을 갖는 전용흙손을 사용하여 바른다. 또한, 시공 시 흘러나온 모르타르는 경화되기 전에 빨리 긁어낸다.

④ 줄눈의 두께는 1~3mm 정도로 한다.

⑤ 블록 상·하단의 겹침길이는 블록길이의 1/3~1/2을 원칙으로 하고 100mm 이상으로 한다.

⑥ 블록은 각 부분이 가급적 균등한 높이로 쌓아가며 1일 쌓기높이는 1.8m를 표준으로 하고 최대 2.4m 이내로 한다.

⑦ 연속되는 벽면의 일부를 트이게 하여 나중쌓기로 할 때에는 그 부분을 층단 떼어

쌓기로 한다.

⑧ 모서리 및 교차부쌓기는 끼어쌓기를 원칙으로 하여 통줄눈이 생기기 않도록 한다. 직각으로 만나는 벽체의 한편을 나중쌓을 때에는 층단쌓기로 하며 부득이한 경우 담당원의 승인을 얻어 층단으로 켜거름 들여쌓기로 하거나 이음 보강 철물을 사용한다.

⑨ 콘크리트 구조체와 블록벽이 만나는 부분 및 블록벽이 상호 만나는 부분에 대해서는 접합철물을 사용하여 보강하는 것을 원칙으로 한다.

⑩ 상부구조체와 접하는 부위는 구조체의 처짐을 충분히 견딜 수 있고, 상부 구조체로부터 힘이 전달되지 않는 충전재로 밀실하게 채운다.

⑪ 공간쌓기의 경우 공사시방 또는 도면에서 규정한 사항이 없으면 바깥쪽을 주벽체로 하고 내부공간은 50~90mm 정도로 하고, 수평거리 900mm, 수직거리 600mm마다 철물연결재로 긴결시킨다.

⑫ 신축줄눈을 통한 열손실 방지, 방음성능 및 내화성능의 확보가 요구될 경우에는 암면 등의 광물섬유를 채워 넣고 실란트 또는 내화용 줄눈재로 충전한다.

⑬ 블록 구조의 표면은 필요한 경우 집중하중 또는 마모에 대하여 보호한다.

⑭ 블록의 절단은 전용 톱을 사용하여 정확하게 절단하며 접착면이나 노출면이 평활하도록 한다.

(3) 방수 및 방습

① 지표면의 습기가 블록벽체에 영향을 줄 수 있는 최하층 바닥 위에 첫 단 블록을 쌓을 때는 바닥에 아스팔트 펠트 등과 같이 방수성능이 우수하고 모르타르와 접착력이 좋은 재료를 사용하여 벽두께와 같은 폭으로 방습층을 설치한다.

② 상시 물과 접하는 부분에는 방수턱을 설치한다.

③ 시멘트 액체방수를 사용할 경우, 취약부위 또는 균열발생의 우려가 있는 부위에는 부분적으로도 도막방수를 추가 시공하도록 한다.

④ 창문틀은 외부벽면과 동일 선상 또는 외부로 돌출되게 시공하고, 접합부는 실란트로 마무리한다.

⑤ 창문틀을 외부 벽면에서 들여 설치할 경우에는 창대석 또는 플래싱을 설치하고, 접합부는 실란트로 마무리한다.

6장 목공사

Ⅰ. 개요

1. 목재의 특징

(1) 장점

① 비중이 작고 연질이다.(가공 시 용이)
② 비중에 비해 강도가 크다.(구조용재)
③ 열전도율이 작다.(보온효과)
④ 탄성 및 인성이 크다.
⑤ 색채, 무늬가 있어 미려하다.(가구, 내장재)
⑥ 수종이 많고 생산량이 비교적 많다.

(2) 단점

① 가연성이다.(250℃에서 착화되어 450℃에서 자체 발화)
② 함수율에 따른 변형이 크다.(제품의 치수변동)

③ 부패, 충해, 풍해가 있다.(내구성이 약함)

2. 목재의 종류

- 형상
  - 침엽수 : 소나무, 해송, 삼송나무, 전나무, 낙엽송, 잣나무
  - 활엽수 : 밤나무, 느티나무, 오동나무, 단풍나무, 참나무, 박달나무, 벚나무, 은행나무
- 성장
  - 외장수 : 수목에 연륜이 형성되어 성장하는 나무
  - 내장수 : 두께가 비대해지지 않고 연륜이 형성되지 않는 나무
- 재질
  - 연질 : 침엽수종
  - 경질 : 활엽수종
- 용도
  - 구조재 : 건물의 뼈대를 이루는 부재
  - 수장재 : 실내의 치장에 쓰이는 부재
  - 창호재 : 창호에 쓰이는 부재
  - 가구재

3. 목재 사용요건

(1) 구조재 사용요건

① 소요강도가 충족　　② 직대재일 것
③ 변형이 적은 것　　④ 가공이 용이한 것

(2) 수장재 사용요건

① 용도에 적합할 것　　② 변형이 적을 것
③ 외관이 수려할 것　　④ 흠이 없는 것

4. 목재의 구성

(1) 연륜

① 동심원의 조직이며, 나이테라고도 한다. ② 춘재부와 추재부의 합한 크기이다.

③ 연륜밀도와 추재율이 클수록 강도가 크다.

$$연륜밀도 = \frac{연륜개수}{AB}(개/cm)$$

④ 침엽수에서 명확하게 나타난다.

(2) 심재와 변재

심재	변재
① 다량의 수액을 포함하고 비중이 크다. ② 신축이 적다. ③ 내후성, 내구성이 크다. ④ 일반적으로 변재보다 강도가 크다.	① 비중이 적다. ② 신축이 크다. ③ 내후성, 내구성이 약하다. ④ 일반적으로 심재보다 강도가 약하다.

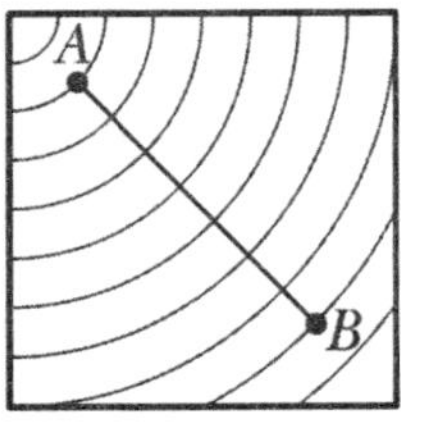

(3) 나무결

① 곧은결 : 연륜에 직각방향으로 켠 목재면에 나타나는 평행선상의 나무결

② 널결 : 연륜에 평행방향으로 켠 목재면에 나타난 곡선모양(물결모양)의 나무결

③ 무늬결 : 나무결이 여러 원인으로 불규칙한 아름다운 무늬를 나타내는 결

④ 엇결 : 나무섬유가 꼬여서 나무결이 어긋나게 나타난 목재면

(4) 목재의 흠

① 옹이 : 줄기세포와 가지세포가 교차되는 곳에서 발생

② 썩음 : 국부 또는 전체가 부패된 것

③ 갈램 : 건조 수축에 따라 균열이 생긴 것

④ 껍질박이 : 목질 내부에 껍질이 남아 있는 것

⑤ 혹 : 섬유가 집중되어 불룩하게 된 부분

⑥ 죽 : 제재물의 일부에 피죽이 남아 붙어 있는 것

5. 목재의 성질

(1) 함수율

① $함수율 = \frac{시험편\ 중량 - 절건상태의중량}{절건상태의\ 중량} \times 100$

② 상태별 함수율

절대건조상태	기건상태	섬유포화점
0%	15%	30%

③ 용도별 함수율(2006년 개정 건축공사 표준시방서)

구조용재	수장재	창호재
25% 이하	20% 이하	15% 이하

(2) 강도

① 인장강도 〉 휨강도 〉 압축강도 〉 전단강도

② 섬유에 평행방향 〉 섬유에 직각방향

③ 목재의 허용강도는 최고강도의 1/7~1/8 정도이다.

④ 섬유포화점(30%) 이하에서는 함수율 감소에 따라 강도는 증가하나, 섬유포화점 이상에서는 강도가 일정하다.

(3) 건조 수축률

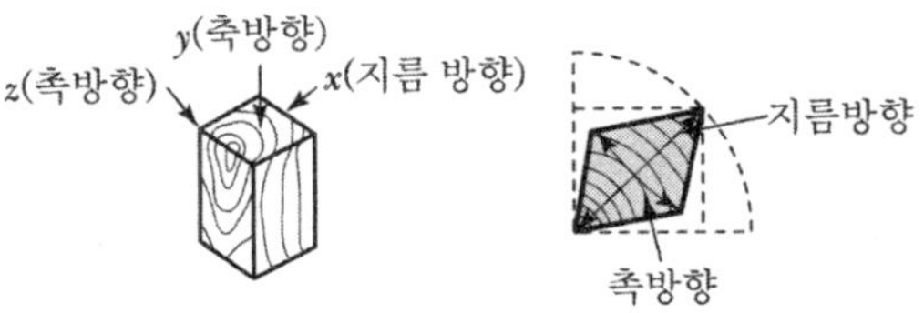

[축방향 < 지름 방향 < 촉방향]
(0.35%) (8%) (14%)

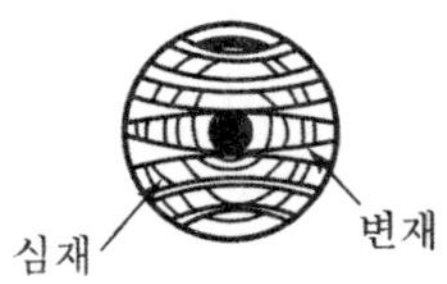

[심재 < 변재]

(4) 비중

① 세포 자체의 비중 : 1.54

② 목재의 공극률(V)

$$V=\left(1-\frac{W}{1.54}\right)\times 100$$

W : 절건상태의 중량

6. 목재의 내구성

(1) 부패

① 부패균의 번식 조건 : 온도(25~35℃), 습도(80% 전후), 공기, 양분

② 비중과 강도 저하

(2) 풍화

① 수지 성분이 증발하여 광택이 없어지며, 초기에는 갈색, 후에는 은백색이 된다.

② 방수처리 및 도료 칠을 해서 방지 가능

(3) 연소

① 수분증발(100℃)

② 인화점(180℃) : 목재에서 나오는 가스에서 점화되는 온도

③ 착화점(270℃) : 목재 자체에 직접 점화되는 온도

④ 발화점(450℃) : 화기 없이 자연적으로 목재에 불이 붙는 온도

(4) 충해

① 흰개미, 굼벵이 등에 의한 침식

② 방식법 : 크레오소트, 콜타르, 염화아연 등을 주입

7. 목재의 건조

- 건조전 처리(수액처리법) : 수침법, 자비법, 수액건조법
- 건조법
  - 자연건조법 : 대기건조법, 침수법
  - 인공건조법 : 증기법, 열기법, 훈연법, 진공법

(1) 자연건조와 인공건조의 특성

구분	자연건조	인공건조
건조시간	길다.	짧다.
변형	크다.	작다.
건조비용	작다.	크다.
품질	보통	좋다.
건조량	대량	소량

(2) 자연건조 시 주의사항

① 지상에서 20cm 이상 이격하여 건조

② 그늘지고 서늘한 곳에서 건조

③ 마구리에 페인트칠하여 급격한 건조방지

(3) 인공건조의 종류

① 증기법 : 건조실을 증기로 가열하여 건조시키는 방법(가장 많이 쓰인다.)

② 열기법 : 건조실 내의 공기를 가열하여 건조시키는 방법

③ 훈연법 : 짚이나 톱밥을 태운 연기를 건조실에 도입하여 건조시키는 방법

④ 진공법 : 원통형 탱크 속에 목재를 넣고 밀폐하여 고온 · 저압상태에서 수분을 없애는 방법

8. 목재의 방부

(1) 방부처리 방법

① 도포법 : 방부제 등을 표면에 바르는 방법
② 침지법 : 방부액 속에 담그는 방법
③ 생리적 주입법 : 벌목 전 뿌리에 약액을 주입하는 방법
④ 가압주입법 : 방부제를 진공상태에서 가압주입하는 방법
⑤ 표면탄화법 : 목재의 표면을 태우는 방법

(2) 방부제의 종류

구분	품명	특징
유성 방부제	콜타르	① 상온에서 침투가 잘 되지 않고, 방부력이 약해 도포용으로만 사용 ② 흑색이므로 사용장소가 제한된다.
	크레오소트	① 방부력이 우수하고 내습성도 있으며, 값이 싸다. ② 냄새가 좋지 않아서 실내에 사용할 수가 없다. ③ 흑갈색 용액이므로 미관을 고려하지 않는 외부에 사용된다.
	아스팔트	가열도포, 흑색도료 칠 불가, 보이지 않는 곳만 사용
유용성 방부제	유성페인트	유성페인트 도포 피막형성, 착색자유, 미관효과 우수
	P.C.P	① 무색이고 방부력이 가장 우수하다. ② 페인트칠이 가능하다.
수용성 방부제	황산동 1% 용액	방부성은 우수, 철재부식, 인체유해
	염화아연 4% 용액	방부성은 우수, 목질부 약화, 비내구적
	염화제2수은 1% 용액	방부성은 우수, 철재부식, 인체유해
	불화소다 2% 용액	방부성은 우수, 철재·인체무해, 도료칠 가능, 고가

II. 시공

1. 목재의 주문과 검수 및 저장

(1) 주문 및 검수 시 주의사항

① 주문 시 수량조서를 충분히 검토한다.
② 설계치수와 제재치수 및 대패질, 뒤틀림 등의 바로잡기를 고려하여 주문한다.
③ 이음, 맞춤, 장부의 길이를 계산한 후, 정척물과의 관계를 고려하여 주문한다.
④ 옹이, 갈라짐, 엇결 등에 대한 사용 가능 여부를 검수 시 확인한다.
⑤ 재종, 품질, 건조상태, 산지 등을 정확히 검수한다.

(2) 저장 시 주의사항

① 종류, 용도, 사용순서, 치수, 길이별로 구분하여 저장
② 통풍이 잘 되는 곳
③ 직사광선을 피하며, 빗물에 닿지 않는 곳
④ 지면에서 이격하여 저장

2. 가공

목재 건조처리 → 먹매김 → 마름질 → 바심질 → 세우기

(1) 먹매김

① 마름질, 바심질을 하기 위하여 재의 축방향에 먹을 넣어 가공의 형태를 그리는 것

② 먹매김 기호

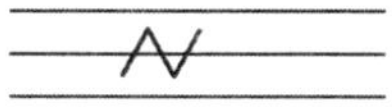

[중심먹]

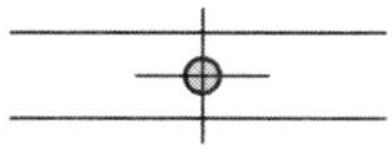

[볼트 구멍]

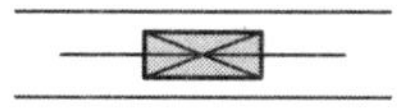

[내다지 구멍]

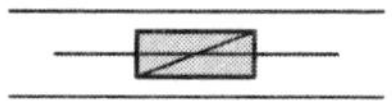

[반내다지 구멍]

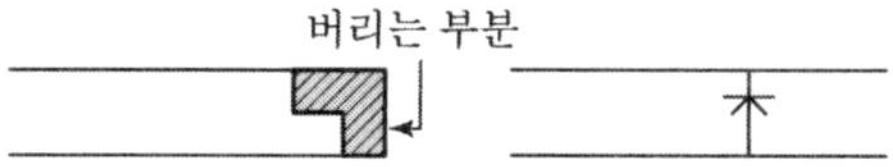

[절단]

(2) 마름질

1) 치수(단면)

① 제재치수 : 제재소에서 톱켜기한 치수로 구조재, 수장재에 쓰인다.
② 마무리치수 : 창호재, 가구재에 쓰인다.
③ 정치수 : 제재목을 지정치수로 한 것

2) 정척길이

① 정척물 : 길이가 1.8m, 2.7m, 3.6m인 것
② 장척물 : 길이가 정척물보다 0.9m씩 길어진 것
③ 단척물 : 길이가 1.8m 미만인 것
④ 난척물 : 1.8m, 2.7m, 3.6m의 정척물이 아닌 것

(3) 바심질

1) 대패질

① 막대패(거친 대패) : 제재 톱자국이 간신히 없어질 정도(기계 대패)
② 중대패 : 제재 톱자국이 완전히 없어지고 평활한 정도
③ 마무리 대패(고운 대패) : 완전평면, 미끈하게 된 것

2) 모접기

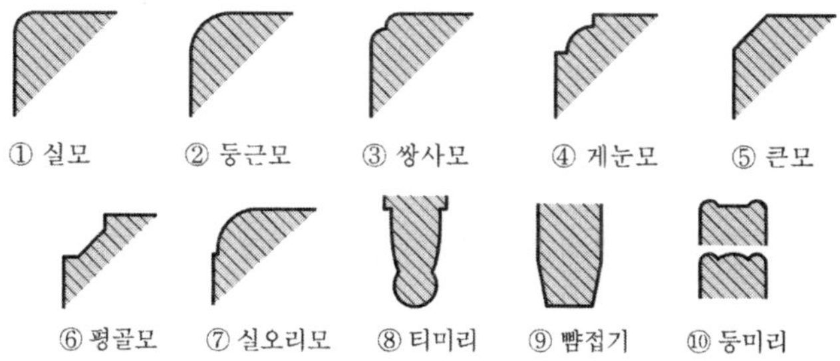

[모접기의 종류]

3. 접합

(1) 부재 접합 종류

① 이음 : 부재의 길이방향으로 부재를 길게 접합하는 것

② 맞춤 : 부재를 서로 경사 또는 직각으로 접합하는 것

③ 쪽매 : 재를 섬유방향과 평행으로 옆대어 붙이는 것

(2) 이음

① 맞댐이음(Butt Joint) : 두 부재가 단순히 맞대어 있는 방법으로, 덧판을 대고 큰 못이나 볼트 조임을 한다.

② 겹침이음(Lap Joint) : 두 부재를 단순히 겹치게 대고 볼트, 큰 못, 산지 등으로 보강한 이음

③ 따낸이음 : 두 부재가 서로 물려지도록 따내고 맞추어 이은 것

㉮ 주먹장 이음 : 한 재의 끝을 주먹모양으로 만들어, 다른 한 재에 파들어가게 한 구조로 공작이 간단하고 튼튼하기 때문에 널리 쓰인다.

㉯ 메뚜기장 이음

㉰ 엇걸이 이음 : 중요한 가로재의 내이음으로 쓰이며, 구부림에 가장 효과적이다.

㉱ 빗걸이 이음 : 밑에 기둥, 보, 도리 등의 받침이 있는 보의 이음으로 빗걸이가 2단으로 되어 턱이 있고, 보의 옆 방향으로 이동을 막기 위해 꺾쇠 등으로 보강한다.

㉤ 빗이음 : 서로 빗잘라 이은 것으로 이음길이는 재의 춤에 1.5~2배 정도로 하고, 서까래, 띠장, 장선 등에 쓰임

(3) 연귀맞춤

나무 마구리를 감추면서 튼튼한 맞춤을 할 때 쓰이는 것으로 목재창에 주로 사용된다.

(4) 쪽매

1) 쪽매의 종류

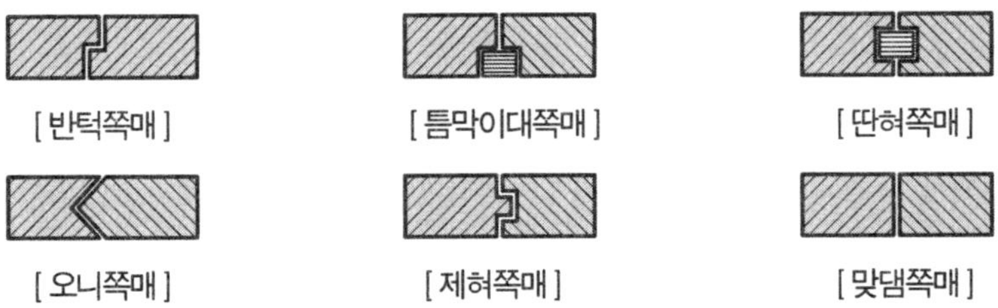

2) 쪽매의 종류별 용도

① 맞댐쪽매 : 정밀도가 낮은 마루에 쓰임
② 반턱쪽매 : 두께 15mm 미만의 널깔기에 사용
③ 틈막이쪽매 : 징두리 판벽에 사용
④ 오니쪽매 : 흙막이 널말뚝에 사용
⑤ 빗쪽매 : 간단한 지붕, 반자널쪽매 등에 쓰임
⑥ 제혀쪽매 : 양판문의 양판, 징두리판에도 사용, 마루널 깔기에 가장 좋은 방법
⑦ 딴혀쪽매 : 마루널 깔기에 쓰임

(5) 보강 철물

1) 못

① 널두께는 못지름의 6배 이상

② 못길이는 널두께의 2.5~3배, 널두께가 10mm 이하일 때는 4배, 재의 마구리에 박는 것은 3~3.5배 정도

③ 못은 15° 정도 기울게 박는다.

2) 나사못 및 코치 스크루

① 나사못 지름의 1/2 정도 구멍을 뚫는다.

② 나사못 길이의 1/3은 틀어 박아야 한다.

③ 큰 응력을 받을 때 쓰이는 네모머리의 코치 스크루는 1/2을 틀어 조인다.

3) 꺾쇠

① 실용길이는 9~12cm, 갈구리 4~5cm

② 보통꺾쇠, 엇꺾쇠, 주걱꺾쇠가 있다.

4) 볼트

① 볼트구멍은 볼트지름보다 3mm 이상 커서는 안 된다.

② 구조용은 12mm 이상, 경미한 곳은 9mm 정도의 지름을 사용한다.

5) 듀벨

볼트와 같이 사용하며 듀벨에는 전단력, 볼트에는 인장력을 부담시킨다.

6) 띠쇠

보통 띠쇠, ㄱ자쇠, ㄷ자쇠, 감잡이쇠, 안장쇠 등이 있다.

(6) 접합 시 주의사항

① 이음, 맞춤은 가능한 한 응력이 적은 곳에서 만든다.

② 재료는 될 수 있는 대로 적게 깎아내어 약해지지 않도록 한다.

③ 접합면은 정확히 가공하여 밀착시켜 빈틈이 없게 한다.

④ 큰 응력을 받는 부분이나 약한 부분은 철물로써 보강한다.

⑤ 이음, 맞춤의 단면은 응력의 방향에 직각으로 한다.

⑥ 공작이 간단한 것을 쓰고 모양에 치중하지 않는다.

⑦ 부재단면의 지정이 없을 때에는 구조재와 수장재는 제재 치수로, 창호재와 가구재는 마무리 치수로 한다.

4. 접착제

(1) 접착력의 크기 순서

에폭시 〉 요소 〉 멜라민 〉 페놀(석탄산계)

(2) 내수성의 크기 순서

실리콘 〉 에폭시 〉 페놀 〉 멜라민 〉 요소 〉 아교

Ⅲ. 세우기

1. 기둥

(1) 세우기 순서

1) 목조건물 뼈대 세우기 순서

기둥 〉 인방보 〉 층도리 〉 큰 보

2) 2층 주택의 마루판과 천장판 시공순서

2층 바닥 〉 2층 천장 〉 1층 바닥 〉 1층 천장

(2) 기둥의 종류

1) 통재기둥

① 밑층에서 위층까지 1개의 재로 상·하층기둥이 되는 것

② 길이는 5~7m 정도 필요하며 가로재와의 접합부는 심히 따내는 일을 피하고 적당한 철물로 보강한다.

2) 평기둥

① 한 층에서 사용되는 기둥으로 간격은 2m 정도로 치수는 10.5cm 각 정도로 한다.

② 한 층에서는 기둥, 토대와 층도리, 깔도리, 처마도리 등 가로재에 의해 구획된다.(평기둥의 치수 및 간격은 통재기둥에 준한다.)

3) 샛기둥

① 본기둥 사이에서 벽체를 이루는 것으로서 가로재의 옆휨을 막는 데 유효하다.

② 크기는 본기둥의 반쪽 또는 1/3쪽으로 하고 간격은 40~60cm(45cm)로 한다.

2. 횡력에 대한 보강부재

(1) 가새(Diagonal)

① 모양은 ×자형, ∧자형으로 건물 전체에 대하여 대칭으로 배치한다.

② 수평에 대한 각도는 60° 이하로, 보통 45° 로 한다.

③ 가새와 샛기둥이 만날 때는 샛기둥을 따내고 가새는 따내지 않는다.

④ 단면적의 크기

㉮ 압축가새 : 기둥단면의 1/3 이상(꺾쇠로 긴결한다.)

㉯ 인장가새 : 기둥단면의 1/5 이상 또는 동등내력을 갖는 철근대용(9mm 이상으로 못, 볼트로 긴결한다.)

⑤ 횡력에 대해 가장 크게 저항한다.

(2) 버팀대 및 귀잡이

① 버팀대는 가새를 댈 수 없는 곳에 45° 경사로 대어 보강한다.
② 절점의 강성을 높이기 위해 설치한다.
③ 귀잡이는 수평재가 서로 만나는 귀부분에 수평으로 댄 보강재이다.

Ⅳ. 수장

1. 인방 및 홈대

(1) 인방

① 기둥과 기둥 사이에 가로대어 창문틀의 상하벽을 받고 하중을 기둥에 전달하며 창문틀을 끼워대는 뼈대가 되는 것이다.
② 크기는 그 기둥 사이가 2m 정도면 기둥의 2/3 정도이나 그 이상에서 기둥과 같은 것으로 하거나 중간에 달대공을 넣는다.

(2) 홈대

① 한식 또는 절충식 구조에서 인방 자체가 수장을 겸한 창문틀을 말한다.
② 절충식 구조에서 홈대는 기둥의 반쪽 정도로 하고, 중간홈대는 2/3 정도 크기로 한다.
③ 홈의 나비는 보통 20mm, 깊이는 윗홈대 15mm, 밑홈대 2mm 정도로 하며, 밑홈대엔 2/10정도의 물흘림 경사를 둘 수 있다.

2. 마루

(1) 1층 마루

① 동바리 마루 : 동바리돌 → 동바리 → 멍에 → 장선 → 마루 널

② 납작 마루 : 동바리돌 → 멍에 → 장선 → 마루 널

(2) 2층 마루

① 홑마루(장선마루) : 간사이 2.4m 미만에 사용, 장선 → 마루널
② 보마루 : 간사이 2.4m 이상일 때 사용, 보 → 장선 → 마루널
③ 짠마루 : 간사이 6.4m 이상일 때 사용, 큰보 → 작은보 → 장선 → 마루 널

3. 반자

(1) 정의

반자는 지붕 밑, 마루 밑을 감추어 보기 좋게 하고 먼지 등을 방지하며 음 · 열 · 기류 차단에 효과가 있다.

(2) 반자의 종류

① 회반죽 반자　　② 널반자
③ 우물반자　　④ 구성반자
⑤ 살대반자　　⑥ 종이반자

(3) 목조 반자틀 구성

달대받이 → 반자돌림대 → 반자틀받이 → 반자틀 → 달대

(4) 경량철골 반자 구성

인서트 → 볼트(달대) → 행거 → 채널 → M바 → 텍스마감

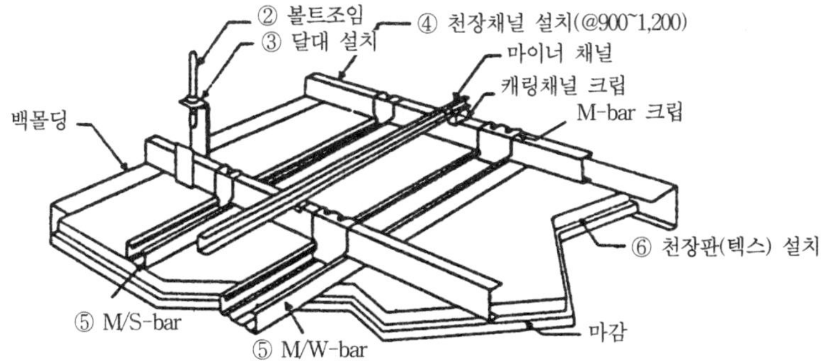

[경량철골 천장구조]

4. 판벽

(1) 외부판벽

① 영식 비늘판벽
② 독일식(턱솔) 비늘판벽
③ 누름대 비닐판벽

(2) 걸레받이

벽하부의 바닥과 접하는 부분에 높이 20cm 정도로 설치한 것

(3) 징두리판벽

실내부의 벽 하부에서 1~1.5m 정도를 널로 댄 것, 굽도리 판벽이라고도 한다.

(4) 고막이

외벽 하부 지면에 닿는 부분을 지면에서 50cm 정도를 벽면보다 약 1~3cm 정도 나오게 하거나 들여밀기 한 것

V. 목재 제품

1. 합판

(1) 단판 제조법

구분	로터리 베니어	소드 베니어	슬라이드 베니어
생산 방법		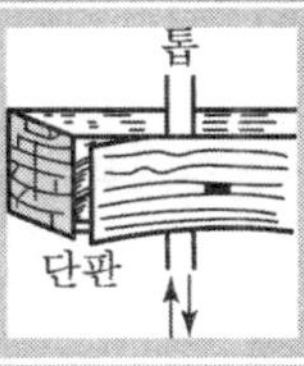	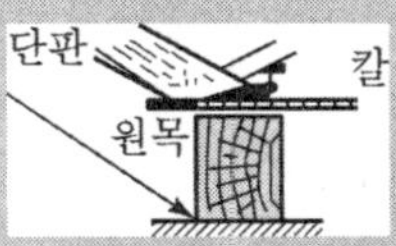
두께	0.5~3.0 mm	1.0~6.0 mm	0.5~1.5 mm
특성	• 넓은 판 생산 가능 • 표면이 거칠다. • 원목의 낭비가 심하다. • 단판제조의 90% 사용	• 아름다운 결 이용 가능 • 원목 지름 이상의 판 제조 불가	• 결 이용 가능 • 원목 이상의 판 제조 불가

(2) 특성

① 얇게 만든 단판을 섬유방향과 직교되게 3, 5, 7, 9 등의 홀수로 붙여 만든 것
② 일반 판재에 비하여 균질하다.
③ 단판은 얇아서 건조가 빠르다.
④ 뒤틀림이 없고, 팽창·수축을 방지할 수 있다.
⑤ 큰판, 곡면판을 얻을 수 있다.
⑥ 방향에 따른 강도차가 적다.

(3) 내수합판, 1류합판

① 페놀수지 접착제를 이용한다.
② 목재에 이용되는 접착제로서 내수·내구성이 가장 우수한 제품은 페놀수지풀이다.

2. 집성 목재

(1) 정의

① 두께 15~50mm의 단판을 섬유방향과 평형이 되게 여러 장 겹쳐서 만든 것이다.
② 단판의 수가 홀수가 아니어도 되며, 판재뿐 아니라 단면을 가진 부재로 사용이 가능하다.

(2) 집성 목재의 장점

① 목재의 강도를 인공적으로 조절 가능
② 응력에 필요한 단면제작 가능
③ 아치와 같은 굽은재로 사용 가능
④ 단면이 큰 부재 제작 가능
⑤ 구조 변형이 편리

3. 기타 목재제품

(1) 코펜하겐 리브

① 두께 3cm, 넓이 10cm 정도의 긴 판을 자유곡선으로 깎아 수직 평행선이 되게 리브를 만든 것
② 강당, 극장, 집회장 등에 음향 조절용으로 사용

(2) 코르크판

① 코르크에 톱밥, 삼(마), 접착제 등을 혼합한 후 열압처리
② 흡음판, 단열판 등으로 사용

(3) 섬유판(Fiber Board, Tex)

1) 종류

① 연질 섬유판 : 건축내장재

② 반경질 섬유판 : 천장재

③ 경질 섬유판 : 건축재의 다용도 사용 가능

2) 특징

① 강도가 크고 가로, 세로의 강도차는 10% 이하이므로 방향성을 고려하지 않아도 되며, 넓은 면적의 판을 만들 수 있다.

② 표면은 평활하고 경도가 크며 내마멸성이 크다.

③ 가로, 세로의 신축이 거의 같으므로 비틀림이 작다.

④ 외부 장식용으로 쓸 때에는 평활도와 광택이 줄어들고, 강도도 줄어든다.

(4) 파티클 보드(Particle Board)

① 소편(작은 나무조각)을 주원료로 하여 접착제로 성형, 열압하여 제판한 것이다.

② 강도에 방향성이 없고, 큰 면적의 판을 만들 수 있다.

③ 두께는 비교적 자유롭게 선택할 수 있다.

④ 방충 및 방부성이 크다.

⑤ 균질한 판을 대량으로 제조할 수 있다.

⑥ 가공성이 비교적 양호하다.

7장 방수 및 지붕공사

Ⅰ. 개요

1. 방수공법의 분류

(1) 재료상

① 아스팔트방수
② 시멘트액체방수
③ 합성고분자방수
㉮ 도막방수　㉯ 시트(Sheet)방수　㉰ 실(Seal)재 방수

(2) 멤브레인 방수

① 아스팔트방수
② 시트방수
③ 도막방수
㉮ 용제형(Solvent)　㉯ 유제형(Emulsion)　㉰ 에폭시형(Epoxy)

(3) 외부벽면 방수공법

① 시멘트액체방수법

② 수밀재붙임법

③ 침투성방수법

2. 안방수와 바깥방수와의 비교

내용	안방수	바깥방수
① 사용환경	비교적 수압이 적은 지하실에 적당하다.	수압에 상관없이 할 수 있다.
② 바탕만들기	따로 만들 필요가 없다.	따로 만들어야 한다.
③ 공사시기	자유롭게 선택할 수 있다.	본공사에 선행해야 한다.
④ 공사 용이성	간단하다.	상당한 난점이 있다.
⑤ 본공사 추진	방수공사에 관계없이 본공사를 추진할 수 있다.	방수공사 완료 전에는 본공사 추진이 잘 안된다.
⑥ 경제성(공사비)	비교적 싸다.	비교적 고가이다.
⑦ 내수압 처리	수압에 견디기 곤란하다.	내수압적으로 된다.
⑧ 공사순서	간단하다.	상당한 절차가 필요하다.
⑨ 보호누름	필요하다.	없어도 무방하다.

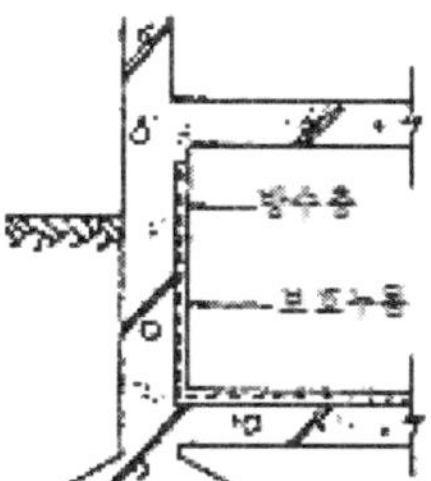

[안방수]

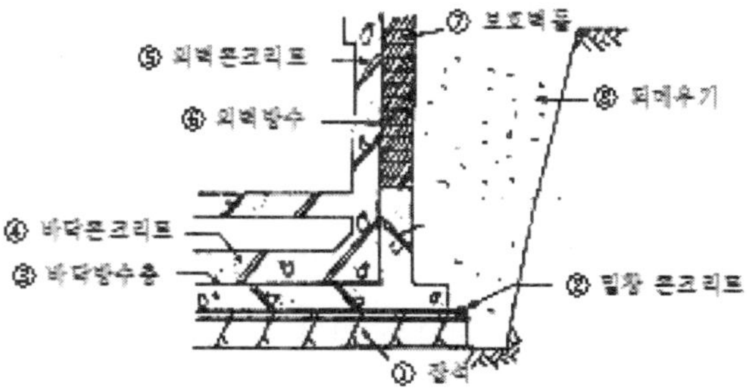

[바깥방수]

II. 아스팔트 방수

1. 재료

(1) 천연 아스팔트

① 레이키 아스팔트(Laky Asphalt) : 도로포장, 내산공사에 사용
② 로크 아스팔트(Rock Asphalt) : 역청분이 모래, 사암에 침투되어 있는 것
③ 아스팔트 타이트(Asphalt Tight) : 방수, 포장, 절연재료의 원료로 사용

(2) 석유 아스팔트

① 스트레이트 아스팔트 : 신축성이 좋고 교착력이 우수하나, 연화점이 낮아 지하실에 쓰인다.
② 블로운 아스팔트 : 지붕방수에 많이 쓰이며 연화점이 높다.
③ 아스팔트 컴파운드 : 블로운 아스팔트에 동·식물성 유지나 광물성 분말을 혼합하여 만들어 신축성이 가장 크고 최우량품이다.
④ 아스팔트 프라이머 : 블로운 아스팔트에 휘발성 용제를 넣어 묽게 한 것으로, 방수층 바탕에 침투시켜 부착이 잘되게 한다.

(3) 펠트 및 루핑류

① 아스팔트 펠트 : 유기성 섬유를 펠트(Felt)상으로 만든 원지를 가열 용융한 침투용 아스팔트를 통과시켜 만든 것
② 아스팔트 루핑 : 원지에 아스팔트를 침투시킨 다음, 양면에 피복용 아스팔트를 도포하고, 광물질 분말을 살포시켜 마무리한 것이다.
③ 특수 루핑 : 마포, 면포 등을 원지 대신 사용한 것으로 망형 루핑이라고도 한다.

(4) 아스팔트 재료의 품질

① 아스팔트 양부를 판정하는 시험에는 침입도, 연화점, 인화점, 감온비, 신도 등이

있다.

② 침입도 : 아스팔트 양부를 판별하는 데 가장 중요한 아스팔트의 경도를 나타내는 것으로서 25℃에서 100g 추가 5초 동안 바늘을 누를 때 0.1mm 들어가는 것을 침입도 1이라 한다.

③ 일반적으로 침입도가 작은 것은 연화점이 높기 때문에 온난한 지역은 침입도가 작은 것을 사용하고, 한랭지는 침입도가 크고 연화점이 낮은 것을 사용한다.

2. 시공방법 및 주의사항

(1) 아스팔트 방수 시공순서

① 제1층 : 아스팔트 프라이머 뿜칠 또는 솔칠

② 제2층 : 아스팔트 도포

③ 제3층 : 아스팔트 펠트를 펴서 붙인다.

④ 제4층 : 아스팔트

⑤ 제5층 : 아스팔트 루핑

⑥ 제6층 : 아스팔트

⑦ 제7층 : 아스팔트 루핑

⑧ 제8층 : 아스팔트

(2) 시공 시 주의사항

① 바탕면은 평탄하도록 나무흙손으로 마감 정도가 평활하게 하는 것이 좋다.

② 배수구 주위를 1/100 정도 물흘림 경사를 주고, 구석 모서리 치켜올림 부분은 부착이 잘되게 둥글게 3~10cm 접어둔다.

③ 바탕은 충분히 건조시킨다.(함수율 8% 이하)

④ 바탕은 충분히 청소하고 프라이머를 솔칠 또는 뿜칠한다. 프라이머가 건조되는 시간은 약 하루 정도이다.

⑤ 아스팔트 가열온도는 180~210℃ 정도 가열하여 사용하고, 기온이 0℃ 이하일 때는 작업을 중지한다.

⑥ 루핑의 겹침은 가로 세로 모두 약 90mm 이상으로 하고, 방수층의 끝부분은 특히

주의하여 시공을 해야 한다.

⑦ 비보행 지붕에는 노출 방수로 하여 방수 최상층에 모래 루핑이나 금속막 루핑을 깐다.

⑧ 옥상 방수층에서는 아스팔트의 침입도(Penetration)가 크고, 연화점(軟化點, Softening Point)이 높은 것을 사용한다.

⑨ 난간벽에 방수층 치켜올림 높이는 30cm 이상으로 한다.

⑩ 방수층 누름 및 수축 등에 의한 균열방지를 위하여 신축줄눈을 설치한다.

Ⅲ. 시멘트 액체방수

1. 일반사항

(1) 정의

방수공법 중 비교적 저렴하고 시공이 용이하며 지하실의 내방수나 소규모인 지붕 방수 등과 같은 비교적 경미한 방수공법으로 채용된다.

(2) 재료의 특징

① 충전성 : 모르타르나 콘크리트의 공간을 메꾸는 것으로서 소석회, 규조토 등이 있다.

② 발수성 : 모재의 표면에서 물을 튕기는 것으로서 명반, 비누, 수지 등이 있다.

③ 화학성 : 소석회의 유출을 방지하게 하는 것으로 포촐란이 대표적으로 사용된다.

2. 시공방법

(1) 시공순서

① 제1공정 : 방수액 침투 → 시멘트풀 먹임 → 방수액 침투 → 시멘트 모르타르 바름

② 제2공정 : 1공정 위에 덧붙여 다시 제1공정과 동일하게 시공한다.

(2) 시공상 주의사항

① 바탕처리는 모래를 완전 건조시켜 균열을 100% 발생시킨 후 고름 모르타르로 보수한다.

② 방수모르타르는 강도에 관계없이 방수능력이 큰 것으로 하고, 바름바탕은 거칠게 한다.

③ 방수층은 신축성이 없기 때문에 반드시 신축줄눈을 설치하도록 한다.(줄눈의 깊이 6mm, 나비 9mm, 거리간격 1m 정도)

④ 마지막 공정인 시멘트 모르타르를 방수 모르타르 마감으로 하여 보호층의 역할을 겸하게 한다.

Ⅳ. 아스팔트 방수와 액체방수의 비교

내용	아스팔트 방수	시멘트 액체방수
① 바탕처리	완전건조	보통건조
② 외기에 대한 영향	적다.	직감적이다.
③ 방수층의 신축성	크다.	거의 없다.
④ 균열의 발생 정도	비교적 안 생긴다.	잘 생긴다.
⑤ 시공 용이도	복잡하다.	간단하다.
⑥ 시공 기일	길다.	짧다.
⑦ 보호 누름	절대 필요하다.	없어도 무방하다.
⑧ 경제성(공사비)	비싸다.	싸다.
⑨ 결함부 발견	용이하지 않다.	용이하다.
⑩ 보수 범위	광범위하고 보호누름도 재시공한다.	국부적으로 보수할 수 있다.
⑪ 보수비	비싸다.	싸다.

V. 시트 방수

1. 일반사항

(1) 정의

① 아스팔트와 같이 다층 방식의 방수법이 아니고, 시트 1겹(0.8~2.0mm 두께)으로서 방수효과를 내는 공법이다.

② 방수능력이 우수하고, 시공이 간단하여 공기단축이 가능한 곳에 채용된다.

2. 시공방법

(1) 접착방법

① 접착제나 같은 재료의 용접봉을 사용하며, 물, 알칼리의 영향을 받지 않아야 한다.(상온에서 접착제를 도포한 후 20분 있다가 압착)

② 시트 상호접착은 겹침이음에서 5cm 이상, 맞댐이음에서 10cm 이상으로 한다.

③ 난간벽은 방수층을 치켜 올린 부분을 30~50mm 정도로 곡선지게 한다.

④ 접착공법에는 온통접착, 줄접착, 갓접착, 점접착법이 있다.

⑤ 시트방수는 부착을 좋게 하기 위하여 직사광선, 자외선, 열에 견디는 보호시설을 해야한다.

⑥ 시트접합부 및 붙임마감부는 테이프로 보강하고 실재로 충전하여 수밀하게 한다.

(2) 종류

① 네오프랜 시트 방수막
② 부틸 시트 방수막
③ 비닐 시트 방수막
④ 폴리에틸렌 시트 방수막
⑤ 역청질 시트 방수막

(3) 시험방법

① 현장시험은 5cm 깊이로 24시간 동안 침수시키는 누수시험을 한다.

② 바탕처리 → 프라이머칠 → 접착제칠 → 시트 붙이기 → 마무리(보호층 설치)

Ⅵ. 도막 방수 및 실링(Sealing) 방수공사

1. 도막방수

(1) 정의

① 도료상태의 방수제를 바탕면에 여러 번 칠하여 방수막을 형성하는 방수법

② 완성된 도막은 외상에 약하므로 방수공사 후 보호층 시공이 필요하다.

(2) 종류

1) 유제형 도막방수(에멀션형)

① 수지유제를 여러 번 발라 0.5~1mm 정도의 바름막을 형성시켜 방수층으로 하는 공법이다.

② 다소 습기가 있어도 시공 가능, 보호층을 둔다.

2) 용제형 도막방수(솔벤트형)

① 합성고무를 휘발성 용제(솔벤트)에 녹인 일종의 고무도료를 여러 번 발라 0.5~0.8mm의 방수피막을 형성시키는 것이다.

② 용제는 인화성이 강하므로 화기는 엄금하고, 밀폐상태의 실내작업을 하지 않는다.

③ 한 번에 너무 두껍게 바르거나 강풍이 있을 때는 휘발에 따라 기포가 생겨 방수층 접착이 불량하다.

3) 에폭시계 도막방수

① 에폭시 수지를 여러 번 발라 0.1~0.2mm의 얇은 막을 형성시키는 방수공법이다.

② 내약품성, 내마모성이 우수하여 화학공장의 바닥 방수층에 적당

2. 실링(Sealing) 방수공사

(1) 정의

① 건축물의 부재와 부재 간의 접합부에 사용되는 것이다.(새시, 균열부 등)
② 유성코킹재, 아스팔트 코킹재, 탄성실란트, 성형시일재 등이 쓰인다.

(2) 종류

1) 유성코킹재

① 1성분형 : 사전에 시공할 수 있는 상태로 조정되어 있는 것
② 2성분형 : 시공 직전에 2종의 성분을 조합 반죽해서 사용하는 것

2) 성형실링재

단면 형상이 일정한 줄퍼티, 개스킷(Gasket)이 있다.

Ⅶ. 지붕공사

1. 개요

(1) 지붕재료의 요구사항

① 수밀 · 내수적일 것
② 가볍고 내구성이 크고 내풍적일 것
③ 방화적이고 내한 · 내열적이며 차단성이 클 것
④ 미려하고 건물에 조화를 이룰 것

⑤ 시공이 용이하고 수리에 편리할 것
⑥ 값이 저렴할 것
⑦ 열전도율이 작을 것

(2) 지붕의 물매

① 수평 10cm에 대한 수직높이(B-C)를 물매 크기라고 한다.
② 물매는 지붕 크기, 지붕재료 성질, 크기 및 모양, 풍우량에 의해서 결정된다.

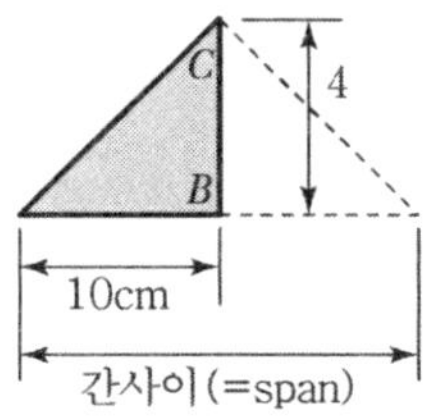

③ 된물매(급한 경사) : 10cm 물매, 즉 45° 경사 이상의 물매를 의미하며 지붕이 클수록, 풍우량, 적설량이 많을수록 택하게 된다.
④ 뜬물매(되물매 : 완만한 경사) : 지붕 재료 단체의 무게가 클수록 또는 금속판 지붕에서 택하게 된다.

2. 기와 잇기

(1) 한식 기와

1) 구성요소

① 착고 : 지붕마루에 암키와와 수키와의 골에 맞추어지도록 특수 제작한 수키와 모양의 기와를 옆세워 댄 것
② 부고 : 착고 위에 옆세워 댄 수키와
③ 머거블 : 용마루 끝 마구리에 옆세워 댄 수키와
④ 보습장 : 추녀마루의 처마 끝에 암키와를 삼각형으로 다듬어 댄 것
⑤ 내림새 : 처마 끝에 있는 암키와
⑥ 막새 : 처마 끝에 덮는 수키와에 와당이 딸린 기와
⑦ 착고막이 : 지붕마루 수키와 사이의 골에 맞추어 수키와를 다듬어 옆세워 댄

것

⑧ 감새 : 박공 옆면에 내리덮는 날개를 옆에 댄 기와

⑨ 산자 : 서까래 위에 기와를 잇기 위하여 까는 싸리나무, 가는 장작 따위를 새끼로 엮어 댄 것

⑩ 아귀토 : 수키와 처마 끝에 막새 대신에 회백토 진흙 반죽으로 둥글게 바른 것

⑪ 알매흙 : 암키와 밑의 진흙

⑫ 홍두깨흙 : 수키와 밑의 진흙

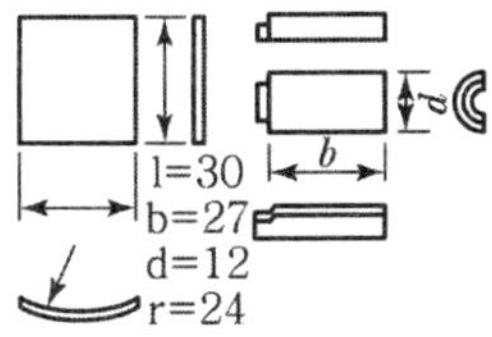

암키와

보습장

착고 막이

내림새

용머리

2) 기와 잇기

① 바탕 : 서까래 위에 또는 서까래와 서까래 사이에 산자를 새끼로 엮어 대고 진흙을 되게 이겨 바른다.

② 암키와 깔기

㉮ 처마 끝에서 9~12cm 정도 내밀고 알매흙 위에 진흙을 채워가며 잇는다.

㉯ 기와의 이음폭은 기와 길이의 1/2~1/3로 일정하게 한다.

③ 수키와 깔기

㉮ 암키와 끝에서 6cm 정도 들여서 홍두께 흙으로 속을 채워가며 잇는다.

㉯ 처마 끝 수키와 마구리에 물린 회백토을 아귀토라 한다.

㉰ 아귀토는 수키와 끝에서 30mm 물린다.

④ 시공순서

산자엮어대기 → 알매흙 → 암키와 → 홍두께흙 → 수키와 → 착고 → 부고 → 암마룻장 → 수마룻장 → 용머리

(2) 시멘트 기와

1) 평기와

① 걸림턱이 없는 기와
② 지붕널 또는 산자 위에 알매흙을 두께 2cm 내외로 펴 깔고 잇는다.

2) 걸침 기와

① 서까래 위에 두께 12mm 정도의 판재(지붕널, 개판)를 깔고 겹침 길이 9cm의 방수지를 덮어 바탕을 형성한다.
② 2.5cm각의 기왓살을 기와의 정수배 간격으로 유지하며 지붕널에 못박아 댄다.
③ 처마끝 내림새는 처마 돌림대에서 6cm 정도 내밀어 댄다.
④ 기와는 쪼개어 사용할 수 없다.

3. 금속판 잇기

(1) 평판 잇기

① 바탕 방수지의 겹침 길이는 가로 9cm, 세로 12cm 이상으로 한다.
② 금속판은 신축에 대비 45~60cm 정도로 잘라서 잇는다.
③ 처마끝 부분은 나비 3cm 정도의 거멀띠, 밑창판을 약 25cm 간격으로 못박아 대고 감싸기판을 거멀띠에 접어 걸어 밑창판과 지붕판을 감싸기판과 같이 꺾어 접는다.
④ 금속판 잇기는 직접 못으로 고정하지 않고, 금속이 온도에 의해서 영향을 받는 것을 방지하기 위하여 거멀접기로 접합한다.

(2) 기와가락 잇기

① 지붕널 위 물흐름 방향으로 4~6cm 각재를 간격 40~55cm로 댄다.
② 지붕판은 기와가락 옆을 3cm 이상 꺾어 올리고, 거멀쪽 2개 이상을 써서 덮개

와 같이 꺽어 접는다.

③ 기와가락을 대지 않고 중공 기와가락으로 할 수도 있다.

(3) 골함석 잇기

① 골함석 두께는 보통 #28~#30이 쓰인다.

② 고정 철물로는 중도리가 목조일 때에는 아연 도금못 또는 나사못을, 철골일 때에는 갈구리 볼트를 한 장의 나비에 3개씩 친다.

③ 가로 겹침길이는 큰 골판 1.5골, 작은 골판 2.5골 이상으로 한다.

④ 세로 겹침길이는 보통 15cm 정도로 골슬레이트와 같이 한다.

(4) 금속판 사용 시 주의사항

① 아연판 : 산 및 무연탄 가스에 약하고, 연탄 굴뚝주위, 부엌, 지붕에 사용 금지

② 동판 : 알칼리에 약하고, 화장실이나 암모니아 가스가 발생하는 곳은 부적당하다.

③ 알루미늄판 : 염에 약하여 해안에는 부적당하다.

④ 납판 : 목재와 회반죽에 사용하지 못하며, 온도에 신축성이 크다.

Ⅷ. 홈통공사

1. 일반사항

(1) 재료

① 홈통은 보통 함석 #28~#30을 주로 사용하며 동판은 0.3~0.5mm의 것을 쓰고 플라스틱 제품(S-lone pipe)도 쓰인다.

② 홈통은 처마 홈통, 선홈통, 깔대기 홈통으로 구성된다.

(2) 지붕면적과 홈통의 크기

종류 / 지붕면적	처마홈통 지름	선홈통 지름
30m² 내외	9cm	6cm
60m² 내외	12cm	9cm
100m² 내외	15cm	12cm

2. 홈통의 종류

(1) 처마 홈통

① 안홈통과 밖홈통이 있으며 물흘림 경사는 1/200~1/50까지로 한다.

② 밖홈통의 모양은 반달형(반원형)과 쇠시리형으로 한다.

③ 처마 홈통의 이음은 2~3cm 이상 겹쳐 납땜한다.

④ 홈걸이 띠쇠는 아연 도금 또는 녹막이칠을 하여 서까래 간격에 따라 85~135cm (보통 90cm) 간격으로 서까래에 못박아 댄다.

(2) 선 홈통

① 원형 또는 각형으로 하고 상하 이음은 윗통을 밑통에 3cm 이상 5cm 정도 꽂아 넣고 가로는 감접기로 한다.

② 선홈통 걸이(Leader Strap)는 아연 도금 또는 녹막이칠을 하여 0.9~1.2m(보통 120cm)간격으로 벽체에 고정한다.

③ 선홈통 위는 깔대기 홈통 또는 장식통을 받고, 밑은 지하 배수 토관에 직결하거나 낙수받이 돌 위에 빗물이 떨어지게 된다.

④ 선홈통 하부의 높이는 120~180cm 정도는 철관 등으로 보호한다.

(3) 깔대기 홈통

① 처마 홈통과 선홈통을 연결하는 홈통으로 각형 또는 원형으로 한다.

② 15° 기울기를 유지하여 설치하며 선홈통과의 접합부에 장식통을 댈 수도 있다.

(4) 장식홈통

① 선홈통 상부에 대어 우수방향 돌리기, 집수 등의 넘쳐흐름을 방지하고, 장식용이다.

② 선홈통에 60mm 이상 꽂아 넣는다.

(5) 학각

① 선홈통에 연결하지 않고 처마 홈통에서 직접 밖으로 빗물을 배출하게 된 것

② 모양은 학두루미형으로 장식을 겸한다.

8장

창호 및 유리공사

Ⅰ. 창호공사

1. 목재 창호공사

(1) 주문치수

설계도에 표시된 창호재 치수는 마무리된 치수이므로, 도면치수보다 3mm 정도 더 크게 주문한다.

(2) 창호 공작

① 장부 : 외장부의 두께는 울거미 두께의 1/3, 쌍장부는 각각 1/5 정도, 중요한 장부는 내다지 장부로 하고 벌림 쐐기, 아교풀칠한다.

② 박배 : 창문을 창문틀에 다는 일

③ 마중대 : 미닫이, 미서기 문짝이 서로 맞닿는 선대

④ 여밈대 : 미서기, 오르내리창이 서로 여며지는 선대

⑤ 풍소란 : 마중대, 여밈대가 서로 접하는 부분의 틈새의 바람막이 부재

2. 강재 창호공사

(1) 시공 및 주의사항

① 창호고정을 위한 앵커간격은 60cm 정도로 한다.

② 창호의 현장설치는 나중세우기로 한다.

③ 가공된 창호는 녹막이 처리를 한다.

④ 창면적이 클 때는 스틸바 만으로는 약하므로 보강과 외관을 좋게 하기 위해 멀리온(Mullion)을 댄다.

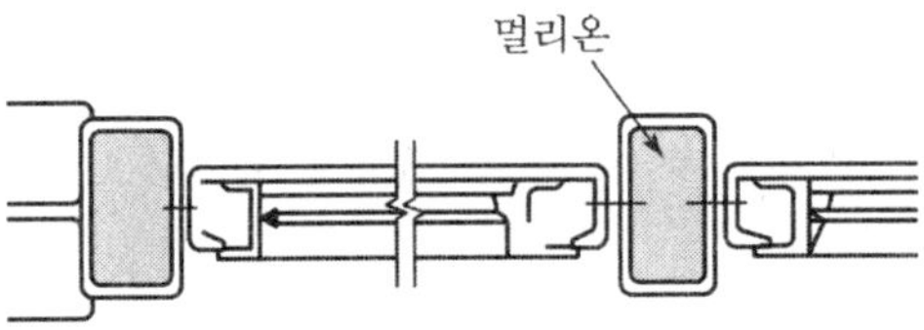

(2) 강재창호 나중세우기 시공순서

설치 → 정착 → 모르타르 사춤 → 유리끼우기 및 창호철물 달기 → 보양

3. 알루미늄재 창호

(1) 재료

① 내식 알루미늄 합금을 사용한다.

② 재질이 다른 재료와 결합하거나 접촉할 경우에는 미리 녹막이칠을 한다.(징크로메이트 도료)

(2) 특징

장점	단점
① 비중은 철의 약 1/3로 가볍다. ② 녹슬지 않고 수명이 길다. ③ 공작이 자유롭고 기밀성이 있다. ④ 여닫음이 경쾌하고 미려하다.	① 용접부가 철보다 약하다. ② 콘크리트, 모르타르 등의 알칼리성에 대단히 약하다. ③ 전기화학작용으로 이질 금속재와 접촉하면 부식된다. ④ 강성이 적고, 열팽창수축이 철의 2배이다.

4. 문의 종류

(1) 목재문의 종류

① 플러시문(Flush Door) : 울거미를 짜고 중간살을 간격 25cm 이내로 배치하며 양면에 합판을 교착한 것이다. 뒤틀림 변형이 적으며, 울거미를 작은 오림목으로 쪽매하여 쓰며 뒤틀림이 더욱 적어진다.

② 양판문(Panel Door) : 문울거미(선대, 중간선대, 웃막이, 밑막이, 중간막이, 띠장 등)를 짜고 그 중간에 양판(넓은 판)을 끼워넣은 문이다.

③ 도듬문 : 울거미를 짜고 그 중간에 가는 살을 가로, 세로 약 20cm 간격으로 짜대고 종이를 두껍게 바른 문이다.

(2) 특수문의 종류

① 주름문 : 문을 닫았을 때 창살처럼 되는 문으로 세로살, 마름모살로 구성되며 상하 가드레일을 설치(방도용)

② 회전문 : 외풍을 막고 기밀성을 높인 문으로 회전지도리를 사용(현관의 방풍용)

③ 행거 도어 : 창고, 격납고, 차고, 현장 정문 등 대형문에 이용하고 중량문일 때는 레일 및 바퀴를 설치하기도 한다.

④ 아코디언 도어 : 칸막이용 가변적 구획을 할 수 있다.

⑤ 무테문 : 테두리에 울거미가 없는 일반용, 현관용 문

⑥ 접문 : 문짝끼리 경첩으로 연결하고 상부에 도어행거 사용. 칸막이용

5. 창호 철물

(1) 미서기, 미닫이 창호 철물

① 레일

② 문바퀴(호차)

③ 오목 손걸이

④ 꽂이쇠

⑤ 도어 행거

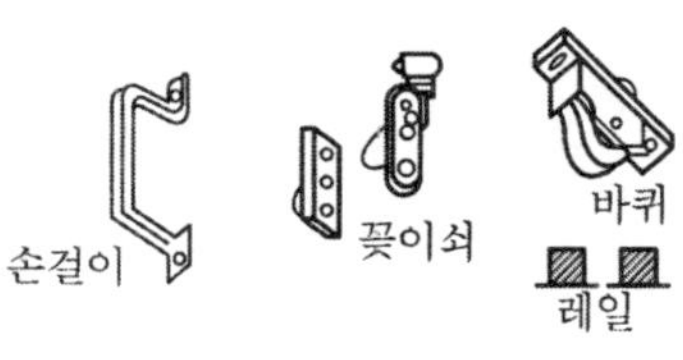

[미서기, 미닫이 창문용 철물]

(2) 오르내리창용 철물

① 달끈(와이어 로프 또는 면사로 꼰 끈)
② 도르래
③ 크레센트
④ 추
⑤ 손걸이

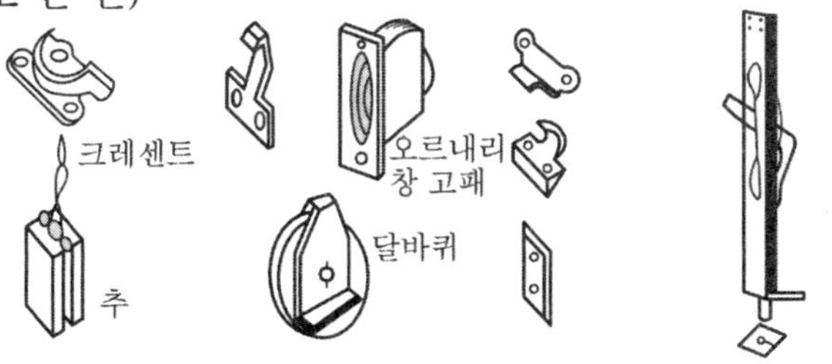

[오르내리창용 철물]

(3) 여닫이 창호 철물

명칭	형태	특징
자유 경첩 (Spring Hinge)	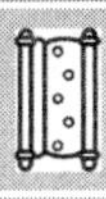	안팎 개폐용 철물로 자재문에 사용
레버토리 힌지 (Lavatory Hinge)		공중용 화장실, 공중전화 출입문에 쓰이며 저절로 닫혀지지만 15cm 정도 열려 있게 된 것
플로어 힌지 (Floor Hinge)		중량이 큰 여닫이문에 사용되고, 힌지장치를 한 철틀함이 바닥에 설치된다.
피벗 힌지 (Pivot Hinge)	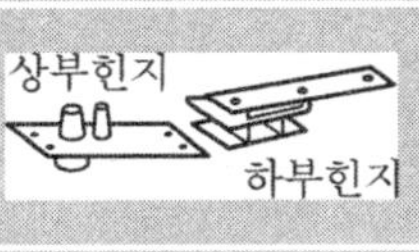	중량문에 사용되는 데 용수철을 사용하지 않고 볼베어링이 들어 있다. 자재 여닫이 중량문에 사용한다.
도어 클로저 (Door Closer, Door Check)	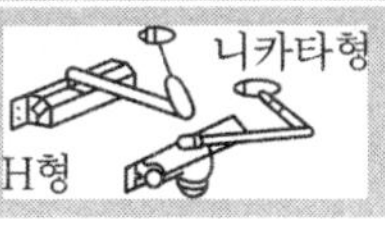	자동으로 문이 닫히는 장치

II. 유리공사

1. 재료

(1) 특성

① 취성(작은 응력에 파괴)이 있다.

② 파편이 날카로워 위험하다.

③ 내구성이 크다.(반영구적)

④ 불연재료이다.

⑤ 광선 투과율이 높다.

(2) 성분

① 산성분 : 규산(SiO_2), 붕산(H_3BO_3), 인산(P_2O_5)

② 염기성분 : 소다, 산화칼륨, 석회, 중토, 고토, 산화납, 아연화, 산화망간, 번토, 산화제이철

※ 산화제이철－자외선 차단하는 성분산화제일철－자외선 투과하는 성분

(3) 물리적 성질

1) 강도

① 유리의 강도는 휨강도(kg/cm²)를 말한다.

② 두께에 따라 강도가 다르다.

2) 비중

① 2.2~6.3(보통 2.5 내외)

② 납, 아연, 바륨, 알루미나 등이 포함되면 커진다.

3) 열전도율

① 0.48kcal/m · h · ℃

② 대리석, 타일보다 작다.

③ 콘크리트의 1/2

4) 연화점

① 보통유리는 740℃

② 칼라유리는 1,000℃

2. 유리끼우기

(1) 유리끼우기용 재료

① 반죽퍼티

② 나무퍼티

③ 개스킷

④ 누름대 고정쇠

(2) 유리끼우기공법

① 퍼티 : 개탕에 퍼티를 충분히 깔고 유리를 압착하고, 목재 창호에는 퍼티못으로 나무 퍼티를 박고, 강재창호는 클립으로 고정한다.
② 누름대 고정 : 누름대를 고정하고 유리와의 틈새는 퍼티로 메운다.
③ 비드 고정 : 알루미늄 새시에 유리를 끼울 때는 비드로 고정한다.
④ 개스킷 고정 : 붙박이 창에 사용한다.

(3) 유리끼우기 시 주의사항

① 끼우기는 내부 마감공사를 하기 직전이 좋다.
② 유리끼우기 : 제품에는 반죽퍼티, 나무퍼티, 고무퍼티, 누름대퍼티 등이 있다.
③ 반죽퍼티는 유리를 끼우고 60° 경사로 바르고 페인트칠을 한다.
④ 나무퍼티는 퍼티못으로 박고, 유리 한면에 3개 이상, 간격은 15cm 이내로 박는다.
⑤ 유리의 평활한 면이 실외쪽으로 내보이도록 끼운다.
⑥ 유리면은 호분으로 표시하며 물과 석유로 청소한다.

Ⅲ. 유리제품

1. 판유리

(1) 박판유리

① 6mm 미만, 채광용 유리　② 두께 2, 3, 4, 5mm

③ 9.29m^2 (100ft^2) 1상자 단위로 판매

(2) 후판유리

① 6mm 이상　② 실내차단용 칸막이벽, 고급유리에 사용

(3) 무늬유리

① 유리 표면에 주형이나 롤러의 무늬가 옮겨진 판유리

② 강도는 낮다.　③ 광선 산란

④ 투시방지효과　⑤ 장식효과

2. 특수유리

(1) 안전유리

1) 접합 유리

투광성이 낮고, 차음성, 보온성이 크다.

2) 강화 유리

① 600℃ 가열 후 냉각　② 판유리의 3~5배 강도

③ 파괴 시 잘게 부서짐　④ 현장에서 절단, 가공할 수 없다.

3) 망입유리

(2) 복층유리

① 2장의 유리를 일정한 간격을 두고 둘레에는 틀을 끼워서 내부를 기밀하게 만들고 여기에 건조공기를 넣은 것이다.

② 방음, 단열효과, 결로방지

(3) 망입유리

① 유리내부에 금속망을 삽입, 압착성형한 유리

② 도난방지, 화재방지

(4) 색유리

① 유리+산화금속류의 착색제

② 가시광선 일부를 투과하여 실내온도의 불필요한 상승을 막고 Stained Glass 창, 벽, 패널 등에 사용된다.

③ 투명, 불투명

(5) 자외선 투과유리

① 산화제이철의 함유량을 줄인 유리

② 자외선 투과율 90%(석영, 코렉스글라스)

③ 온실, 병원의 일광욕실

(6) 자외선 차단유리

① 산화제이철 10%+크롬+망간

② 박물관 및 상점의 진열장, 용접공의 보호안경

③ 퇴색 방지

(7) 열선흡수유리

① 단열유리
② 철+니켈+크롬 첨가
③ 실내의 냉방효과를 좋게 하기 위해 사용된다.

(8) X선 차단유리

① 유리+산화납(6% 이내)
② 의료용 X선이나 원자력 관계 방사선을 차단한다.

3. 유리의 2차 제품

(1) 유리블록(Glass Block)

① 빈 상자 모양의 유리 2개 이상 붙인 유리
② 계단실 채광용으로 사용
③ 실내가 보이지 않으며 채광이 용이하다.
④ 방음, 단열 효과가 크며, 열전도율이 벽돌의 1/4 정도이고 실내 냉난방 효과가 있다.

(2) 프리즘 유리

① 투과광선의 방향을 변화시키거나 집중확산시킬 목적
② 프리즘원리 이용, 일종의 유리 블록
③ 지하실이나 옥상지붕의 채광용으로 사용

(3) 폼 글라스(발포유리)

① 유리가루+발포제
② 다포질의 흑갈색 유리판

③ 광선이 투과되지 않는다.

④ 단열, 보온, 방음재료로 벽, 반자 등에 붙인다.

(4) 유리섬유(Glass Wool)

① 용융유리 : 구멍에 압축공기

② 암면과 같은 단열, 흡음재로 사용되며 불연성 직물로도 사용

③ 최고 안전온도 : 500℃

9장 마감공사

Ⅰ. 미장공사

1. 개요

(1) 미장재료의 구성

① 고결재 : 미장재료의 주재료로 소석회, 돌로마이트석회, 석고 등이 있다.

② 결합재 : 고결재의 결점(수축균열, 점성 및 보수성 부족)을 보완, 응결시간 조절의 목적으로 여물, 풀, 수염 등이 있다.

(2) 경화성에 따른 분류

- 기경성
  - 진흙질
    - 진흙
    - 새벽
  - 석회질
    - 회반죽
    - 회사벽
    - 돌로마이트 플라스터
- 수경성
  - 석고질
    - 석고 플라스터
      - 순석고 플라스터
      - 배합석고 플라스터
    - 무수석고 플라스터 — 경석플라스터
  - 시멘트질 — 시멘트 모르타르

(3) 고결재의 종류

종류	특성
소석회	① 소석회는 회반죽과 회사벽의 고결재로서, 수산화석회[$Ca(OH)_2$]이다. ② 석회석을 1,000℃ 내외로 가열하면 CO_2가 방출되고, 생석회(CaO)가 생성되는데, 여기에 물을 가하면 소석회가 된다. ③ 다시 물과 반죽하여 벽면에 얇게 바르면, 수분이 공기 중에서 증발하면서 소석회는 공기 중의 CO_2와 반응하여 단단한 석회석이 된다.
돌로마이트 석회	① 돌로마이트 플라스터의 고결재로서, 소석회와는 성분 및 성질이 다를 뿐 경화 방식은 같다. ② 백운석(Dolomite, $CaCO_3 \cdot MgCO_3$)을 약 1,000℃로 가열하여 $CaO \cdot MaO$를 만들고, 여기에 물을 가하면 돌로마이트 석회 $Ca(OH)_2 \cdot Mg(OH)2$가 생성된다. ③ 물과 반죽을 하여 얇게 바르면, 물은 증발하고 돌로마이트 석회는 공기 중의 CO2와 결합하여 백운석화하여 굳어진다.
석고	① 석고 플라스터의 고결재로는 소석고와 경석고가 있다. ② 천연석고는 암석에서 산출되는데, 이것은 모스 2도로서 연한 편이며, 활석보다는 조금 단단하다. ③ 천연석고를 150~190℃의 범위 내에서 천천히 가열하면 결정수 3/4이 방출되고 소석고가 만들어진다. ④ 천연석고를 약 400~500℃에서 가열하면 결정수가 모두 방출되어 경석고가 만들어진다. ⑤ 물과 반죽을 하여 얇게 바르면 소석회와는 다르게 수화작용에 의해서 단단한 천연석고가 된다.
마그네시아 시멘트	① 마그네시아 시멘트는 특수한 것으로, 건축에서는 별로 사용되지 않고 있다. ② 원재료인 마그네시아(MaO)를 염화마그네슘 용액으로 반죽하면 일종의 산 염화물이 되어 응결, 경화된다. ③ 수중 또는 다습한 장소에서는 경화하지 않고, 공기 중에서만 경화한다.

(4) 결합재(혼화재료)의 종류 및 특징

1) 해초풀

① 회반죽에 혼입하면 점도가 증대된다.
② 바탕재의 흡수를 방지하며 건조 후의 강도를 높인다.
③ 부착력을 증대시킨다.

2) 여물

① 수축성이 있거나 인장에 약한 미장재료의 보강재 또는 균열방지의 목적으로 사용된다.
② 강인하고 균일하게 분산되는 것이어야 하고, 가늘고 질기며 마디가 없는 것을 사용한다.

3) 수염

① 목조의 졸대바탕에 붙여서 사용한다.
② 바름벽의 벗겨짐, 균열 등을 방지할 목적으로 사용한다.

2. 각종 미장 재료 바름

(1) 시멘트 모르타르

1) 종류

종류	용도
시멘트 모르타르	일반용
백색시멘트 모르타르	안료에 의한 채색 가능
방수 모르타르	방수용
바라이트 모르타르	방사선 차단용
질석 모르타르	경량용

석면 모르타르	균열 방지용
아스팔트 모르타르	내산 바닥용

2) 시공

① 시공순서

바탕처리 → 재료조정 → 초벌바름 → 고름질 → 재벌바름 → 정벌바름 → 마무리(청소/보양)

② 바르기 순서는 위에서 밑으로 한다.

㉮ 실내 : 천장, 벽, 바닥 순으로 한다.

㉯ 실외 : 옥상에서 지층의 순으로 한다.

③ 모서리 먼저, 중앙부 나중의 순으로 한다.

④ 1회 바름두께는 바닥을 제외하고 6mm를 표준으로 한다.

⑤ 초벌의 방치기간은 2주일 이상 균열이 충분히 발생하게 한다.

(2) 회반죽

1) 재료

① 소석회 : 공기 중의 탄산가스(CO_2)에 의해서 굳어지므로 기경성이다.

② 여물 : 회반죽이 건조하여 균열이 생기는 것을 방지한다.

③ 해초풀 : 은행초, 미역, 해초를 끓인 것으로 점도를 증대시킨다.

④ 모래 : 재벌용은 2.5mm 체로 1회 치고, 정벌용은 1.2mm 체로 2회 한다.

⑤ 수염 : 졸대 바탕일 때 회반죽의 균열방지와 박리 탈락을 방지하기 위하여 길이 50~70cm 정도의 삼오리를 두 가닥으로 못을 박아서 한 가닥은 초벌에 나머지 한 가닥은 재벌바름에 묻혀 바른다.

2) 시공

① 해초풀은 끓인 후 채로 걸러 사용하는데 1일이 지난 것은 사용하지 않으며 부득이 1일이 지난 것에는 표면에 석회를 뿌려 부패를 방지하고 사용 시 걸어

낸다.

② 바름두께는 벽 15mm, 천장 · 차양은 12mm

③ 수염은 잘 건조된 것으로 벽용은 70cm, 천장용은 55cm로 아연도금 못에 매어 사용한다.(한 가닥은 초벌에 한 가닥은 재벌에 묻힌다.)

④ 초벌바름 5일 경과 후 고름질하고, 10일 이상 지나 재벌바름을 하고, 반건조 시 정벌 바른다.

(3) 돌로마이트 플라스터

1) 재료

① 돌로마이트 석회, 여물, 모래

② 점성이 좋아 풀은 사용하지 않는다.

2) 시공

① 정벌용은 가수 후 12시간 정도 지난 후 사용한다.

② 시멘트를 혼합한 것은 2시간 이상 경과한 것은 사용하지 않는다.

③ 초벌바름 후 10일 이상 두어 고름질하고 5일 이상(갈래금 없을 때), 10일 이상 (갈래금 있을 때) 지난 후 재벌바름한다. 그리고 어느 정도 건조 후 정벌바름한다.

④ 균열의 크기 때문에 지하실 등의 마무리에는 좋지 않다.

⑤ 경화가 느리나 점도가 커서 시공이 용이하다.

(4) 석고 플라스터

1) 재료

① 순석고 플라스터 : 석고 플라스터에 현장에서 석회죽 또는 돌로마이트를 배합하여 사용할 수 있으며 중성이고, 경화가 빠르다.

② 혼합석고 플라스터 : 석고 플라스터와 석회가 혼합되어 있는 것으로 초벌용, 정벌용으로 쓰인다.

③ 경석고 플라스터 : 킨즈시멘트라고 불리며 미장재료 중에서 가장 균열이 적은 재료이다.

2) 시공

① 경화속도가 빠르고, 팽창성이 있다.
② 가수 후 초벌, 재벌용은 2시간 이내, 정벌용은 1시간 30분 이내에 사용한다.
③ 작업 중 통풍을 방지하고 작업 후에 서서히 통풍시킨다.
④ 2℃ 이하일 때는 공사중지하고, 보온장치를 설치하며 5℃ 이상으로 유지하도록 한다.
⑤ 초벌바름에는 반드시 거치름눈(작살긋기)을 넣는다.
⑥ 재벌바름은 초벌 후 1~2일 후(콘크리트바탕일 때), 정벌은 재벌이 반건조되었을 때(수시간~24시간)마무리 흙손질을 한다.

(5) 인조석 및 테라조 바름

1) 재료

① 종석 : 화강석, 대리석, 기타 자연석을 부수어 잔 알로 만든 것으로 테라조용은 최대 18mm, 보통 9~12mm가 쓰인다.
② 안료 : 퇴색하지 않은 안정한 것으로 내알칼리성이어야 한다.

2) 시공

① 황동 줄눈대 대기
㉮ 줄눈의 거리간격은 최대 2m, 보통 60~100cm(90cm 적당) 면적 1.2m² 이내로 줄눈대는 수평실(가는 철사)을 친다.
㉯ 줄눈대 한 길이에 2개소씩 된비빔 모르타르(1 : 2배합)를 촘촘히 바른 위에 줄눈대를 눌러대고 옆을 좌우에서 모르타르로 발라 붙인다.
㉰ 줄눈대 설치목적 : 바름구획, 균열방지, 보수용이
② 테라조 종석바름 : 먼저 콘크리트면을 충분히 물축이고, 시멘트풀을 솔, 비 등

으로 칠하고 바탕 모르타르(1 : 3 배합)를 두께 2~3cm 정도 바른 후 경화를 보아 종석과 배합비 1 : 2.5 정도로 건비빔한 테라조반죽을 두께 9~15mm 정도로 펴 바른다.

③ 양생 및 경화 : 습기 유지에 유의하며 급격한 건조를 피해 충분히 경화시킨다.(여름은 3일 이상, 기타 7일 이상 방치)

④ 초벌갈기 : 거친 숫돌로 종석이 균등하게(최대 면적이 될 때까지) 나타나도록 간다.

⑤ 시멘트 풀먹임 : 물씻기 청소 후 테라조와 동색의 시멘트풀을 문질러 바르고 잔구멍, 튄 돌알 등의 구멍을 메운다. 시멘트 풀먹임이 경화된 다음 중갈기를 하고 중갈기와 시멘트 풀먹임을 2~3회 거듭한 후 정벌갈기한다.

⑥ 정벌바름 후 손갈기는 2일, 기계갈기는 5~7일 이상 두어 경화정도를 보아 갈아낸다.

(6) 셀프레벨링(Self Leveling) 바름

1) 정의

① 바닥모르타르의 대용공법으로 재료를 흘려보내면 표면이 평탄해지면서 수평면을 만드는 공법이다.

② 석고계와 시멘트계가 있다.

2) 특징

① 재료는 대부분 기배합 상태로 이용되며, 석고계 재료는 물이 닿지 않는 실내에서만 사용한다.

② 모든 재료의 보관은 밀봉상태로 건조시켜 보관해야 하며, 직사광선이 닿지 않도록 해야 한다.

③ 경화 후 이어치기 부분의 돌출 및 기포 흔적이 남아있는 주변의 튀어나온 부위는 연마기로 갈아서 평탄하게 하고, 오목하게 들어간 부분 등은 된비빔 셀프레벨링재를 이용하여 보수한다.

④ 셀프레벨링재의 표면에 물결무늬가 생기지 않도록 창문 등을 밀폐하여 통풍과

기류를 차단하고, 시공 중이나 시공완료 후 기온의 5℃ 이하가 되지 않도록 한다.

3. 품질관리 방안

(1) 균열 및 박리방지

1) 시멘트 모르타르 바름 시 균열방지법

① 각층 바름층의 두께를 얇게 여러 층 만들어 최종 바름층의 두께는 두껍게 한다.
② 조골재(굵은 골재) 사용을 키운다.
③ 전벌바름면을 완전히 건조시킨 후 후벌바름을 한다.
④ 급속한 건조를 피한다.
⑤ 시멘트 사용량을 줄인다.

2) 시멘트 모르타르 바름 시 박리방지법

① 바름층의 두께를 얇게 한다.
② 시멘트 사용량을 키운다.
③ 바름 바탕면을 거칠게 처리한다.

(2) 미장공사 시 주의사항

① 양질의 재료를 사용하여 배합을 정확하게, 혼합을 충분하게 한다.
② 바탕면의 적당한 물축임과 면을 거칠게 해둔다.
③ 초벌 후 재벌까지의 기간을 충분히 잡는다.
④ 급격한 건조를 피하고, 시공 중이나 경화 중에는 진동을 피한다.
⑤ 미장용 모래는 지나치게 가는 것을 금지한다.

Ⅱ. 도장공사

1. 개요

(1) 칠의 목적

① 건물의 보호 : 방수, 방습, 녹막이, 내약품성
② 외관이나 형상의 변화 : 빛깔 및 윤택의 조절
③ 특수성질 부여 : 살균, 열, 전기전도율 조절, 음파의 흡수 및 반사
④ 재해방지 : 안전판
⑤ 미관향상

(2) 도료의 보관

① 보관장소는 독립된 단층건물로 주위 건물과 1.5m 이상 격리시키고, 지붕은 불연재료로 하고 천장은 설치하지 않는 것이 좋다.
② 일광의 직사와 먼지를 피하고, 환기가 잘 되게 한다.
③ 사용 후 남은 도료는 별도 보관장소에 두며, 화기엄금 표시를 한다.
④ 도료 보관 시 밀봉하고, 도료 용기바닥에는 침투성 없는 내화재료를 사용한다.

2. 도료의 종류와 특징

(1) 페인트의 종류

1) 유성페인트

① 특성 : 내후성 · 내마모성이 좋고, 건조가 늦고, 내약품성이 떨어진다.
② 용도 : 옥내외의 목부, 금속
③ 성분 : 안료+건성유+건조제+희석제

2) 수성페인트

① 특성 : 내알칼리성, 무광택이고 내수성 및 내구성이 떨어진다.
② 용도 : 모르타르면, 회반죽면 등 내부에 주로 사용
③ 성분 : 안료+접착제(카세인, 전분, 아교)+물

(2) 에나멜(Enamel)과 래커

1) 에나멜 페인트

① 에나멜 페인트칠은 기름 바니스에 페인트용 안료를 조합한 것이다.
② 광택이 잘 나고 피막이 강인한 것이 특징이나, 건축에는 특수부분 외에는 거의 사용하지 않는다.
③ 보통 유성페인트는 재벌칠하고 정벌칠은 에나멜칠로 할 때도 있다.
④ 내후성, 내수성, 내열성, 내약품성이 우수하고 외부용은 경도가 크다.

2) 래커

① 합성수지 도료 중 가장 오래된 도료
② 건조가 빠르다.
③ 내후, 내수, 내유성
④ 도막은 얇으나 견고하다.
⑤ 부착력이 약하다.
⑥ 광택이 있다.
⑦ 초벌공정 필요
⑧ 뿜칠(Spray)로 시공하여야만 한다.
⑨ 외부용(목재면, 금속면)

3) 래커의 종류

클리어 래커	에나멜 래커	하이솔리드 래커
• 목재면의 투명도장 • 담색의 우아한 광택이 있다. • 내수성이 적어서 보통 내부에 사용한다.	• 기계적 성질이 우수 • 불투명 도료 • 목재, 금속면	• 도막이 두껍다. • 경화건조가 늦다. • 도막이 단단하다.

(3) 바니시(니스)

1) 유성바니시

① 유용성 수지+건성유+희석재+유성색올림(착색제)
② 건조가 더디고 유성페인트보다 내후성이 적어서 옥외에서는 사용하지 않는다.
③ 목재, 내부용이다.
④ 오일의 종류와 수지의 종류에 따라서 종류가 나뉘어진다.

2) 셸락바니시(Shellac Varnish)

① 셸락(곤충의 분비물)을 알코올에 용해한 것이 셸락바니시이다.
② 건조가 빠르고, 광택이 있으나, 내열성, 내광성이 없으므로 화장용으로 부적당하다.
③ 목부에 유성페인트를 바르기 전에 옹이땜을 하기에 가장 적합한 것이다.

(4) 합성수지 도료

① 건조시간이 빠르다.
② 도막이 단단하다.
③ 내수성, 방화성이 있다.
④ 콘크리트나 플라스터면 사용 가능(내산, 내알칼리성)하다.
⑤ 투명도장 가능하다.

(5) 방청도료

① 징크로메이트 도료 : 알루미늄판이나 아연철판의 초벌용으로 가장 적합
② 광명단 : 철골에 사용
③ 역청질 도료
④ 아연분말 도료

3. 시공

(1) 바탕 만들기

1) 목부 바탕 만들기

오염, 부착물제거 → 송진처리 → 연마지닦기 → 옹이땜 → 구멍땜

2) 철부 바탕 만들기

오염, 부착물제거 → 유류제거 → 녹떨기 → 화학처리 → 피막마무리

3) 바니시칠 바탕 만들기

착색(색올림) → 눈먹임 → 눈먹임누름, 착색누름

(2) 도료별 시공순서

1) 유성페인트

① 목부바탕

바탕처리 → 연마지닦기 → 초벌칠 → 퍼티먹임 → 연마지닦기 → 재벌칠 → 연마지닦기 → 정벌칠

② 철부바탕

바탕처리 → 녹막이칠 → 연마지닦기 → 초벌칠 → 구멍땜 및 퍼티먹임 → 연마지닦기 → 재벌칠 → 연마지닦기 → 정벌칠

2) 수성페인트

바탕처리 → 초벌칠 → 연마지닦기 → 정벌칠

3) 바니시

바탕처리 → 색올림 → 눈먹임 → 착색(바니시칠)

(3) 칠 공법(2006년 개정 건축공사 표준시방서)

① 솔칠 : 솔칠은 위에서 밑으로, 왼쪽에서 오른쪽으로 바른다.

② 롤러칠 : 평활하고 큰 면을 칠하는 데 유리하다.

③ 문지름칠 : 칠의 건조가 진행 중일 때 적당한 마찰을 주어 도막을 평탄하게 하고 광택이 나도록 하기 위함이다.

④ 뿜칠(Spraying)

㉮ 초기 건조가 빠른 래커, 라코트 등을 압축 공기로 뿜어 작업 능률을 높이는 칠방법이다.

㉯ 공장칠로는 적당하지만 현장칠로서는 다른 면을 오염시킬 우려가 있어 마무리공사 착수 전이 아니면 채택이 곤란하다.

㉰ 건(Gun)의 노즐구경 1.0~1.5mm, 뿜도장의 공기압은 0.2~0.4N/mm² 를 표준으로 한다.

㉱ 건의 운행속도는 30m/min 정도가 좋고, 운행방향은 제1회 때와 제2회 때를 서로 직교하게 진행되도록 한다.

㉲ 건은 도면에 직각으로 30cm 정도 떨어뜨려 한 행의 폭을 30cm 정도로 1/3 행이 겹치도록 한다.

⑤ 스티플칠(Stipple) : 도료의 묽기를 이용하여 바름면에 요철을 내어 입체감을 형성하는 바름법이다.

⑥ 콤비네이션(Combination Painting) : 단색 정벌칠한 후에 솔 또는 문지름으로 빛깔이 다른 무늬로 보이게 하는 바름방법이다.

(4) 도장공사 시 주의사항(2006년 개정 건축공사 표준시방서)

① 바람이 강하게 부는 날에는 작업을 중지한다.

② 주위의 기온이 5℃ 미만이거나 상대습도가 85%를 초과할 때는 작업을 중지하거

나 다른 조치를 취한다.

③ 칠막의 각 층은 얇게 하고 충분히 건조시킨다.

④ 칠하는 횟수를 구분하기 위하여 색을 바꾸는 것이 좋다.

Ⅲ. 합성수지

1. 특성

(1) 장점

① 무게가 가볍고 성형 및 가공성이 쉽다.

② 대량생산이 가능하고 내구성과 내수성이 크다.

③ 내산성과 내알칼리성이 크고 녹슬지 않는다.

④ 착색이 자유롭고 빛의 투과율이 좋으며 점성이 있다.

(2) 단점

① 내화 및 내열성이 적다.

② 경도가 작고 내마모성이 작다

③ 유기질 재료로서 열에 의한 변형이 아주 크다.

2. 종류와 특징

(1) 열경화성 수지

① 열을 한 번 받아서 경화되면 다시 열을 가해도 연화되지 않는 성질을 가지며 축합반응으로 생성되고 망상구조로 이루어진 물질이다.

② 종류 및 특징

종류		비고
페놀(Phenol)수지		접착성, 전기 절연성이 크다.
요소(Urea)수지		무색으로 착색이 자유롭다.
멜라민(Melamine)수지		외관 미려, 표면 경도가 크다. 도료로 사용 시 알키드로 변형하여 사용
폴리에스테르수지	포화 폴리에스테르 수지(알키드 수지)	도료의 원료로 사용, 내수성과 내알칼리성이 약하다.
	불포화 폴리에스테르 수지(F.R.P)	유리섬유와 혼합하여 FRP제품을 만든다. 강도 우수, 커튼월, 파이프 등 큰 성형품에 사용된다.
에폭시(Epoxy)수지		산 및 알칼리에 강함, 보온재, 내수재에 사용한다. 구조용 접착제로 사용될 때 현재까지의 접착제 중 가장 우수하다.
실리콘(Silicon)수지		내열성이 아주 우수, 발포 보온에 사용한다.
우레탄수지		내구성, 내열성, 내약품성이 크다. 바닥재로 사용한다.
푸란수지		접착성, 내약품성이 우수, 내식재, 접착제로 사용한다.

(2) 열가소성 수지

① 열을 받으면 다시 연화되고 상온에서 다시 경화되는 성질을 가지며 중합반응으로 생성되고 선상구조로 이루어져 있는 물질이다.

② 종류 및 특징

종류	비고
폴리에틸렌(P.E)수지	물보다 가볍고 백색의 우유 빛을 띠며 내약품성, 내수성이 아주 좋음, 건축용 성형품, 방수 필름과 벽체 발포보온판에 주로 사용한다.
아크릴(Acrylic)수지	가공성이 용이하고 투명도가 높고 착색이 자유롭다. 채광판 등의 유리 대용품에 주로 사용, 마찰이 생기면 정전기가 발생한다.
폴리스티렌수지	건축벽 타일, 천장재, 블라인드, 도료 등에 사용되며 특히 발포제품은 저온 단열재로 쓰인다. 내수성과 내약품성이 크다.
염화비닐(P.V.C)수지	약품에 침식되지 않고 성형이 용이하고, 백색이며 내약품성, 내수성 농업용 필름과 수도관 등의 각종 배관과 도료, 수지시멘트에 사

	용한다.
초산비닐수지	접착성이 좋고 무색, 무미, 무취하며 에멜션형의 도료에 사용한다.
불소수지	모든 면에서 양호하다.

3. 접착제

(1) 단백질 접착제의 종류 및 특징

① 카세인 : 우유 중의 카세인을 황산 등을 써서 제조하고, 카세인에 소석회 및 소다염을 가해 물에 혼합해서 사용한다.

② 콩풀 : 카세인보다 내수성이 좋지만 접착력은 떨어진다.

③ 알부민 : 목재, 창호, 가구접합 시 사용한다.

(2) 합성수지계 접착제의 종류 및 용도

종류	용도
페놀수지풀	내수합판, 금속, 유리바탕
요소수지풀	목재
실리콘수지풀	유리섬유판, 텍스 등 피혁 이외의 모든 재료
에폭시수지풀	금속(항공기 접착), 유리, 목재, 종이, 콘크리트

Ⅳ. 금속공사

1. 금속재료의 일반사항

(1) 특징

① 소성변형을 일으킨다.

② 경도가 높고 내마모성이 크다.

③ 열과 전기의 양전체이고 광택이 있다.
④ 비중이 일반적으로 크다.
⑤ 가공설비나 비용이 많이 든다.

(2) 철의 열처리방법

① 풀림(소둔) : 강의 조직이 표준화, 균질화되어 내부변형 제거(노 안에서 냉각)
② 불림(소준) : 결정의 미세화와 조직의 연질화(대기 중 냉각)
③ 담금질(소입) : 경도, 내마모성이 증가, 신장률, 단면수축률은 감소한다.(물, 기름 중 급냉)
④ 뜨임질(소려) : 담금질한 강의 취성개선 목적으로 행한다.(담금질 후 가열냉각)

2. 금속제품

(1) 미끄럼막이 · 난간 · 코너비드

① 미끄럼막이(Non-Slip) : 계단의 디딤판 끝에 대어 미끄러지지 않게 하는 철물
② 계단난간 : 황동제, 철제파이프, 각관 등을 용접 또는 소켓 접합한다.
③ 코너비드 : 기둥, 벽 등의 모서리에 대어 미장바름을 보호하는 철물

(2) 철망 · 메탈라스 · 와이어메시(수장용 철물)

① 와이어라스(철망) : 원형, 마름모형, 갑형의 3종이 있다.
② 메탈라스(Metal Lath) : 얇은 철판(#28)에 자름금을 내어 당겨서 만든 것으로 벽, 천장의 미장공사 바탕에 쓰인다.
③ 와이어메시(Wire Mesh) : 연강철선을 전기 용접하여 장방형으로 만든 것으로, 콘크리트 다짐 바닥, 콘크리트 포장에 쓰인다.
④ 펀칭 메탈 : 판두께 1.2mm 이하의 얇은 판에 각종 무늬의 구멍을 펀칭하는 것으로 환기구멍, 라디에이터 커버 등에 쓰인다.

(3) 고정철물

① 인서트(Insert) : 달대를 매달기 위한 수장철물로 콘크리트 바닥판에 미리 묻어 놓는다.

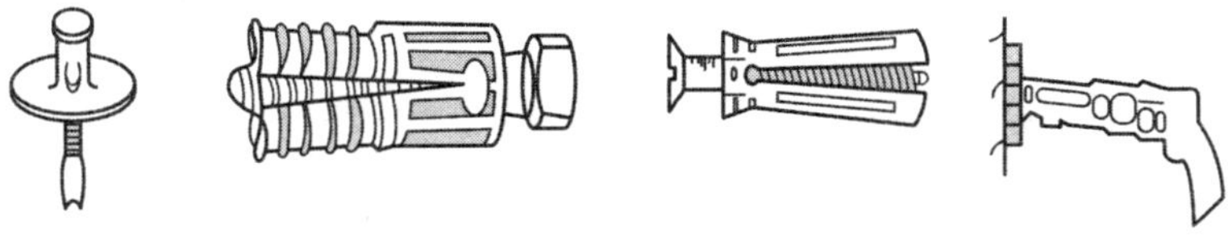

[인서트] [익스팬션 볼트] [스크루 앵커] [드라이 비트]

② 익스팬션 볼트, 스크루앵커

㉮ 익스팬션 볼트 : 삽입된 연질금속 플러그에 나사못을 끼운 것

㉯ 스크루 앵커 : 익스팬션 볼트와 같은 원리로 인발력은 50~115kg

③ 드라이비트 및 드라이브 핀 : 극소량의 화약을 폭발시켜 콘크리트, 철 내부 등에 특수못(드라이브 핀), 리벳을 박는 기계

(5) 장식용 철물

① 메탈 실링 : 박강판재의 천정판으로 여러 가지 무늬가 박혀지거나, 펀칭된 것

② 법랑 철판 : 0.6~2.0mm 두께의 저탄소강판에 법랑(유리질 유약)을 소성한 것으로 주방품, 욕조에 쓰인다.

③ 타일 가공철판 : 타일면의 감각을 나타낸 철판이다.

V. 기타 공사

1. 도배공사

(1) 벽지의 선택

① 쉽게 오염되지 않고 빛에 의한 변화가 적은 것
② 내구성, 내후성이 좋고 습도에 의한 부식성이 없는 것
③ 내마모성과 내충격성이 클 것

(2) 벽지의 종류

<table>
<tr><th colspan="2">종류</th><th>특징</th></tr>
<tr><td colspan="2">종이벽지</td><td>• 가격이 저렴하다.
• 종이가 얇아서 찢어지기 쉽다.
• 디자인, 색조가 풍부하다.
• 비교적 시공성이 좋다.</td></tr>
<tr><td rowspan="3">섬유
벽지</td><td>천연섬유벽지</td><td>• 견직 : 최고급 벽지로 광택의 온화함을 느낄 수 있어 호화로운 실내 장식에 주로 쓰인다.
• 모직 : 부드러운 질감이 좋다. 튼튼하고 흡음 및 단열효과가 있다.</td></tr>
<tr><td>합성섬유벽지</td><td>• 레이온 : 광택이 있고 다른 섬유와 혼합하여 가장 널리 사용된다.
• 나일론 : 내구성이 좋다. 염색이 자유롭다.
• 아크릴 : 오염되기 쉽고, 불에 타기 쉬운 결점이 있다.</td></tr>
<tr><td>유리섬유벽지</td><td>• 질감이 차고 표면에 광택이 있다.
• 내약품성이 크고 사람의 피부에 직접 닿지 않도록 사용한다.</td></tr>
<tr><td rowspan="2">비닐
벽지</td><td>일반비닐벽지</td><td>• 디자인과 무늬가 다양하고 가격도 저렴하다.
• 통기성이 부족해서 쉽게 부식된다.</td></tr>
<tr><td>발포비닐벽지</td><td>• 일반적 성질은 일반 비닐벽지와 같다.
• 비닐 특유의 벽지와 무기질 벽지가 있다.</td></tr>
</table>

2. 단열공사

(1) 단열재의 선정조건

① 열전도율이 낮고, 내화성이 있을 것 ② 흡수율이 낮을 것
③ 통기성이 작을 것 ④ 비중이 작고 시공성이 좋을 것
⑤ 내부식성이 좋을 것 ⑥ 유독가스가 발생되지 않을 것
⑦ 어느 정도의 기계적 강도가 있을 것 ⑧ 균질한 품질이고 가격이 저렴할 것

(2) 단열재의 종류 및 특징

종류	특징
암면 (Rock Wool)	① 단열 및 보온, 흡수성이 우수하다. ② 내화성이 있고, 절연재로 사용된다. ③ 인공무기질 섬유의 일종으로 현무암, 안산암 등을 용융시켜 실처럼 뽑아내어 만든 것을 암면이라 한다.
유리 섬유 (Glass Wool)	① 유리의 원료를 녹여 만든 것으로 가는 섬유 모양이다. ② 탄성이 작고, 인장강도, 전기절연성, 내화성, 내수성, 내식성 등은 우수 ③ 굴곡이 약한 점과 모세관 현상에 의하여 흡수성이 있는 것이 결점이다.
탄화코르크판	① 떡갈나무나 참나무 등을 이용하여 만든다. ② 저온용 보온재료로서, 보온, 보냉, 방습의 효과가 크다.
석면 (Asbestos)	① 천연으로 산출되는 무기질 섬유이다. ② 화학적으로 안정되고, 내화성, 보온성, 절연성이 우수하다.
발포폴리스티렌	① 스티로폴이라고도 한다. ② 전기절연성, 단열효과가 크고 흡수율과 비중이 작다. ③ 시공성과 내부식성이 좋다.

(3) 단열공법의 종류

① 외벽단열 : 시공이 어렵고 복잡하나 단열 효과는 가장 우수
② 내벽단열 : 시공이 간단하나 내부 결로 우려
③ 중공단열 : 단열 효과 우수하나 공사비와 공사기간이 증대

건 축 시 공

2021년 2월 20일 인쇄
2021년 2월 25일 발행

공 저 : 최병선·김창언·이재호·김창훈
펴낸이 : 이 석 환
펴낸곳 : 도서출판 서우
등 록 : 제8-159호
주 소 : 서울시 은평구 대조동 191-5
전 화 : (02) 383-1696, 1697
팩 스 : (02) 387-9578
ISBN 978-89-91985-76-6 93540

값 20,000원

■ 신저작권법에 의한 한국에서 보호를 받는 저작물이므로
무단전재와 복제를 금합니다.